21 世纪本科教学精品教材

AutoCAD 2006 工程绘图教程

（第二版）

汪 勇 张 全 陈 坤 编著

西南交通大学出版社

·成 都·

内 容 简 介

本套教材以 AutoCAD 2006 中文版为基础，结合工程设计绘图的特点，采用“命令讲解+上机操作”的综合教学方法，系统讲述了 AutoCAD 2006 中文版的使用以及它在工程设计绘图中的具体应用。其主要内容是：AutoCAD 2006 的基础知识；AutoCAD 2006 的绘图、编辑命令；绘图环境设置、显示控制；图块、文字、尺寸标注、三维绘图、协同工作、输出等与工程设计绘图密切相关的知识。全书实例丰富、专业性强、通俗易懂，各章还附有上机习题。

本书可作为理工类专业本科生的教材，也可作为各种 CAD 培训班及大中专院校的使用教材，也可供工程类相关专业技术人员学习和参考。

图书在版编目（CIP）数据

AutoCAD 2006 工程绘图教程 /汪勇，张全，陈坤编著.—2 版. —成都：西南交通大学出版社，2010.2（2020.1 重印）
21 世纪本科教学精品教材
ISBN 978-7-5643-0583-3

Ⅰ.①A… Ⅱ.①汪… ②张… ③陈… Ⅲ.工程制图：计算机制图－应用软件，AutoCAD 2006－高等学校－教材 Ⅳ.TB237

中国版本图书馆 CIP 数据核字（2010）第 024579 号

21 世纪本科教学精品教材
AutoCAD 2006 工程绘图教程
（第二版）

汪 勇 张 全 陈 坤 主编

*

责任编辑 张华敏
特邀编辑 宋清贵 陈长江
封面设计 墨创文化
西南交通大学出版社出版发行
四川省成都市金牛区二环路北一段 111 号西南交通大学创新大厦 21 楼
邮政编码：610031 发行部电话：028-87600564
http: //www.xnjdcbs.com
成都蜀通印务有限责任公司印刷

*

成品尺寸：185 mm×260 mm 印张：14.75
字数：368 千字
2006 年 8 月第 1 版 2010 年 2 月第 2 版 2020 年 1 月第 6 次印刷
ISBN 978-7-5643-0583-3
定价：32.00 元

第二版前言

随着计算机软件与硬件技术的不断发展，计算机辅助设计在许多领域得到了广泛应用，由此极大地提高了设计效率和工作质量。目前，CAD 的运用水平已成为取得工程设计执业资格的基本条件。鉴于此，对于每一个理工科的学生，在其毕业以后从事的工程设计工作中，传统的图板、丁字尺、三角板和一支铅笔的绘图方法，已不能适应当今以及今后科技发展的需要。应用计算机绘图技术、"甩掉图板"已成为唯一的选择，成为今后工程技术人员必须面对的现实。因此，许多理工科院校已相继开设 CAD 系列课程，并将其贯穿于工程绘图、课程设计、毕业设计等教学环节。

为了适应 21 世纪工程设计对人才的要求和需要，2006 年西南交通大学出版社组织出版了《AutoCAD 2006 工程绘图教程》、《AutoCAD 2006 工程绘图上机指导》这套教材，本套教材主要面向理工类各专业的学生而编写，是介绍计算机图形技术的普及性书籍。如今，为了适应新的教学体系及满足工程实际对人才的新要求，作者在总结三年多教学与工程设计实践经验的基础上，在保持第一版编写体系的前提下，更正了第一版的文字、插图错误或不严谨之处，并更新了部分章节内容。

本套教材以 AutoCAD 2006 中文版为基础，结合工程设计绘图的特点，采用"命令讲解+上机操作"的综合教学方法，系统讲述了 AutoCAD 2006 中文版的使用以及它在工程设计绘图中的具体应用。其主要内容是：AutoCAD 2006 的基础知识；AutoCAD 2006 的绘图、编辑命令；绘图环境设置、显示控制；图块、文字、尺寸标注、三维绘图、协同工作、输出等与工程设计绘图密切相关的知识。全书实例丰富、专业性强、通俗易懂，各章还附有上机习题，适合广大工程技术人员和将要从事工程技术工作的学生使用。

本套教材由西华大学王和顺、汪勇、徐红、张全、陈坤、黎玉彪参与编写。其中，《AutoCAD 工程绘图教程》由汪勇、张全、陈坤主编，参加编写的有：王和顺（第 1 章、第 2 章）、汪勇（第 3 章、第 9 章）、张全（第 4 章、第 6 章、第 8 章）、徐红（第 5 章）、陈坤（第 7 章）、黎玉彪（第 10 章、第 11 章）。

本书是理工类专业应用型本科生的教材，也可作为各种 CAD 培训班及大中专院校的使用教材，也可供工程类相关专业技术人员学习和参考。

由于编者水平有限，错误之处在所难免，敬请广大读者和同行批评指正。

编　者

2010 年 1 月

第一版前言

随着计算机软件与硬件技术的不断发展，计算机辅助设计在许多领域得到了广泛应用，由此极大地提高了设计效率和工作质量。目前，CAD 的运用水平已成为取得工程设计执业资格的基本条件。鉴于此，对于每一个理工科的学生，在其毕业以后从事的工程设计工作中，传统的图板、丁字尺、三角板和一支铅笔的绘图方法，已不能适应当今以及今后科技发展的需要。应用计算机绘图技术、“甩掉图板”已成为唯一的选择，成为今后工程技术人员必须面对的现实。因此，许多理工科院校已相继开设 CAD 系列课程，并将其贯穿于工程绘图、课程设计、毕业设计等教学环节。

为了适应 21 世纪工程设计对人才的要求和需要，西南交通大学出版社组织出版了《AutoCAD 2006 工程绘图教程》、《AutoCAD 2006 工程绘图上机指导》这套教材，本套教材主要面向理工类各专业的学生而编写，是介绍计算机图形技术的普及性书籍。教材的作者根据工程设计的特点，并结合自身多年的教学经验和工程实践经验对该套教材进行了精心编写。

本套教材以 AutoCAD 2006 中文版为基础，结合工程设计绘图的特点，采用“命令讲解+上机操作”的综合教学方法，系统讲述了 AutoCAD 2006 中文版的使用以及它在工程设计绘图中的具体应用。其主要内容是：AutoCAD 2006 的基础知识；AutoCAD 2006 的绘图、编辑命令；绘图环境设置、显示控制；图块、文字、尺寸标注、三维绘图、协同工作、输出等与工程设计绘图密切相关的知识。全书实例丰富、专业性强、通俗易懂，各章还附有上机习题，适合广大工程技术人员和将要从事工程技术工作的学生使用。

本套教材由西华大学王和顺、汪勇、徐红、张全、陈坤、黎玉彪参与编写。其中，《AutoCAD 工程绘图教程》由汪勇、张全、陈坤主编，参加编写的有：王和顺（第 1 章、第 2 章）、汪勇（第 3 章、第 9 章）、张全（第 4 章、第 6 章、第 8 章）、徐红（第 5 章）、陈坤（第 7 章）、黎玉彪（第 10 章、第 11 章）。

本书是理工类专业应用型本科生的教材，也可作为各种 CAD 培训班及大中专院校的使用教材，也可供工程类相关专业技术人员学习和参考。

由于编者水平有限，错误之处在所难免，敬请广大读者和同行批评指正。

编　者

2006 年 4 月

目　录

第 1 章　AutoCAD 的使用基础

1.1　AutoCAD 概述

AutoCAD 是美国 Autodesk 公司推出的、目前国内外最受欢迎的微机 CAD 软件包。它经过若干次重大的修改，版本不断更新，功能越来越强并日臻完善。本节主要介绍 AutoCAD 的发展概况和它的几个重要的版本，以及 AutoCAD 2006 的新增特性。

1.1.1　AutoCAD 的发展史

AutoCAD 是美国 Autodesk 公司于 1982 年 12 月推出的通用 CAD 软件包，目前在全球范围内得到广泛地应用，其用户占有率超过 60%。从最初的 1.0 版发展到 2006 版，从简单的二维绘图发展到现在集三维设计、真实感显示及通用数据库管理、Internet 通信为一体的通用微机辅助绘图软件包，其功能不断加强，日臻完善；同时 AutoCAD 的 AutoLisp 和基于 C++ 语言的 ADS 及 ARX 为用户提供了强大的开发工具。

在 AutoCAD 的发展历程中，主要有以下一些版本：AutoCAD V1.4 以前的版本，只具备简单的二维绘图功能；AutoCAD V2.5 提供了比较完善的 AutoLisp 语言；AutoCAD V2.6 具备了真正的三维建模功能；AutoCAD R10.0 完善了基于 DOS 系统的图形界面，三维建模功能得到加强；AutoCAD R12 使用基于 Windows 的图形界面；AutoCAD R14 系统功能得到全面提升；AutoCAD 2000 提供网络应用和多人协同设计；AutoCAD 2002 使网络应用和多人协同设计得到进一步加强，同时提高了系统的数据交换能力；AutoCAD 2004 与它的前一版本 AutoCAD 2002 相比，在速度、数据共享和软件管理方面有显著的改进和提高，AutoCAD 2004 的速度比 AutoCAD 2002 的速度提高了 24%，网络性能提升了 28%，DWG 文件的大小平均减小了 44%，并对服务器磁盘空间的要求减少了 40%～60%。

目前，在我国，AutoCAD 在实际生产、科学研究以及教育等许多领域中得到了广泛的应用。在国内各高等院校的工程制图课程中，绝大部分已把 AutoCAD 制图的内容及相关的教学实践纳入了教学计划。

由于 AutoCAD 的实用性及其很高的普及率，使其已成为实际上的工业标准，作为现代工程技术人员，掌握它是必须的。

1.1.2 AutoCAD 的基本功能

AutoCAD 作为一个通用的绘图软件包，其基本功能可简单归纳为以下几个方面。

1）绘图功能

绘图功能是对于一个绘图软件的基本要求，也是工程设计人员最初使用绘图软件包的目的所在，它可使广大工程设计人员从传统的图板和丁字尺中解脱出来。AutoCAD 提供了创建直线、圆弧、曲线、文本、尺寸标注等多种图形对象的功能，完全能够满足绘制工程图纸的需要。

2）三维造型功能

AutoCAD 可真三维地建立空间对象的线框、表面和实体模型，通过三维模型，设计人员可对所设计的零件和机器的外观有一个真实的感受，并可进行物性计算（如体积、转动惯量等），也可根据三维模型自动生成二维平面图。

3）图形输出功能

图形输出主要包括屏幕显示和打印输出。AutoCAD 提供了缩放、平移、三维显示等屏幕显示功能；而其打印配置对话框提供了对设备的很好支持，配置过程更简单容易，功能大大加强，图纸空间、布局图和打印功能的配合极大地方便了设计者出图。

4）二次开发功能

AutoCAD 内含的 Auto Lisp 与 VBA 是非常完善、易学易用的编程语言，为用户提供了强大的二次开发工具。AutoCAD R13.0 增加了 ARX（AutoCAD Runtime extension System）编程工具。从 R14.0 开始，ARX 被第二代面向对象的 C++编程环境 Object ARX 所替代，Object ARX 不需要通过 Auto Lisp 解释程序而直接与 AutoCAD 核心进行通信，因此，Object ARX 应用程序更快、更稳定而且更简化。另外，AutoCAD 2000 中的 ActiveX Automation 接口可应用多种 ActiveX 客户编程语言，如 Visual Basic、Microsoft j++等。

1.1.3 AutoCAD 2006 的新特性

AutoCAD 2006 与老版本相比，提供了一些新功能，同时对某些功能作了改进，可以帮助用户更快捷地创建和共享设计数据。下面介绍 AutoCAD 2006 的部分新增功能和增强功能。

1）动态图块

图块用于帮助用户在同一图形或其它图形文档中重复使用对象，是一个帮助用户快速绘图的有效工具。在 AutoCAD 2006 中，新增的动态图块功能可使用户更灵活、方便地编辑图块。动态块中定义了一些自定义特性，可用于在位调整块，而无需重新定义该块或插入另一个块。例如，用户可能需要调整块参照的大小，如果块是动态的并且定义了可调整的大小，就可以通过拖动自定义夹点，或通过在“特性”选项板中指定不同的大小来更改该块的大小。要成为动态块的图块至少必须包含一个参数以及一个与该参数关联的动作。其中，参数定义了自定义特性，并为块中的几何图形指定了位置、距离和角度；而动作定义了在修改块时动态块参照的几何图形如何移动和改变。将动作添加到块中时，必须将它们与参数和几何图形关联。

此外，AutoCAD 2006 还引入了一个功能强大的可视编辑环境，从中可以将一般块转换为动态快。

2）动态输入

使用 AutoCAD 2006 新增的动态输入功能，用户可以在工具栏提示中输入坐标值，而不必在命令行中进行输入。光标旁边显示的工具栏提示信息将随着光标的移动而动态更新。当某个命令处于活动状态时，可以在工具栏提示中输入值。

有两种动态输入：① 指针输入，用于输入坐标值，打开指针输入后，当用户在绘图区域中移动光标时，光标处将显示坐标值。如要输入坐标，在输入坐标数值后按 TAB 键将焦点切换到下一个工具栏提示，然后输入下一个坐标值（在指定点时，第一个坐标是绝对坐标；第二个或下一个点的格式是相对极坐标）；如果需要输入绝对值，请在坐标值前加上前缀“#”号。② 标注输入，用于输入距离和角度。启用“标注输入”后，坐标输入字段会与正在创建或编辑的几何图形上的标注绑定，工具栏提示中的值将随着光标的移动而改变。

用户可以通过单击状态栏上的“DYN”来打开或关闭动态输入。使用“草图设置”对话框可自定义动态输入。

3）图纸集管理器

整理图形集是大多数设计项目的主体部分；然而，手动组织图形集会非常耗时。图纸集管理器是一个协助用户将多个图形文件组织为一个图纸集的新工具。图纸集管理器提供了在文件组中管理图形的各种工具，使用户从手动组织图形集的艰苦劳动中解放出来。

为了更好地组织图纸集，可以按逻辑添加子集并安排图纸。例如，创建包含图纸清单的标题图纸，当用户删除、添加或重新编号图纸时，可以方便地更新清单；当给图纸重新编号时，详细信息符号中的信息会自动更正。使用图纸集，可以更快速地准备好要分发的图形集，因为用户可以将整个图纸集作为一个单元进行发布、电子传递和归档。

4）增强的图案填充

使用 AutoCAD 2006 增强的图案填充功能，能更快速、高效地创建和编辑图案填充，并可以直接对图案填充边界进行编辑。在创建图案填充或编辑图案填充时，可添加或删除内部孤岛；将同一个填充图案同时应用于图形的多个区域时，可以指定每个填充区域都是一个独立的对象。这样，用户可以任意修改一个区域中的图案填充，而不会改变其他的图案填充，并可按照修剪对象的方法来修剪图案填充对象。如果要填充没有封闭的区域，则可以设置允许的间隙，任何小于等于在允许的间距中设置的值的间隙都将被忽略，并将边界视为封闭。在 AutoCAD 2006 中，还可使用渐变来进行填充，渐变是指一种颜色向另一种颜色的平滑过渡。渐变能产生光的效果，可为图形添加视觉效果。例如，将渐变填充应用到实体填充图案中以增强演示图形的效果。

5）命令增强功能

在 AutoCAD 2006 中，很多的命令都被增强，使绘图和编辑任务变得更加流畅。例如，通过使用 JOIN 命令可将直线、圆、椭圆弧和样条曲线等独立的线段合并为一个对象，也可以合并具有相同圆心和半径的多条连续或不连续的弧线段；在修改对象时，借助夹点模式，可以创建对象的多个副本；在放置多个旋转的副本时，可以指定旋转角度；可使用选择栏和交窗方式一次修剪和延长多个对象；ROTATE 和 SCALE 命令具有“复制”选项，当旋转或缩放对象时，可以使用此选项复制对象。

6）标注增强功能

AutoCAD 2006 增加或增强了部分标注功能，使尺寸标注更贴近实际需求。例如，增加弧长标注来测量和显示圆弧的长度；可在标注样式管理器中设置标注样式，选择圆弧后，拖动光标以显示其标注；如果圆弧或圆的圆心位于图形边界之外，可以使用折弯标注测量并显示其半径；可以为尺寸界线指定固定的长度，如果设置了“固定长度的尺寸界线”选项，尺寸界线将限制为指定的长度；用户还可根据需要，更改标注上每个箭头的方向。

7）表格增强功能

在 AutoCAD 2006 中，新的对话框使得创建表格的操作更加容易。例如，用户可以通过指定行和列的数目以及大小来设置表格的格式，也可以定义新的表格样式并保存这些设置以供将来使用；使用新的表格对象，可以轻松创建图形的表格和图例；在表格中可以利用数学表达式进行计算，用户可快速跨行（或跨列）对表格中的值进行汇总或计算平均值。AutoCAD 2006 所支持的数学表达式符号包括：+、−、/、*、^、=。用户既可在单元中输入公式，也可以在计算中使用表格单元。

8）快速计算器

使用 AutoCAD 2006 新增的快速计算器，可执行各种数学和三角计算。例如，快速计算采用标准的数学表达式和图形表达式，包括交点、距离和角度计算，在快速计算器中执行计算时，值将自动存储到历史记录列表中，便于在后续计算中访问；在计算器的“单位转换”区域中，可以获得不同测量单位的转换值；可以使用“变量”区域来定义和存储附加的常量和函数（点、实数或整数），并在表达式中使用这些常量和函数。

1.2　启动 AutoCAD 2006

AutoCAD 2006 在正确地安装并配置完成后方可使用。启动 AutoCAD 2006 有多种方式，常用的一些方式有以下几个。

1）使用快捷方式

在 AutoCAD 2006 安装完成后，将自动在 Windows 桌面上生成一个 AutoCAD 2006 的快捷图标，用户可使用鼠标左键双击该快捷图标即可启动 AutoCAD 2006。

2）使用运行窗口

单击 Windows“开始”按钮，选取“运行（R）…”菜单项，在弹出的运行对话框中，通过指定盘符和路径，找到 AutoCAD 2006 的 Acad.exe 执行文件，单击“确定”按钮启动 AutoCAD 2006。

3）使用程序组

在 AutoCAD 2006 安装完成后，将自动在 Windows 的程序文件夹中生成 AutoCAD 2006 程序组，用户通过单击该程序组的 AutoCAD 2006 程序项来启动 AutoCAD 2006。

4）双击执行文件

用户可通过任何一种方法找到 AutoCAD 2006 的执行文件 Acad.exe，双击它即可启动 AutoCAD 2006。

1.3　AutoCAD 2006 的用户界面

AutoCAD 2006 的用户界面符合 Windows 应用程序的标准，和众多 Windows 应用程序的界面非常相似。

1.3.1　AutoCAD 2006 的用户界面

启动 AutoCAD 2006 后将显示如图 1-1 所示的用户界面。AutoCAD 2006 的用户界面主要包括：

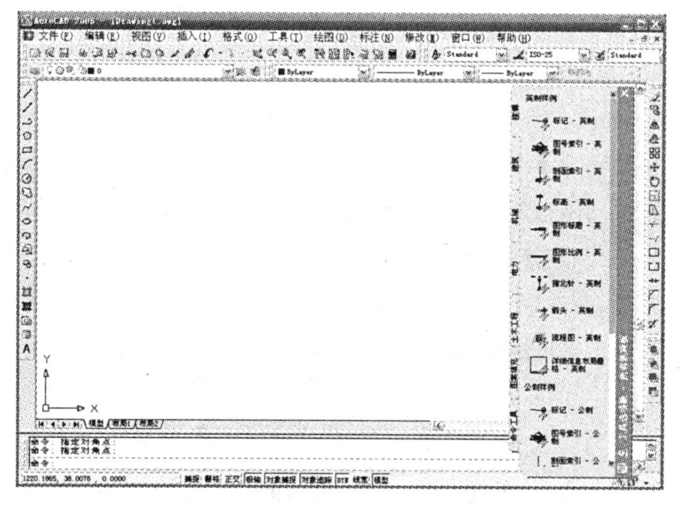

图 1–1　AutoCAD 2006 的用户界面

- 下拉菜单区　在用户界面的上方，它包括了 AutoCAD 2006 的主要命令。
- 图标工具区　紧接下拉菜单的下方，是图标工具区，它同样集中了 AutoCAD 2006 的很多命令。
- 工具选项板　一般位于绘图区的一侧，它以标签页的形式为用户提供组织、共享和放置块及填充图案的有效方法。
- 绘图区　位于用户界面中央的大片空白区域，用于绘制、编辑图形并显示当前绘图区域。
- 命令行　紧邻绘图区的下方是命令行，所有 AutoCAD 2006 的命令都可在命令行执行，而且无论用户采用何种方式执行 AutoCAD 2006 命令，都将在命令行中给出相应的提示。
- 状态行　它位于用户界面的最下方，用于显示当前的图形光标坐标值、网点、正交、空间模式的开启状态等。

1.3.2　AutoCAD 2006 用户界面的使用

AutoCAD 2006 的用户界面实际上是多种命令的输入及实现方式。一个 AutoCAD 命令往往可采用多种不同的方式输入，如命令行、下拉菜单、屏幕菜单、快捷键、工具栏、对话框等。这些输入方式各有特点，用户可以根据自己的习惯确定输入方式。

1）下拉菜单

下拉菜单是一种快速选取 AutoCAD 常用命令的方法，AutoCAD 2006 的 Acad.MNU 菜单共有 11 个下拉式菜单项，如图 1-2 所示。

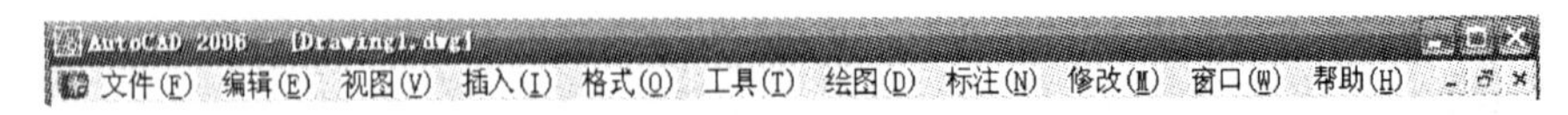

图 1-2　下拉菜单

用鼠标器水平移动光标，光标指向菜单条上某项后，该标题变亮，按左键就会选中此项，并显示相应的下拉菜单（Pull Down Menu）。在下拉菜单区内上下移动光标会使欲选菜单项变亮，然后拾取即可。右边有省略号“…”的菜单项，将显示出与该项有关的对话框。有“▶”的选项表示还有下一级子菜单。

要退出下拉菜单，只需将箭头移入绘图区按鼠标左健或直接单击 ESC 键，则菜单条消失，恢复显示状态行。

2）图标菜单

图标菜单是一种快速形象地选取 AutoCAD 常用命令的方法，它通过鼠标点取的方式激活该图标所代表的命令。图标菜单条可通过点取“视图（V）▶工具栏（O）…”下拉菜单项，在弹出的“自定义”对话框中来进行打开、关闭等相关的操作。例如，选取“自定义”对话框中的“绘图”复选框选项，将弹出如图 1-3 所示的“绘图”图标菜单条。

图 1-3　“绘图”图标菜单条

移动鼠标到图标菜单上方并单击它，可执行该图标所代表的命令，凡是右下角有“▶”的图标，单击它并按住鼠标左键，可弹出下级子菜单。

3）工具选项板

工具选项板窗口如图 1-4（a）所示。工具选项板窗口可通过点取“工具（T）▶工具选项板窗口”下拉菜单项，或用快捷方式“CTRL+3”打开或关闭它。工具选项板窗口又分为命令工具、图案填充、土木、电力、机械、建筑、注释几个标签，在不同的标签中，设置了不同的功能图标，选中图标，并在绘图区中进行相应操作，就能完成特定图形的绘制。

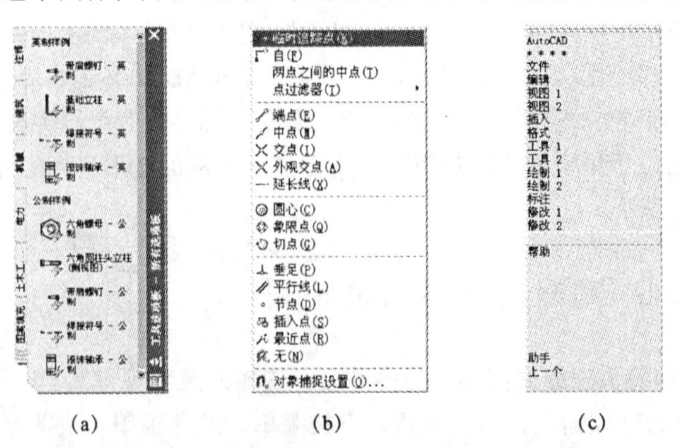

图 1-4　工具选项板、弹出菜单和屏幕菜单

4）弹出菜单

弹出菜单是在绘图区域中任意位置显示的快捷菜单，这个菜单是否可以使用，取决于定标设备的键数和菜单文件对其按键的定义。例如，标准菜单文件把鼠标器中的第二个键作为菜单弹出键，对于只有两个键的鼠标器，可用“Shift”＋鼠标右键作为菜单弹出键。AutoCAD 2006 的光标弹出菜单如图 1-4（b）所示。

5）屏幕菜单

AutoCAD 2006 缺省界面不显示屏幕菜单，用户可单击“工具（T）”▶“选项（N）...”下拉菜单项，在弹出的“选项”对话框中先选取“显示”标签页，然后在该标签页上选中“显示屏幕菜单”复选框即可显示屏幕菜单，如图 1-4（c）所示。

6）上下文跟踪菜单

上下文跟踪菜单是 AutoCAD 提供的一个根据当前操作适时改变的弹出菜单，只要在绘图区任何位置单击鼠标右键都会弹出相应的菜单。在命令的执行过程中和命令执行后以及选定物体前后，单击鼠标右键，都会提供与所选物体有关的命令供选用；未选定物体时，单击鼠标右键，弹出的菜单提供基本的 CAD 命令如复制、粘贴、擦除、快速选定等。

7）命令窗口

命令窗口位于屏幕的下方，当命令窗口有“命令:”提示时，系统处于准备接收命令状态，在命令中出现的是当前输入的命令，在命令窗口中出现的是以前输入的命令。

命令窗口是用户与 AutoCAD 进行对话的窗口，该处输入的命令和下拉菜单、工具栏及命令按钮具有同样的效果。命令窗口主要有两方面的作用：① 输入并响应系统指令；② 对系统当时所处状态做出即时提示。

1.4　AutoCAD 命令的执行

AutoCAD 有几百条命令，种类繁多、功能复杂，输入方式各异，参数和子命令各不相同，看懂并学会其使用是非常重要的。

1.4.1　AutoCAD 命令、透明命令、命令别名

1）AutoCAD 命令

命令是向 AutoCAD 发的指令，每发一次，不管是从键盘输入还是从菜单中选取，AutoCAD 都在命令行或对话框中做出响应。

从键盘输入命令需在命令行“命令:”后面键入命令名，然后单击空格键或回车键（凡是输入命令后或提示项做出响应后，都必须单击回车或空格键。以后一般不再注明）。

从键盘输入命令与从菜单选取命令具有完全相同的功能，用键盘输入命令时命令行会出现相应提示，屏幕菜单也随之变化，显示当前命令的选项。经常注意命令行中的信息是很重要的，因为此区域是 AutoCAD 和用户的一个交互窗口，从这个窗口中可以了解系统目前的状况，下一步该做什么，以及命令选项和一些命令的运行结果。

2）命令的透明执行

AutoCAD 可以在某命令执行时插入执行另一个命令，这种可在其他命令执行中间插入执行的命令称为透明命令。透明命令在键入时必须在命令前另加一个撇号“ ' ”，例如，画直线时可以透明执行 ZOOM 命令来缩放视图：

命令：LINE↵

指定第一点： 'ZOOM↵　　（透明执行 Zoom 命令）

>>指定窗口角点，输入比例因子 (nX 或 nXP)，或

[全部(A)/中心点(C)/动态(D)/范围(E)/上一个(P)/比例(S)/窗口(W)] <实时>：A↵

** 需要重生成，不能透明　　（返回运行 LINE 命令）

正在恢复执行 LINE 命令...

指定第一点：10,10↵

指定下一点或 [放弃(U)]：210,20↵

指定下一点或 [放弃(U)]：↵

透明命令发出的提示，其前面均有提示符号“>>”，它提醒目前处于透明命令激活方式。使用透明命令时应注意以下几点：

① 有些命令在作为透明命令使用时，其功能将会有些变化，例如，HELP 命令将不再具备提示命令表的功能，而只能显示当前命令的信息。

② 在命令提示“命令:”状态下直接使用透明命令，其效果与非透明命令相同。

③ 在某命令中使用 SETVAR 透明命令设置的新值，在下次执行该命令时才有效。

④ 当 AutoCAD 要求输入文字时，不准使用透明命令；不允许同时执行两条或两条以上的透明命令；不允许使用和正在使用的命令同名的透明命令。

⑤ 并不是所有的命令都可透明执行。

3）命令别名

命令别名是命令名称的缩写。例如，LINE 命令的别名是 L，CIRCLE 命令的别名是 C。对于具有命令别名的 AutoCAD 命令，通过键盘输入命令时，用户只需输入命令别名而不必输入命令的全名，即可执行该命令。

在缺省状态下，AutoCAD 的标准命令别名只含有一部分常用命令。不过，用户可以使用文本编辑器修改支持文件 Acad.PGP 来生成自己的别名。支持文件 Acad.PGP 位于 Support 子文件夹中。

1.4.2 AutoCAD 命令及参数输入方式

AutoCAD 的输入方式有多种，可用光标、鼠标、数字化仪或键盘输入，但只有当屏幕底部命令提示显示出：“命令:”提示时，系统方处于准备接受命令状态。

当输入某命令后，系统会提示输入相应信息或选项，直到这些交互式信息提供完毕后，命令功能便会立即执行。

在 AutoCAD 中，对命令符号作了相关的约定，熟悉它们可提高用户的工作效率。例如，“/”分隔符分隔命令选项；大写字母表示命令的缩写形式，可直接键入；“<>”内为缺省值（系统自动赋予初值，可重新输入或修改）或当前量。

要中途退出命令或使命令作废，可按 ESC 键，有些命令需要按两次 ESC 键才能中止。

若要取消以前的一条或多条命令，可在“命令:”状态下键入“U”（回退），一直回退到满意为止，即可实现多次回退。

1.4.3 命令的重复执行

在刚完成的一条命令后回车或单击空格，可重复执行上一次命令；也可以使用 MULTIPLE 命令后紧跟命令名称的方式，用户可在不离开此命令的情况下重复使用此命令。例如，使用 MULTIPLE 命令重复绘制多个圆，其操作过程如下：

命令：MULTIPLE↵　　（激活 MULTIPLE 命令）

输入要重复的命令名：CIRCLE↵

指定圆的圆心或 [三点(3P)/两点(2P)/相切、相切、半径(T)]：10,10↵

指定圆的半径或 [直径(D)]：5↵

CIRCLE 指定圆的圆心或 [三点(3P)/两点(2P)/相切、相切、半径(T)]：20,20↵

指定圆的半径或 [直径(D)] <5.0000>：↵　　（重复绘制多个圆）

CIRCLE 指定圆的圆心或 [三点(3P)/两点(2P)/相切、相切、半径(T)]：↵　　（需要点或选项关键字）

指定圆的圆心或 [三点(3P)/两点(2P)/相切、相切、半径(T)]：*取消*　　（按 ESC 键退出 MULTIPLE 命令）

1.4.4 AutoCAD 命令行与对话框的切换

部分 AutoCAD 命令在执行中，既可显示为对话框，又可显示为命令行提示。在通常情况下，如果在这些命令前面键入连字符“-”，则将显示命令行提示而不显示对话框。例如，如果从命令行输入 LAYER 并回车，系统将弹出“图层特性管理器”对话框；如果从命令行输入－LAYER 并回车，系统将显示为命令行提示状态。

部分 AutoCAD 命令通过设置相应系统变量的值，可控制相应对话框的显示控制。例如，系统变量 Cmddia 可以控制与绘图有关的对话框的显示，如果 Cmddia 的值为 1，则使用 PLOT 命令时将显示的是对话框；如果 Cmddia 的值为 0，则使用 PLOT 命令时将显示命令行提示。系统变量 Filedia 控制与文件读写有关的对话框的显示。例如，如果 Filedia 变量设置为 1，则 SAVE AS 命令将显示“SAVE DRAWING AS”对话框；如果 Filedia 变量设置为 0，则显示命令行提示。如果 Filedia 变量设置为 0，则响应第一个提示时，键入波浪号“～”同样可以显示“Save Drawing As”对话框。

1.5 AutoCAD 的坐标系

为了方便用户绘图的需要，AutoCAD 定义了多种坐标系统。用户清楚各种坐标系统的适用场合，并灵活应用它们可大大提高作图效率。

1.5.1 世界坐标系

在进入 AutoCAD 绘图时，系统自动进入笛卡儿右手坐标系即世界坐标系 WCS 的第一象限，左下角点为（0，0），AutoCAD 就是采用这个坐标系统来确定图形矢量的。其实，任何 AutoCAD 实体都是用三维点构成的，如线是由若干个向量点构成，它们的坐标都是采用（X，Y，Z）来确定的，AutoCAD 就是在这个坐标系内用矢量坐标进行绘图。

世界坐标系 WCS 的坐标原点和坐标轴是固定不变的。X 轴正向水平向右，Y 轴正向竖直向上，Z 轴正向垂直屏幕向外指向用户。坐标原点位于绘图区左下角，系统默认的 Z 坐标值为 0，也即表示默认状态下用户的绘图操作只在 XOY 平面内进行。

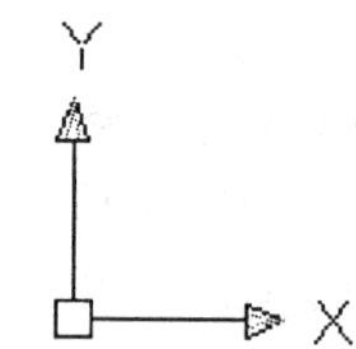

图 1–5　WCS 的坐标图标

世界坐标系 WCS 的坐标图标位于屏幕左下方（坐标原点处），如图 1-5 所示。其字母 X 和 Y 及相应箭头指明了 X 轴和 Y 轴正向，而两轴相交处的小方框则指明当前处于世界坐标系状态下。

1.5.2 用户坐标系

在进行三维空间图形的绘制时，因为图形对象上各个点的位置在一个固定的世界坐标系中是各不相同的，所以只在一个固定的坐标系中创建各种形状各异的三维图形是非常不便和困难的。为此，AutoCAD 允许用户根据绘图时的实际需要建立自己的专用坐标系，即用户坐标系，简称 UCS（User Coordinate System）。

在用户坐标系中，可以任意改变坐标系 X、Y、Z 轴的位置与方向，这由 UCS 命令来完成。通过 UCS 可以重新定义坐标系的原点位置，建立新的 X 轴、Y 轴正向，并根据右手法则来确定 Z 轴的正向。用户坐标系实质就是一个可以随意移动和转动的笛卡尔坐标系。

用户坐标系的坐标图标有如图 1-6 所示几种。图 1-6（a）所示的坐标图标中，两轴相交处无小方框，表明用户现在用户坐标系中操作；图 1-6（b）所示的坐标图标中，两轴相交处没有出现“+”字形，表明当前坐标图标位于非原点处；图 1-6（c）所示的图标为一轴测坐标，表明观察视点与当前用户坐标系统的三个坐标轴向都不一致。至于 UCS 的各种具体操作，将在以后的章节中进行专门讲解。

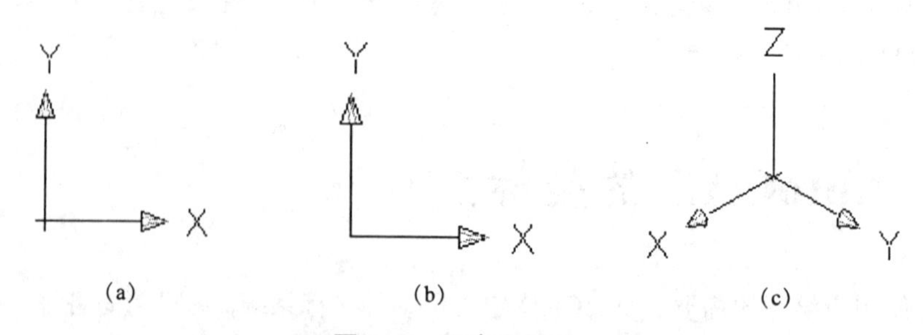

图 1–6　用户坐标系

1.5.3　控制 UCS 图标

用命令 UCSICON 可以控制 UCS 图标开关及一些相关控制。激活 UCSICON 命令，命令行提示如下：

输入选项 [开(ON)/关(OFF)/全部(A)/非原点(N)/原点(OR)/特性(P)] <开>:

其中，“开(ON)”在绘图区显示 UCS 图标；“关(OFF)”在绘图区不显示 UCS 图标；“全部(A)”将对图标的修改应用到所有活动视口，否则 UCSICON 命令只影响当前视口；“非原点(N)”不管 UCS 原点在何处，在视口的左下角显示 UCS 图标；“原点(OR)” UCS 图标位于坐标原点处；“特性(P)”设置 UCS 图标属性，将弹出如图 1-7 所示的“UCS 图标”对话框，在该对话框中可对 UCS 图标的样式、大小、颜色等进行设置。

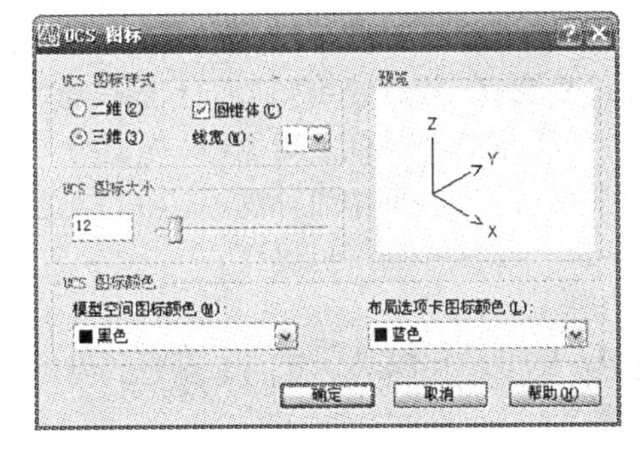

图 1-7　UCS 图标属性

1.5.4　点的输入方法

所有图形都是由一些基本图形元素构成的，而点则是最基本、最重要的图形元素。掌握各种点的输入方法，可大大提高作图的精确度和效率。

1）拾取点

拾取点是输入点的主要方法。当命令行中出现输入点的提示时，用户可通过定点设备（如鼠标或数字化仪等）直接在屏幕上拾取点，从而完成点的输入。

2）绝对坐标

如果用户知道点的绝对坐标或从原点出发的角度与距离，则可以用直角坐标、球坐标、柱坐标等方法来输入点的坐标值。

绝对坐标是以坐标原点为输入基准点，输入点的坐标值都是相对于坐标原点的位移值和角度值来确定的。

3）相对坐标

相对坐标是相对于前一个输入点为基准，输入点的坐标值是相对前一点坐标的位移值而确定的。为了区别相对坐标与绝对坐标，在所有相对坐标的前面都添加一个“@”号。例如，要输入距上一点在 X 轴正方向为 6 个单位、在 Y 轴正方向为 8 个单位的新点，则可在命令行输入点提示信息的后面输入“@6，8”并回车即可。

4）极坐标

极坐标是以前一点为基准，用基点到输入点间距离值及该连线与 X 轴正向间的角度来表示。角度以 X 轴正向为度量基准，逆时针为正，顺时针为负。如要在点 *A*（10,10）和 *B*（10,60）间画一直线 *AB*，可操作如下：

命令：LINE↵　　（激活 LINE 命令）

指定第一点：10,10↵　　（输入第一点）

指定下一点或 [放弃(U)]：@50<90↵　　（使用极坐标输入第二点）

指定下一点或 [放弃(U)]：↵　　（回车，结束 LINE 命令）

字符“@”之后的数字表示两点间距离，符号“<”之后表示数字角度值与方向。极坐标实质上也是一种相对坐标。

1.6 AutoCAD 的绘图空间

AutoCAD 的绘图空间有两种：一是模型空间，二是图纸空间。所谓模型空间，是指按实际尺寸绘制二维或三维图形，一般在模型空间进行绘图操作；而图纸空间则类似于一张绘图纸，可以在图纸空间放置图框、标题块，增加通常的注释，并可以安排模型的各个视图等。通常是在模型空间中设计图形，在图纸空间中进行打印准备。图形窗口底部有一个模型标签页和一个或多个布局标签页。

1.6.1 AutoCAD 的模型空间与图纸空间

模型空间与图纸空间的关系，就好比舞台与幕布的关系，这里的舞台就是模型空间，而图纸空间就是幕布，当 TILEMODE 为 ON 时，用户在模型空间工作，幕布是升起的；当 TILEMODE 为 OFF 时，用户在图纸空间工作，幕布是落下的，这时模型空间的实体是不可见的，只有通过 Auto CAD 提供的 MVIEW 命令建立视窗来观察模型空间的对象。用户通过双击状态栏的 TILE 可进行图纸空间和模型空间的切换，MVSETUP 命令可进行图纸空间的视图规划，模型空间和图纸空间在屏幕上通过不同的坐标系来指示，如图 1-8 所示。

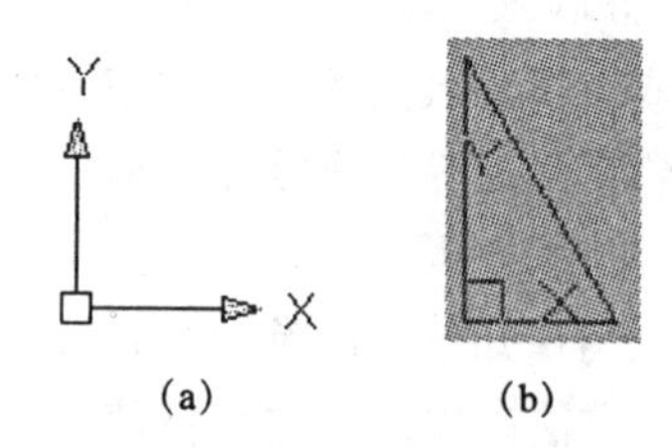

图 1.8　模型空间和图纸空间的 USC 坐标

使用模型空间有很多优点，它能按全比例绘图，在不复制原有图形的情况下，可建立图形的多个视图，当模型空间改变时，所有视图自动更新，这样可节约大量的绘图时间，并且可以从不同的空间角度去观察物体，建立、编辑和修改物体。

对于图纸空间，它仅是一种打印出图的布图工具，主要用于打印出图前设计模型的布局情况，确定模型在图纸中的位置和设计符合自己的图纸风格样式。

在模型空间完成的图形，切换到图纸空间后，无法使用选择对象的方式选择，由图纸空间转换到模型空间后，图纸空间的视窗被视为模型空间的视窗。用图纸空间完成的图形，切换到模型空间后，无法使用选择对象的方式选择对象。

1.6.2 模型空间与图纸空间的切换

模型空间与图纸空间的切换可以采用多种激活方式。

1）模型空间切换为图纸空间

● 激活方式

“状态栏”：布局 1（或“布局 2”）　　命令行：LAYOUT

● 命令说明

如图 1-9 所示，在布局标签页中，可以查看并编辑图纸空间对象（如标题栏等），十字光标和亮显标识出当前的布局视口。使用图纸空间可以创建打印图形时的完稿布局，或作为设计布局的一部分创建布局视口。布局视口是包含模型不同视图的窗口。从图纸空间切换到模型空间后，可以在当前布局视口中编辑模型和视图，也可以双击视口内部使其成为当前视口。

如果要准备图形的打印设置，可以使用布局标签页。每一个布局标签页都提供图纸空间，在这种绘图环境中，可以创建视口并指定诸如图纸尺寸、图形方向以及位置之类的页面设置，并与布局一起保存。当为布局指定页面设置时，可以保存并命名页面设置，保存的页面设置可以应用到其它布局中。另外，可以根据现有的布局样板（DWT 或 DWG）文件创建新的布局。

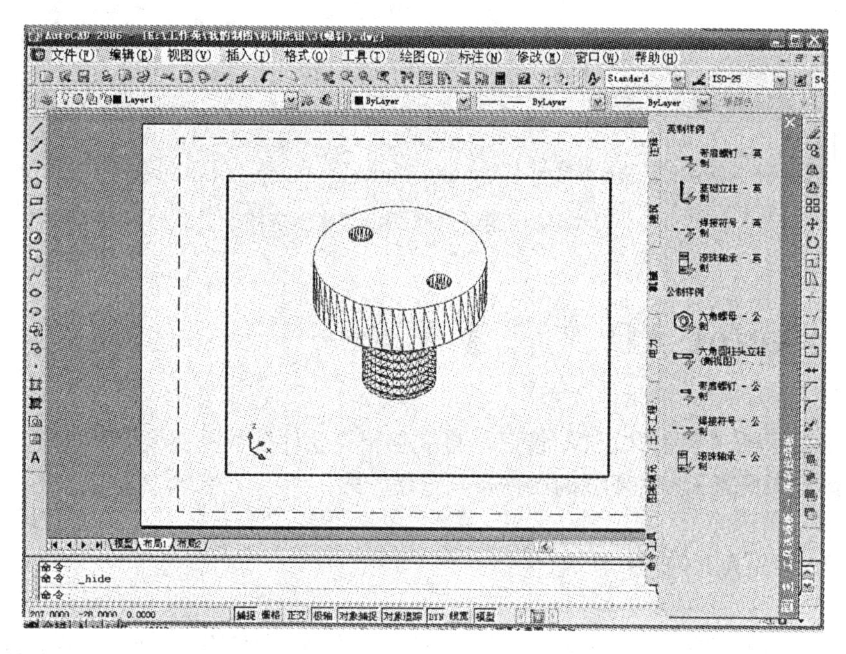

图 1–9　模型空间切换为图纸空间

2）图纸空间切换为模型空间

● 激活方式

“状态栏”：模型　　　　命令行：MODEL

● 命令说明

如图 1-10 所示，在模型标签页上，可以查看并编辑模型空间对象，十字光标在整个图形区域都为激活状态。可以通过在当前布局标签页上选取“模型”，或在命令行上输入 MODEL 来获取模型空间。创建和编辑图形的大部分工作都是在模型标签页中完成的。如果图形不需要打印多个视口，可从模型标签页中打印图形。使用模型标签页可以在模型空间创建图形。模型标签页可自动将系统变量 TILEMODE 设为 1，因此可以创建模型视口以显示图形中的各种视图。一旦完成了图形，就可以选择布局标签页开始设计用于打印的布局环境。

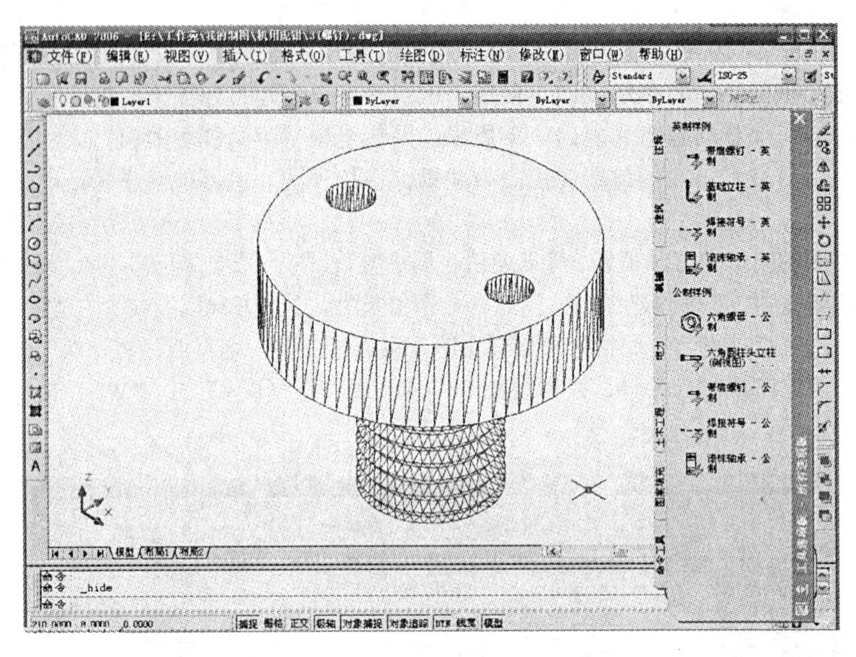

图 1–10　图纸空间切换为模型空间

1.7　AutoCAD 文件管理命令

为了方便用户进行图形文件的管理、与其它相关软件的数据交换以及进行二次开发，AutoCAD 系统中设置了多种不同的文件及其管理方式。

1.7.1　AutoCAD 的图形文件

图形信息存放在图形数据库中，并以文件的形式存放。用户不仅可以在屏幕上显示图形，而且可以用绘图仪或硬拷贝设备输出图形，甚至可以将图形传输给其它软件进行着色或者动画制作。

图形文件中存放的主要信息是图元。图元是最基本的系统预定义的图形对象，如点、直线、圆、椭圆等。每个图元具有层、颜色、线型等特性。用户绘图时，大部分工作都是为图元指定坐标位置并设置其特性。

若将用 AutoCAD 绘制的图形对象保存，则会生成 AutoCAD 的图形文件，其后缀名为“.DWG”。DWG 文件是以矢量格式存储的图形数据。和位图格式相比，矢量格式的图形数据具有描述精确、文件容量小、便于计算和操作等特点。

1.7.2　AutoCAD 常用的文件格式

在 AutoCAD 中常用的文件格式如表 1-1 所示。

表 1–1　AutoCAD 中常用的文件格式

*.MNU	菜单源文件，编译后的扩展名为 MNX
*.SHP	图形文件，编译后的扩展名为 SHX
*.DWG	图形文件，用户的图形通常以这种格式存储
*.DWT	样板文件，用于存储各种图形模板
*.LSP	AutoLisp 程序源文件
*.LIN	线型文件
*.PAT	阴影图案文件
*.FLM	动画片文件
*.SLB	幻灯片文件
*.DXF	图形交换文件
*.SCR	命令文件

以下简要介绍常用的文件管理操作。

1.7.3 新建文件

如果用户需要从头开始编辑一个新的图形文件，首先就要创建一个新的图形文件。AutoCAD 2006 支持多文档操作，用户可在不关闭当前图形文件的情况下，使用新建图形文件命令 NEW 建立新的图形文件。

1）**激活方式：**

“标准”工具栏：　　“文件”菜单：新建（N）　　命令行：NEW

2）**命令举例**

命令：　NEW↲

系统将弹出如图 1-11 所示的“选择样板”对话框，在“选择样板”对话框中，可根据已有样板文件生成一个新的图形文件，该图形文件具有与样板文件完全相同的设置。

图 1–11　选择样板

此外，还可在“选择样板”对话框中单击“打开”按钮右侧的下按钮，在弹出的下拉菜单中，用户可选择“无样板打开-英制”或“无样板打开-公制”命令，以默认设置新建图形文档。“无样板打开-英制”基于英制系统和 acad.dwt 样板创建图形，默认图形界限为 12 in×9 in；“无样板打开-公制”基于公制系统和 acadiso.dwt 样板创建图形，默认图形界限为 429 mm×297 mm。

1.7.4 打开已有的图形文件

使用 OPEN 命令可打开已经存在的图形文件。使用以下方式可运行 OPEN 命令。

1）激活方式

“标准”工具栏：　　“文件”菜单：打开（O）　　命令行：OPEN

2）命令举例

命令：　OPEN ↵

系统将弹出如图 1-12 所示的“选择文件”对话框，在该对话框中找到需要打开的图形文件，选中它并单击“打开”按钮即可将其打开。

图 1–12　选择文件

1.7.5　图形文件的存储

在 AutoCAD 2006 中，可采用多种方式将图形文件存储起来。

1）赋名存储

使用 SAVE AS 命令可赋名存储当前图形文件。使用以下几种方式可运行 SAVE AS 命令。

● 激活方式

“标准”工具栏：　　“文件”菜单：另存为（A）　　命令行：SAVE AS

● 命令举例

命令：SAVE AS ↵

系统将弹出如图 1-13 所示的“图形另存为”对话框，先在“文件类型”下拉列表框中选定保存文件的类型，并在“保存于”的下拉列表框中选取保存路径，然后在文件名编辑框中输入需要保存的图形的名称，单击“保存（S）”按钮即可将当前图形文件赋名存储。

需要指出的是，如果当前图形文件是第一次存储，那么使用“标准”工具栏的　图标可实现赋名存储；如果当前图形文件不是第一次存储，使用“标准”工具栏的　图标将用原文件名进行存储。

图 1–13　赋名存储

2）以缺省文件名存储

使用 QSAVE 或 SAVE 命令可以缺省文件名存储当前的图形文件。使用以下方式可运行 QSAVE 和 SAVE 命令。

● 激活方式：

“标准”工具栏：　　“文件”菜单：保存（S）　　命令行：QSAVE

如果当前图形从未保存过，则执行 QSAVE 或 SAVE 命令将完成与 SAVE AS 命令相同的功能，即将当前图形文件赋名存储；如果当前图形已经保存过，则执行 QSAVE 或 SAVE 命令将以原文件名和路径存储当前图形文件。

1.7.6　输出其它格式文件

DWG 格式是 AutoCAD 默认的图形数据存储格式，为了便于与其它相关软件进行数据交流，AutoCAD 2006 可对当前图形文件进行多种文件格式的输出。

1）使用“另存为”方式输出

使用 AutoCAD 2006 的赋名存储方式，不仅可以将图形文件以 DWG 格式存储，还可以将当前图形文件以 DWS、DXF 文件格式存储。具体操作可通过选取如图 1-11 中“文件类型”下拉列表框的不同选项来进行。

2）使用“输出”选项

使用“文件”菜单的“输出（E）”选项，或运行 EXPORT 指令，可将当前图形文件以 WMF、SAT、STL、EPS、DXX、3DS、BMP 等文件格式输出。

3）使用“渲染”输出

通过运行 AutoCAD 的渲染指令 RENDER 可将当前图形文件以 BMP、TGA、PCX、TIFF 等不同的文件格式输出。

4）输出为“WEB”页面

通过运行电子传递指令 ETRANSMIT 或网上发布指令 PUBLISHTOWEB 都可将当前图形文件以 WEB 页面的方式进行输出，并可在网上进行浏览。

以上几种形式的文件输出将在以后章节中详细介绍。

1.8 获得帮助

合理使用 AutoCAD 2006 中文版的帮助功能，可以大大加快用户学习和熟练应用 AutoCAD 2006 的进度。

1.8.1 使用联机帮助

在安装 AutoCAD 2006 的同时，其联机帮助文档也安装到了计算机系统中，运行 HELP 命令，或按功能键 F1，可以打开如图 1-14 所示的 AutoCAD 2006 联机帮助窗口。

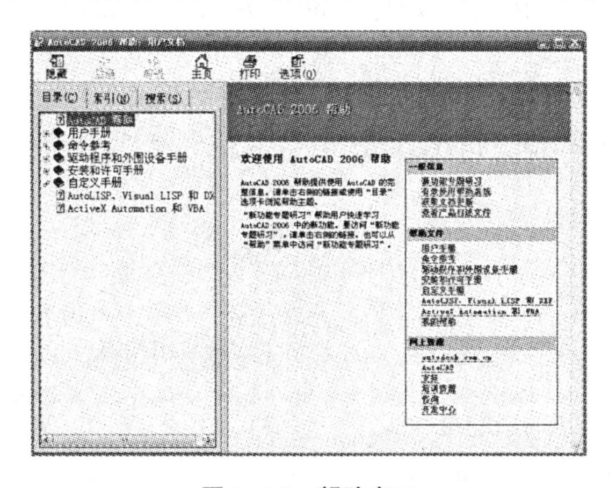

图 1-14　帮助窗口

在联机帮助窗口中，可采用两种方法来查阅帮助文档：① 一种是目录方式，如图 1-14 所示，在帮助窗口选取“目录”标签页，此时在左边的窗口中显示了各级联机帮助文档的目录结构，所有的帮助文档都按类别放置在各级目录下，用户按目录内容依次选取各级目录，即可在右边的窗口中显示需要的帮助文档内容；② 另一种方式是索引方式。在联机帮助窗口中打开“索引”标签，然后在左边的文本输入框中输入需要查询的索引关键字，系统将显示所有与该关键字有关的帮助文档。

1.8.2 使用快速帮助

快速帮助可及时对用户当前操作的指令做出帮助提示，该功能可在用户进行目录操作的同时提供相应的提示信息。快速帮助以一个信息选项板的形式出现，启动后停留在屏幕的左上角，运行 ASSIST 命令，以打开如图 1-15 (a) 所示的快速帮助信息选项板。在进行某项操作时，快速帮助信息选项板中将显示相关的提示内容。例如，在命令行执行 LINE 命令画直线时，快速帮助窗口将显示如图 1-15 (b) 所示的关于操作的帮助内容。

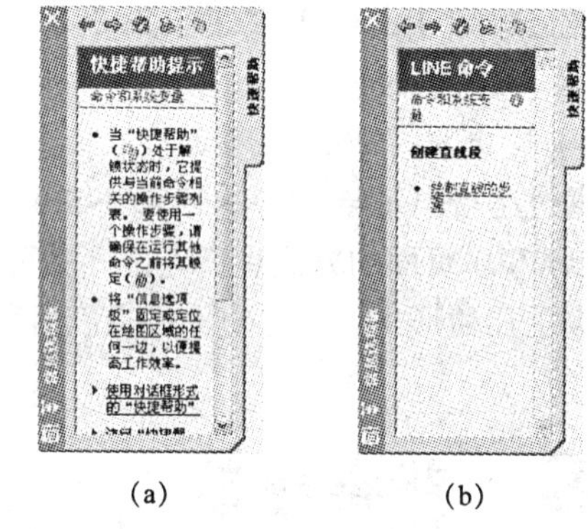

图 1-15　快速帮助窗口

1.8.3 网上获取帮助

与 AutoCAD 相关的网站是获得 AutoCAD 信息和资源的重要渠道。许多重要的产品信息、技术文档、升级补丁程序、图形资源、控件、插件等都是通过网络发布和传播的。在众多的网络资源中，Autodesk 公司的两个官方网站非常重要，经常访问这些网站，可得到最新的信息和技术帮助。

2）Autodesk 公司网站

该网站的网址是“http: //www.autocad.com”，该网站主要包括了公司发布的产品信息以及其它宣传资料。该网站的中文件网址是 “http: //www.autocad.com.cn”。

2）Point A 网站

该网站是 Autodesk 公司的技术支持网站，网址是“http: // pointa.autocad.com”从该网站中可以获得 Autodesk 公司最新的行业信息、技术支持、设计资源和客户服务。

习　　题

1-1　AutoCAD 最基本的功能是什么?

1-2　AutoCAD 2006 的用户界面主要由哪些部分构成?各部分分别有什么作用?

1-3　AutoCAD的图形文件名后缀是什么? 在AutoCAD中可以使用哪些方式将当前图形保存或输出为哪些格式的文件类型?

第 2 章　二维绘图命令

本章主要学习创建图形的常用二维绘图命令，如绘制点、直线、圆、圆弧、椭圆、多边形、多段线等命令。

2.1　绘制点

用户可以根据需要，先设置点的样式，然后在图形中需要的位置标注点。

2.1.1　点样式（DDPTYPE）

● *激活方式*

“格式”菜单：点样式　　　　命令行：DDPTYPE

该命令用于设置点的样式及大小，激活命令后，系统弹出一个“点样式”对话框，如图 2-1（a）所示。移动光标可选取所需的点样式，在点大小设置区域可设置点对象的大小。通过设置不同的点样式，可清楚地观察到点在图形上的位置，方便用户进行相应的操作。

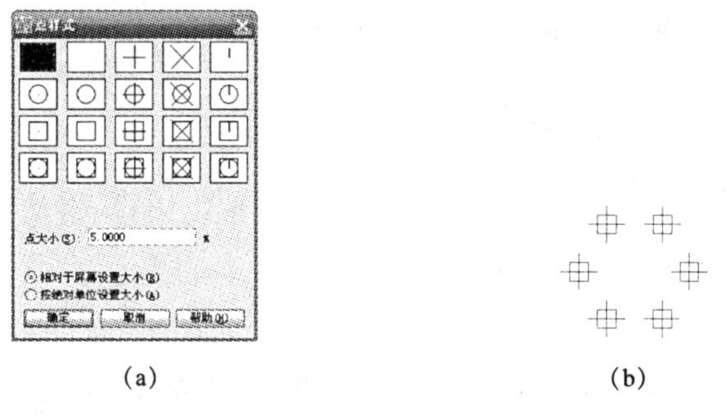

(a)　　　　(b)

图 2-1　“点样式”对话框

2.1.2　单点（POINT）

1）*激活方式*

“绘图”菜单：点▶单点　　　　命令行：POINT

点可以作为捕捉对象的节点。可以指定点的全部三维坐标。如果省略 Z 坐标值，则假定为当前标高。

2）命令举例

命令：DDPTYE↵

从“格式”菜单中选择“点样式”，在“点样式”对话框中选择第三排第三列的点样式（在以下关于点指令的例子中都将点样式设置为此），不改变“点大小”设置，选择“确定”。

命令：POINT↵

当前点模式：PDMODE=66　PDSIZE=0.0000

指定点：在屏幕上任意拾取一些点，如图 2-1（b）所示

2.1.3　多点（POINT）

1）激活方式

“绘图”工具栏：　　“绘图”菜单：点▶多点

多点命令与单点命令的区别在于可连续创建多个点对象，而单点命令执行一次只能创建一个点对象。

2.1.4　定数等分（DIVIDE）

DIVIDE 命令是在对象的长度或周长方向上，按用户指定的数目等分对象，并在等分点处放置点对象或块。可等分的对象包括圆弧、圆、椭圆、椭圆弧、多段线和样条曲线。

1）激活方式

“绘图”菜单：点▶定数等分　　　　命令行：DIVIDE

2）命令举例

将图 2-2（a）中的直线 5 等分，操作如下：

命令：DIVIDE↵

指定要定数等分的对象：拾取图 2-2（a）中的直线

输入线段数目或[块(B)]：5↵

命令执行完成后，在该直线上显示 4 个等分点，如图 2-2（b）所示，将该直线分为 5 等分。

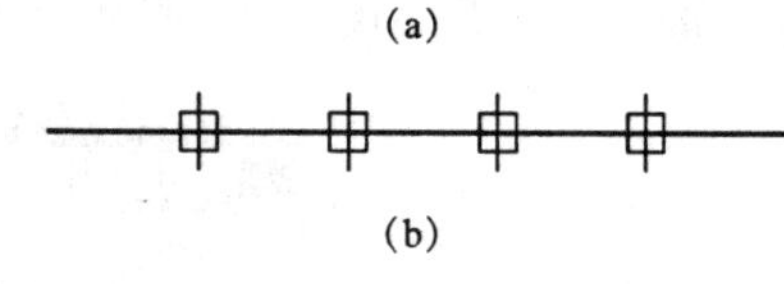

图 2-2　定数等分

2.1.5　定距等分（MEASURE）

该命令将点对象或块按指定的间距放置在对象长度或周长方向上。

1）激活方式

“绘图”菜单：点▶定数等分

命令行：MEASURE

2）命令举例

将图 2-3 中的直线定距等分，操作如下：

命令：MEASURE↵

选择要定距等分的对象：拾取图 2-3（a）中的直线

（该直线长为 3.7）

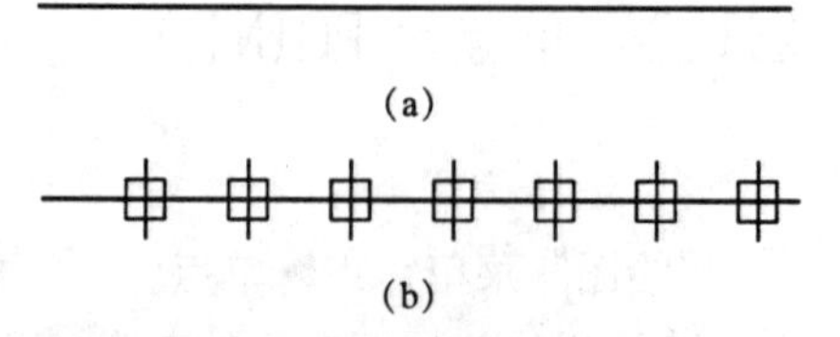

图 2-3　定距等分

指定线段长度或[块]: 0.5↵

命令执行完成后，在该直线上显示 7 个定距等分点，如图 2-3（b）所示。

沿选定的对象按指定的间距放置点对象，从最靠近用于选择对象的点的端点处开始放置。闭合多段线的测量从它们的初始顶点（绘制的第一个点）处开始。圆的测量从设置为当前捕捉旋转角的自圆心的角度开始。如果捕捉旋转角是零，那么从圆心右侧的圆周点开始测量圆。

2.2 绘制线

2.2.1 直线（LINE）

使用 LINE 命令，用户可以绘制一系列连续的直线段，而且每条直线段都是一个独立的对象，可以单独进行编辑而不影响其它的线段。

1）*激活方式*

“绘图”工具栏：　　“绘图”菜单：直线　　命令行：LINE

2）*命令举例*

绘制图 2-4 所示的三角形。

命令：LINE↵

指定第一点：0,0↵

指定下一点或 [放弃(U)]: @20<45↵

指定下一点或 [放弃(U)]: @20<−45↵

指定下一点或 [闭合(C)/放弃(U)]: C↵

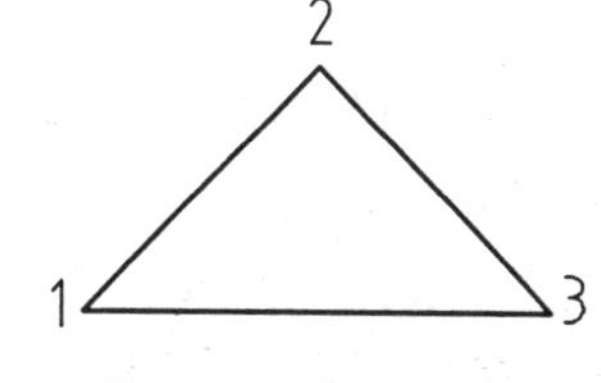

图 2-4　绘制三角形

在系统提示输入点时，可能有三种响应方式：① 按 ENTER 键，从上一条线或圆弧继续绘制；② 输入 C 后，以第一条线段的起始点作为最后一条线段的端点，形成一个闭合的线段环，在绘制了一系列线段（两条或两条以上）之后，可以使用“闭合”选项；③ 输入 U 后，删除直线序列中最近绘制的线段。

2.2.2 构造线（XLINE）

若直线既没有起点又没有终点，则这类直线被称为构造线。构造线主要用于绘制辅助参考线，以方便图形对齐。

1）*激活方式*

“绘图”工具栏：　　“绘图”菜单：构造线　　命令行：XLINE

2）*选项说明*

命令行提示为“指定点或 [水平(H)/垂直(V)/角度(A)/二等分(B)/偏移(O)]:”，其中：

- 指定点　通过指定两点定义构造线。
- 水平　经过一个点绘制水平构造线。
- 垂直　经过一个点绘制垂直构造线。

● 角度　经过一个点按指定的角度绘制构造线。
● 二等分　通过输入三个点构成一个角，绘制该角二等分构造线。
● 偏移　绘制跟已知直线平行的构造线。

3）命令举例

经过坐标原点，绘制一条与水平向右方向成 30°的构造线。

命令：XLINE↵

指定点或 [水平(H)/垂直(V)/角度(A)/二等分(B)/偏移(O)]:　A↵

输入构造线的角度 (0) 或 [参照(R)]:　30↵

指定通过点:　0,0↵

指定通过点:　↵

2.2.3　射线（RAY）

若直线只有起点没有终点（或者说其终点在无穷远处），则这类直线被称为射线。射线可用于创建其他对象的参照。

1）激活方式

“绘图”菜单：射线　　　命令行：RAY

2）命令举例

通过坐标原点和点（10，15）绘制射线。

命令：　RAY↵

指定起点:　0,0↵

指定通过点:　10,15↵

指定通过点:　↵

2.2.4　多线（MLINE）

用户可设置不同的多线样式，系统将按当前设定的多线样式绘制形状不同的多线。

1）多线样式（MLSTYLE）

● 激活方式

“格式”菜单：多线样式

命令行：MLSTYLE

该命令用于设置多线的样式，激活命令后，系统弹出一个“多线样式”对话框，如图 2-5 所示。通过该对话框，可完成多线样式的创建、删除等操作。

● 命令举例

创建一个名为“MLSTYLE01”的多线样式，其起点和端点为直线连接，其余参数使用默认设置，并将该多线样式置为当前样式。

命令：MLSTYLE ↵

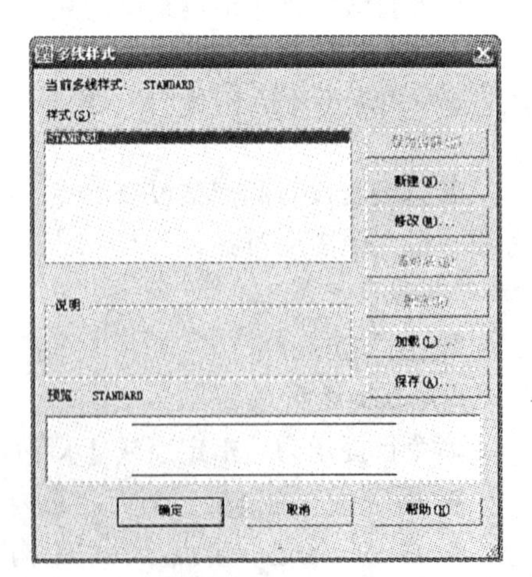

图 2-5　多线样式

单击图 2-5 所示对话框中的“新建”按钮，弹出如图 2-6（a）所示的“创建新的多线样式”对话框，在“新样式名”输入框中输入新样式名称“MLSTYLE01”，单击“继续”按钮，弹出如图 2-6（b）所示的“新建多线样式”对话框。在“封口”区域选取多线起点和端点为直线，单击“确定”按钮，系统返回图 2-5 所示对话框，在样式列表区域选中样式“MLSTYLE01”，单击“置为当前”按钮。单击“确定”按钮，完成设置退出对话框。

(a)

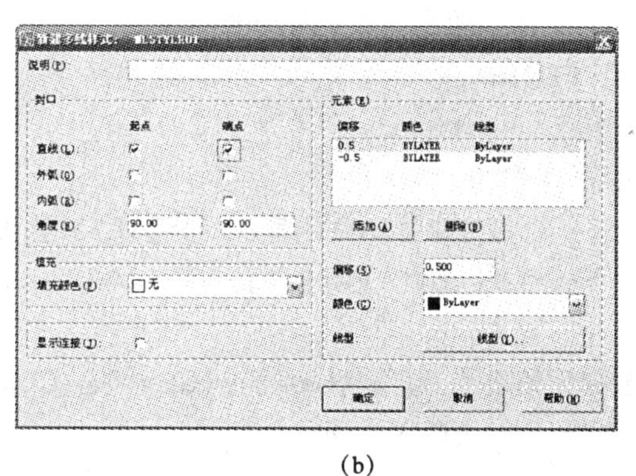

(b)

图 2-6　创建多线样式

2）多线（MLINE）

● 激活方式

“绘图”菜单：多线　　命令行：MLINE

● 命令举例

用前面设置的多线样式“MLSTYLE01”绘制一个直角边为 100 的 45°三角板，如图 2-7 所示。

命令：MLINE↵

当前设置：对正=上，比例=20.00，样式=STANDARD

指定起点或 [对正(J)/比例(S)/样式(ST)]：0,0↵

指定下一点：　@100<45↵

指定下一点或 [放弃(U)]：　@100<−45↵

指定下一点或 [闭合(C)/放弃(U)]：　C↵

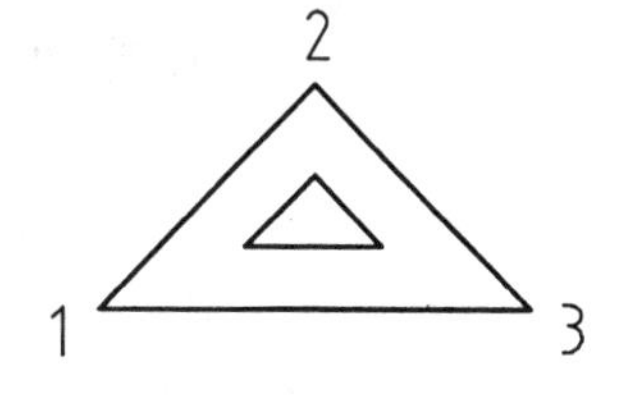

图 2-7　多线绘制三角板

2.2.5　多段线（PLINE）

PLINE 命令用于绘制由直线段和圆弧组成的多段线，整条线可作为一个实体进行整体编辑。另外，多段线还有指定线宽的选项，可以绘制各种线宽的直线。

1）激活方式

“绘图”工具栏：　　“绘图”菜单：多段线　　命令行：PLINE

2）选项说明

命令行提示：“指定下一个点或[圆弧(A)/半宽(H)/长度(L)/放弃(U)/宽度(W)]:”，其中：

● 指定下一点　继续输入点绘制多段线，直到按 ENTER 键为止。

● 圆弧　切换到绘制圆弧形式。

● 半宽　设置多段线的半宽。
● 长度　切换到绘制直线形式。
● 放弃　撤消上一段多段线。
● 宽度　设置多段线的宽度。

3）命令举例

用 PLINE 命令绘制图 2-8 所示的曲线。

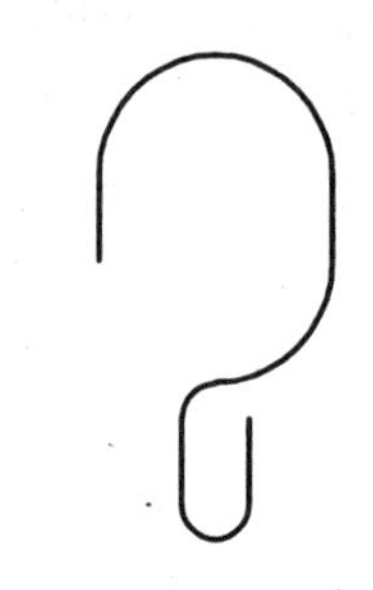

图 2-8　绘制多段线

命令：PLINE↵

指定起点：0,0↵

当前线宽为 0.0

指定下一个点或[圆弧(A)/半宽(H)/长度(L)/放弃(U)/宽度(W)]：@0,24

指定下一点或[圆弧(A)/闭合(C)/半宽(H)/长度(L)/放弃(U)/宽度(W)]：A↵　（切换到绘制圆弧形式）

指定圆弧的端点或[角度(A)/圆心(CE)/闭合(CL)/方向(D)/半宽(H)/直线(L)/半径(R)/第二个点(S)/放弃(U)/宽度(W)]：@68,0↵

指定圆弧的端点或[角度(A)/圆心(CE)/闭合(CL)/方向(D)/半宽(H)/直线(L)/半径(R)/第二个点(S)/放弃(U)/宽度(W)]：L↵　（返回到"直线"模式）

指定下一点或[圆弧(A)/闭合(C)/半宽(H)/长度(L)/放弃(U)/宽度(W)]：@0,−24↵

指定下一点或[圆弧(A)/闭合(C)/半宽(H)/长度(L)/放弃(U)/宽度(W)]：A↵

指定圆弧的端点或[角度(A)/圆心(CE)/闭合(CL)/方向(D)/半宽(H)/直线(L)/半径(R)/第二个点(S)/放弃(U)/宽度(W)]：@−34,−34↵

指定圆弧的端点或[角度(A)/圆心(CE)/闭合(CL)/方向(D)/半宽(H)/直线(L)/半径(R)/第二个点(S)/放弃(U)/宽度(W)]：@−10,−10↵

指定圆弧的端点或[角度(A)/圆心(CE)/闭合(CL)/方向(D)/半宽(H)/直线(L)/半径(R)/第二个点(S)/放弃(U)/宽度(W)]：L↵

指定下一点或[圆弧(A)/闭合(C)/半宽(H)/长度(L)/放弃(U)/宽度(W)]：@0,−24↵

指定下一点或[圆弧(A)/闭合(C)/半宽(H)/长度(L)/放弃(U)/宽度(W)]：A↵

指定圆弧的端点或[角度(A)/圆心(CE)/闭合(CL)/方向(D)/半宽(H)/直线(L)/半径(R)/第二个点(S)/放弃(U)/宽度(W)]：@20,0↵

指定圆弧的端点或[角度(A)/圆心(CE)/闭合(CL)/方向(D)/半宽(H)/直线(L)/半径(R)/第二个点(S)/放弃(U)/宽度(W)]：L↵

指定下一点或[圆弧(A)/闭合(C)/半宽(H)/长度(L)/放弃(U)/宽度(W)]：@0,24↵

指定下一点或[圆弧(A)/闭合(C)/半宽(H)/长度(L)/放弃(U)/宽度(W)]：↵　（结束命令）

2.3 绘制曲线

在 AutoCAD 中可创建圆、圆弧、椭圆、样条曲线等多种类型的曲线。

2.3.1　圆

1）激活方式

“绘图”工具栏：　　“绘图”菜单：圆　　命令行：CIRCLE

2）选项说明

命令行提示：“指定圆的圆心或 [三点(3P)/两点(2P)/相切、相切、半径(T)]:”，其中：

- 指定圆的圆心　指定圆心和半径绘制圆。
- 三点　给定三圆周上三点绘制圆。
- 两点　给定两点，并以这两点连线为直径绘制圆。
- 相切、相切、半径　与已知两图形对象相切并给定半径，绘制圆。

3）命令举例

绘制图 2-9 所示的图形。

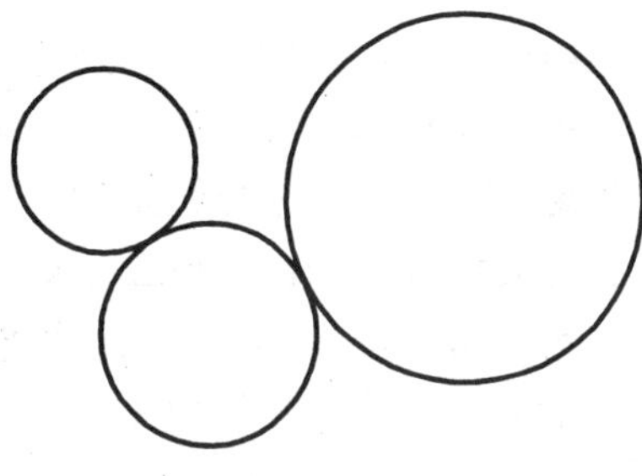

图 2-9　绘制圆

命令：CIRCLE↵

指定圆的圆心或 [三点(3P)/两点(2P)/相切、相切、半径(T)]：0,0↵　（绘制左侧圆）

指定圆的半径或 [直径(D)] <0.0>：25↵

命令：CIRCLE↵

指定圆的圆心或[三点(3P)/两点(2P)/相切、相切、半径(T)]：100,－10 ↵　（绘制右侧圆）

指定圆的半径或 [直径(D)] <25.0>：50↵

命令：CIRCLE↵

指定圆的圆心或 [三点(3P)/两点(2P)/相切、相切、半径(T)]：T↵　（选择切线方式）

指定对象与圆的第一个切点：拾取左侧小圆

指定对象与圆的第二个切点：拾取右侧圆

指定圆的半径 <50.0>：30↵

2.3.2　圆弧

1）激活方式

“绘图”工具栏：　　“绘图”菜单：圆弧　　命令行：ARC

2）选项说明

命令行最开始提示：“指定圆弧的起点或 [圆心(C)]:”，其中：

- 指定圆弧的起点　给出所绘制圆弧的起点。

注意：如果未指定点就按 ENTER 键，最后绘制的直线或圆弧的端点将会作为起点，并立即提示指定新圆弧的端点，这将创建一条与最后绘制的直线、圆弧或多段线相切的圆弧。

- 圆心　给定所绘制圆弧的圆心。

用户通过选取“指定圆弧的起点”和“圆心”两个选项，可进入各种不同的圆弧绘制方式。

当直接指定圆弧的起点，命令行提示："指定圆弧的第二个点或［圆心(CE)/端点(E)]:"，其中：

指定圆弧的第二个点——进入三点绘圆弧方式，通过三个指定点绘制圆弧。

圆心——进入起点、圆心、角度（弦长）绘圆弧方式。

端点——进入起点、端点、圆心（角度）/（方向）/（半径）绘圆弧方式。

当指定圆弧的圆心，再按系统提示指定圆弧的起点后，命令行提示："指定圆弧的端点或［角度(A)/弦长(L)]:"，其中：

指定圆弧的端点——给出圆弧的端点，按圆心、起点、端面绘圆弧。

角度——给定圆弧的角度，按圆心、起点、角度绘圆弧。

弦长——给定圆弧的弦长，按圆心、起点、弦长绘圆弧。

3）命令举例

两相交圆柱的相贯线的近似画法（"起点、端点、半径"方式），如图 2-10 所示。

命令： ARC↵

指定圆弧的起点或［圆心(C)]： 移动光标拾取 1 点

指定圆弧的第二个点或[圆心(C)/端点(E)]：E↵

指定圆弧的端点： 移动光标拾取 2 点

指定圆弧的圆心或［角度(A)/方向(D)/半径(R)]： R↵

指定圆弧的半径： 15↵

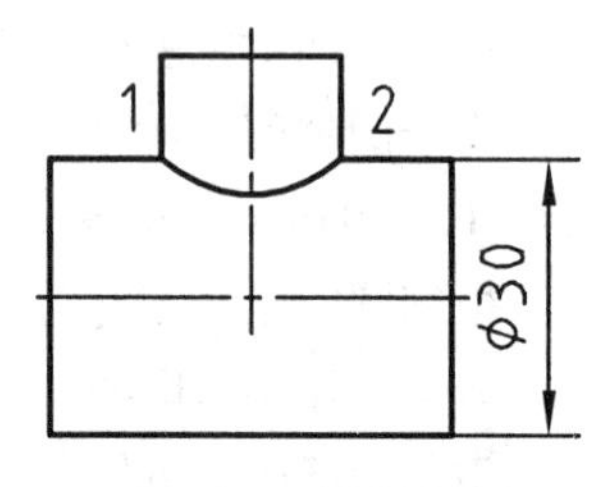

图 2-10 绘制圆弧

2.3.3 椭圆（ELLIPSE）

1）激活方式

"绘图"工具栏： "绘图"菜单：椭圆 命令行：ELLIPSE

2）选项说明

命令行提示"指定椭圆的轴端点或［圆弧(A)/中心点(C)]:"，其中：

- 指定椭圆的轴端点 根据两个端点定义椭圆的第一条轴，第一条轴的角度确定了整个椭圆的角度。第一条轴既可定义为椭圆的长轴，也可定义为椭圆的短轴；
- 圆弧 创建一段椭圆弧，第一条轴的角度确定了椭圆弧的角度；
- 中心点 用指定的中心点和两个端点创建椭圆弧。

3）命令举例

绘制圆心为（0，0)、长轴为 150、短轴为 50 的两个同心椭圆，其中一个长轴为水平方向，另一个长轴方面与水平向右成 45°。结果如图 2-11 所示。

命令： ELLIPSE↵

指定椭圆的轴端点或［圆弧(A)/中心点(C)]： C↵

指定椭圆的中心点： 0,0↵

指定轴的端点： 75,0↵

指定另一条半轴长度或［旋转(R)]： 25↵

命令： ELLIPSE ↵

指定椭圆的轴端点或［圆弧(A)/中心点(C)]： C↵

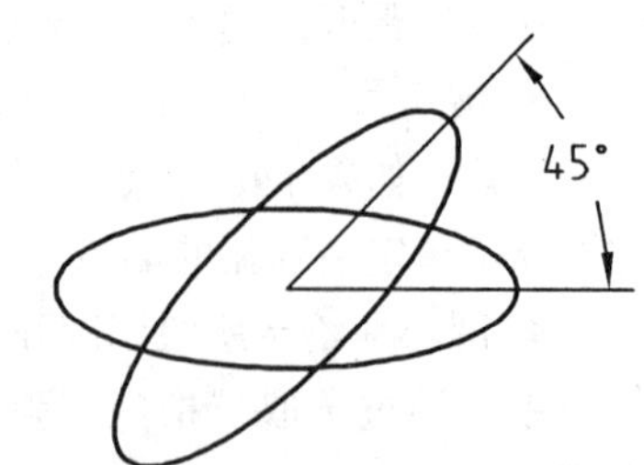

图 2--11 绘制椭圆

指定椭圆的中心点：　0,0↲

指定轴的端点：　@75<45↲

指定另一条半轴长度或 [旋转(R)]：　25↲

2.3.4　样条曲线（SPLINE）

AutoCAD 使用一种称为非一致有理 B 样条曲线(NURBS)的特别样条曲线类型。NURBS 曲线在控制点之间产生一条光滑的曲线。样条曲线可用于创建形状不规则的曲线，如应用于地理信息系统（GIS）或汽车设计中绘制轮廓线。

1）激活方式

“绘图”工具栏：～　　“绘图”菜单：样条曲线　　命令行：SPLINE

2）选项说明

命令行提示“指定第一个点或 [对象(O)]:”；“指定下一点或[闭合(C)/拟合公差(F)]<起点切向>”，其中：

- 指定第一点　指定一点，输入点一直到完成样条曲线的定义为止。
- 对象　将用二维或三维的二次或三次样条曲线拟合多段线，然后（根据系统变量 DELOBJ 的设置）删除该多段线。
- 指定下一点　继续输入点添加其它样条曲线线段，直到按 ENTER 键为止。一旦按下 ENTER 键，系统将提示用户指定样条曲线的起点切线方向。
- 闭合　将最后一点定义为与第一点一致，并使它们在连接处相切。
- 拟合公差　修改当前样条曲线的拟合公差。根据新公差以及现有点重新定义样条曲线。可以重复修改拟合公差，但这样做会修改所有控制点的公差，不管选定的是哪个控制点。如果公差设置为 0，则样条曲线通过拟合点。输入大于 0 的公差将使样条曲线在指定的公差范围内通过拟合点。
- 起点切向　定义样条曲线的第一点和最后一点的切向。如果在样条曲线的两端都指定切向，可以输入一个点或者使用“切点”和“垂足”对象捕捉模式使样条曲线与已有的对象相切或垂直。如果按 ENTER 键，AutoCAD 将计算默认切向。

3）命令举例

绘制图 2-12 所示图形。

命令：SPLINE↲

指定第一个点或 [对象(O)]：指定第 1 点

指定下一点：　指定第 2 点

指定下一点或 [闭合(C)/拟合公差(F)] <起点切向>：指定第 3 点

…继续指定所需要的点，直到第 22 点。

指定下一点或 [闭合(C)/拟合公差(F)] <起点切向>：指定第 22 点

指定下一点或 [闭合(C)/拟合公差(F)] <起点切向>：C↲　（闭合样条曲线）

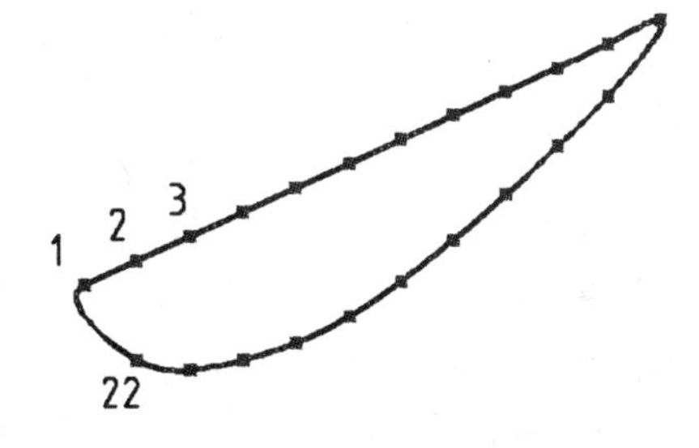

图 2-12　轴流式叶轮翼型

指定切向：↵　（AutoCAD 将计算默认切向，并结束命令）

2.4 绘制正多边形（POLYGON）

在 AutoCAD 中，正多边形是具有 3～1 024 条等长边的闭合多段线。创建正多边形是绘制正方形、等边三角形、八边形等的简单方法。

1）*激活方式*

“绘图”工具栏：　“绘图”菜单：正多边形　命令行：POLYGON

2）*选项说明*

当用户指定了多边形边数后，命令行将继续提示“指定正多边形的中心点或[边(E)]”，其中：

- 中心点　是指所绘制的正多边形的中心点；
- 边　通过指定第一条边的两个端点来定义正多边形，即以确定边长和放置位置方法来创建正多边形。

3）*命令举例*

以坐标原点为中心点，绘制一个内接圆半径为 100 的正五边形。

命令：POLYGON↵

输入边的数目 <4>：5↵

指定正多边形的中心点或 [边(E)]：0,0↵

输入选项 [内接于圆(I)/外切于圆(C)] <I>：↵

指定圆的半径：100↵

结果如图 2-13 所示。

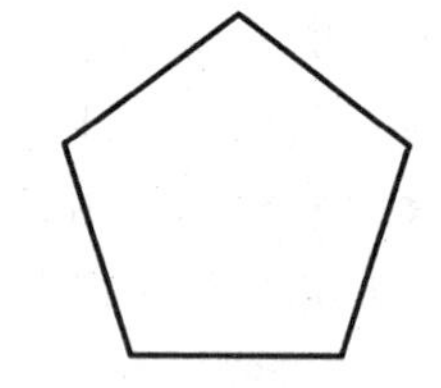

图 2-13　绘制正五边形

2.5 绘制矩形（RECTANG）

1）*激活方式*

“绘图”工具栏：　“绘图”菜单：矩形　命令行：RECTANG / RECTANGLE

2）*选项说明*

命令行提示为：“指定第一个角点或 [倒角(C)/标高(E)/圆角(F)/厚度(T)/宽度(W)]”，其中：

- 第一个角点　指定矩形的一个顶点。
- 倒角　设置矩形的倒角距离。
- 标高　指定矩形的标高，以后执行 RECTANG 命令时将使用此值作为当前标高，标高决定了矩形到 XOY 平面的高度。
- 圆角　指定矩形的圆角半径，以后执行 RECTANG 命令时将使用此值作为当前圆角半径。

● 厚度　指定矩形的厚度，以后执行 RECTANG 命令时将使用此值作为当前厚度。

● 宽度　为要绘制的矩形指定多段线的宽度，以后执行 RECTANG 命令时将使用此值作为当前多段线宽度。

3）命令举例

绘制一圆角半径为 5、第一角点为坐标原点、长为 100、宽为 60 的矩形。

命令：RECTANG↵

指定第一个角点或 [倒角(C)/标高(E)/圆角(F)/厚度(T)/宽度(W)]：F↵

指定矩形的圆角半径 <0.0>：5↵

指定第一个角点或 [倒角(C)/标高(E)/圆角(F)/厚度(T)/宽度(W)]：0,0↵

指定另一个角点或 [面积(A)/尺寸(D)/旋转(R)]：100,60↵

结果如图 2-14 所示。

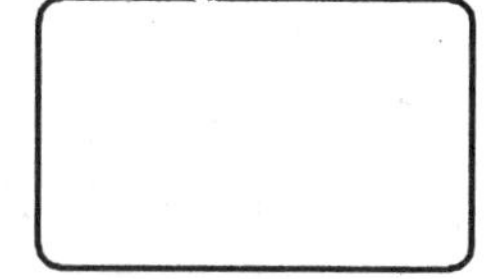

图 2-14　绘制矩形

2.6 图案填充（BHATCH）

1）激活方式

“绘图”工具栏：　“绘图”菜单：图案填充　命令行：BHATCH

该命令用于定义边界、图案类型、图案特性和填充对象属性。AutoCAD 2006 增强了图案填充功能，能更快速、高效地创建和编辑图案填充。

2）选项说明

“图案填充”标签页用于定义填充图案的类型、比例、边界等内容，如图 2-15 所示。

● 类型　设置图案类型。用户定义的图案基于图形中的当前线型。自定义图案是在任何自定义 PAT 文件中定义的图案，这些文件已添加到搜索路径中，可以控制任何图案的角度和比例。

● 图案　列出可用的预定义图案。最近使用的 6 个用户预定义图案出现在列表顶部。HATCH 将选定的图案存储在HPNAME系统变量中。只有将“类型”设置为“预定义”时，该“图案”选项才可用。

● “...”按钮　显示“填充图案选项板”对话框，从中可以同时查看所有预定义图案的预览图像。

● 样例　显示选定图案的预览图像。可以单击“样例”以显示“填充图案选项板”对话框。

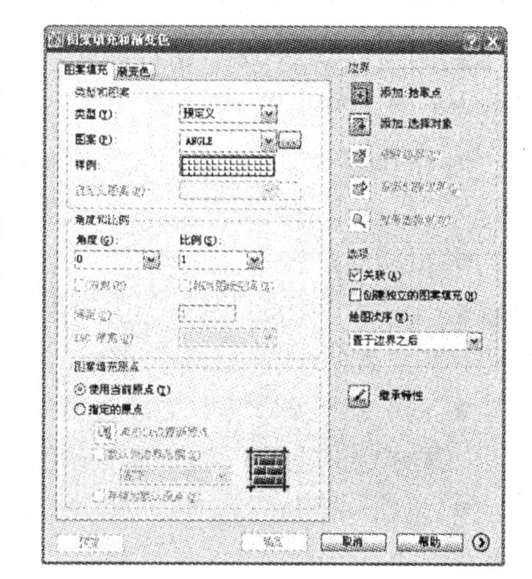

图 2-15　“图案填充”对话框

● 自定义图案　列出可用的自定义图案。六个最近使用的自定义图案将出现在列表顶部。选定图案的名称存储在 HPNAME 系统变量中。只有在“类型”中选择了“自定义”时此选项才可用。

● 角度　指定填充图案的角度（相对当前 UCS 坐标系的 X 轴）。HATCH 将角度存储在 HPANG系统变量中。

● 比例　放大或缩小预定义或自定义图案。HATCH 将比例存储在HPSCALE系统变量中。只有将“类型”设置为“预定义”或“自定义”时此选项才可用。

● 双向　对于用户定义的图案，将绘制第二组直线，这些直线与原来的直线成 90°，从而构成交叉线。只有在“图案填充”标签页上将“类型”设置为“用户定义”时此选项才可用。

● 相对图纸空间　相对于图纸空间单位缩放填充图案。使用此选项，可很容易地做到以适合于布局的比例显示填充图案。该选项仅适用于布局。

● 间距　指定用户定义图案中的直线间距。HATCH 将间距存储在 HPSPACE 系统变量中。只有将“类型”设置为“用户定义”时此选项才可用。

● ISO 笔宽　基于选定笔宽缩放 ISO 预定义图案。只有将“类型”设置为“预定义”并将“图案”设置为可用的 ISO 图案的一种时，此选项才可用。

● 使用当前原点　使用存储在 HPORIGINMODE 系统变量中的设置。默认情况下，原点设置为 0,0。

● 指定的原点　指定新的图案填充原点。单击此选项可使以下的选项可用：

单击以设置新原点 ——直接指定新的图案填充原点。

默认为边界范围 ——基于图案填充的矩形范围计算出新原点，可以选择该范围的四个角点及其中心。

存储为默认原点 ——将新图案填充原点的值存储在 HPORIGIN 系统变量中。

原点预览 ——显示原点的当前位置。

● 添加：拾取点　根据围绕指定点构成封闭区域的现有对象确定边界，此时，对话框将暂时关闭，系统将会提示用户拾取一个点。拾取内部点时，可以随时在绘图区域单击鼠标右键以显示包含多个选项的快捷菜单。

● 添加：选择对象　根据构成封闭区域的选定对象确定边界，此时，对话框将暂时关闭，系统将会提示用户选择对象。

● 删除边界　从边界定义中删除以前添加的任何对象。单击“删除边界”时，对话框将暂时关闭，命令行将显示提示：“选择对象或 [添加边界(A)]”。

● 重新创建边界　围绕选定的图案填充或填充对象创建多段线或面域，并使其与图案填充对象相关联（可选）。单击“重新创建边界”时，对话框暂时关闭，命令行将显示提示：“输入边界对象类型 [面域(R)/多段线(P)] <当前>：”。

● 查看选择集　暂时关闭对话框，并使用当前的图案填充或填充设置显示当前定义的边界。如果未定义边界，则此选项不可用。

● 关联　控制图案填充或填充的关联。关联的图案填充或填充在用户修改其边界时将会更新。

● 创建独立的图案填充　当指定了几个独立的闭合边界时，控制是创建单个图案填充对象还是创建多个图案填充对象。

● 绘图次序　为图案填充或填充指定绘图次序。图案填充可以放在所有其他对象之后、所有其他对象之前、图案填充边界之后或图案填充边界之前。

● 继承特性　使用选定图案填充对象的图案填充或填充特性对指定的边界进行图案填充。HPINHERIT 将控制是由 HPORIGIN 还是由源对象来决定图案填充的结果。在选定图案填充要继承其特性的图案填充对象之后，可以在绘图区域中单击鼠标右键，并使用快捷菜单在“选择对象”和“拾取内部点”选项之间进行切换以创建边界。

3）命令举例

将图 2-16 (a) 中的图形进行填充，剖面线类型设为 ANSI31，填充后效果见图 2-16 (b)。

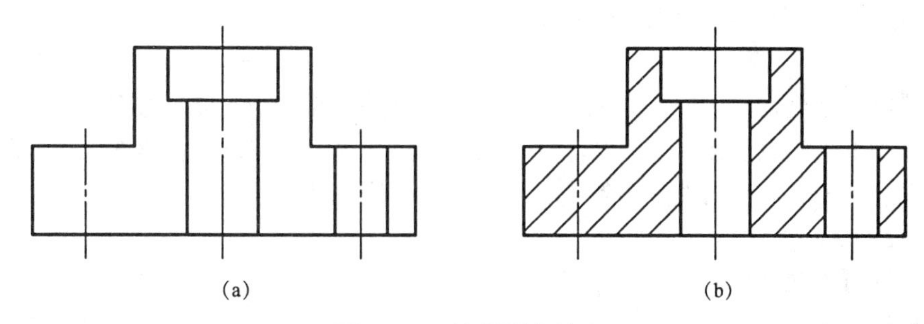

图 2–16　绘制图案填充

从“绘图”菜单中选择“图案填充”，确认在“图案填充和渐变色”对话框中选中“图案填充”标签页；在“图案”下拉列表中选取“ANSI31”；单击边界区域的按钮，系统暂时退出对话框，移动光标到三个要填充的区域内部，单击左键以拾取该填充区域，三个区域都拾取完成按 ENTER 键；单击左下 预览 按钮，对填充效果进行预览，如有需要请调整比例；单击 确定 按钮，完成该图形的图案填充。

2.7 徒手绘图

徒手绘图可用于创建不规则边界。

2.7.1 绘制修订云线（REVCLOUD）

修订云线是多个连续圆弧组成的多段线。在检查或审阅图形时可使用修订云线。

1）激活方式

“绘图”工具栏：　“绘图”菜单：修订云线　命令行：REVCLOUD

2）选项说明

命令行提示：“指定起点或 [弧长(A)/对象(O)/样式(S)] <对象>:”，其中：

● 指定起点　给定修订云线的起点。

● 弧长　设置修订云线圆弧的最小弧长和最大弧长。

● 对象　可将闭合对象（如圆、椭圆、闭合多段线等）转换为修订云线。

● 样式　指定修订云线的样式。

3）命令举例

命令：REVCLOUD↲

最小弧长：0.5000　最大弧长：0.5000　样式：普通

指定起点或 [弧长(A)/对象(O)/样式(S)] <对象>：　移动光标到绘图区适当位置任意拾取一个点

沿云线路径引导十字光标...　在绘图区根据图形形状需要移动光标

修订云线完成。

2.7.2 徒手绘制线（SKETCH）

徒手绘制对于创建不规则边界或使用数字化仪追踪非常有用。徒手绘图时，定点设备就像画笔一样，单击定点设备可把“画笔”放到屏幕上，这时便可以进行绘图，再次单击将提起画笔并停止绘图。徒手画由许多条线段组成，每条线段都可以是独立的对象或多段线。

1）激活方式

命令行：SKETCH

2）选项说明

命令行提示：“记录增量 <当前>:”，“徒手画.　画笔(P)/退出(X)/结束(Q)/记录(R)/删除(E)/连接(C)。”，其中：

● 记录增量　记录的增量值定义直线段的长度。定点设备移动的距离必须大于记录增量才能生成线段。

● 画笔　提笔和落笔。在用定点设备选取菜单项前必须提笔。

● 退出　记录及报告临时徒手画线段数并结束命令。

● 结束　放弃从开始调用 SKETCH 命令或上一次使用“记录”选项时所有临时的徒手画线段，并结束命令。

● 记录　永久记录临时线段且不改变画笔的位置。

● 删除　删除临时线段的所有部分，如果画笔已落下则提起画笔。

● 连接　落笔，继续从上次所画的线段的端点或上次删除的线段的端点开始画线。

3）命令举例

以增量值为 5 绘制一条徒手线，其形状任画。

命令：　SKETCH↵

记录增量 <2.8892>：　5↵

徒手画.　画笔(P)/退出(X)/结束(Q)/记录(R)/删除(E)/连接(C)：<笔 落>　<笔 提>　（先移动光标在适当位置，单击左键输入点为徒手线的起点，系统提示〈笔 落〉；然后任意移动光标强制徒手线，到最后一点时，再次单击左键，系统提示〈笔 提〉，然后回车结束指令）

已记录 7 条直线。

2.8 区域覆盖（WIPEOUT）

创建多边形区域，该区域可用当前背景颜色屏蔽其下面的对象，该区域四周带有区域覆盖边框，编辑时可以打开区域覆盖边框，打印时可将其关闭。

1）激活方式

“绘图”菜单：区域覆盖　　　　命令行：WIPEOUT

2）选项说明

命令行提示：“指定第一点或 [边框(F)/多段线(P)] <多段线>:”，其中：

- 指定第一点　指定多边形区域第一点。
- 边框　确定是否显示所有区域覆盖对象的边。
- 多段线　根据选定的多段线确定区域覆盖对象的多边形边界。

3）命令举例

绘制一个圆心为（100,100）、半径为 20 的圆，再用一个三角形区域将其局部覆盖。

命令：CIRCLE↵

指定圆的圆心或 [三点(3P)/两点(2P)/相切、相切、半径(T)]: 100,100↵

指定圆的半径或 [直径(D)]: 20↵

命令：WIPEOUT↵

指定第一点或 [边框(F)/多段线(P)] <多段线>: 100,100↵

指定下一点：150,50↵

指定下一点或 [放弃(U)]: 100,50↵

指定下一点或 [闭合(C)/放弃(U)]: ↵

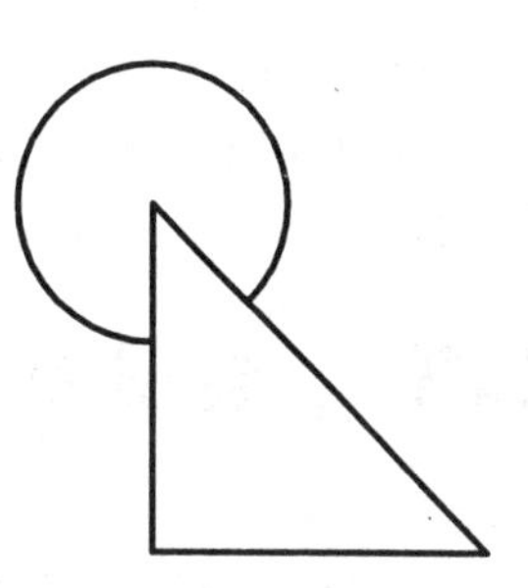

图 2-17　区域覆盖

结果如图 2-17 所示。

习　　题

2-1　用本章讲述的命令绘制一面共青团团旗，如题 2-1 图所示，并用 BHATCH 命令对五角星和旗面进行填充（尺寸自定）。

2-2　用本章讲述的命令绘制题 2-2 图所示的图形（尺寸自定）。

题 2-1 图

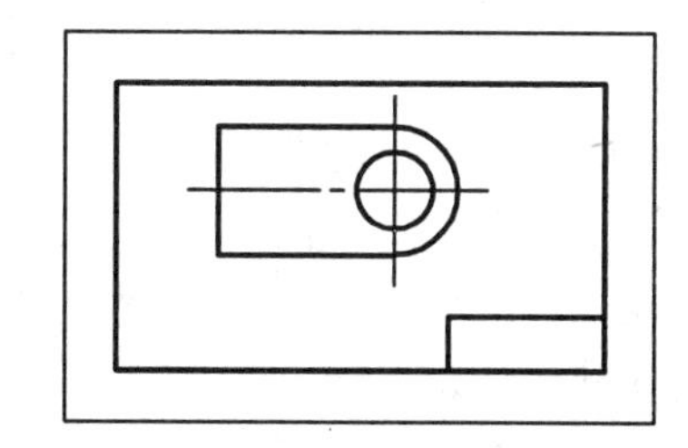

题 2-2 图

第 3 章　精确绘图与绘图环境设置

当手工绘图时，首先得准备图纸及仪器（圆规、直尺、笔等工具），并按一定标准和规定绘图，但这样绘制的图形并不是非常精确。而 AutoCAD 可以非常精确地绘制图形，不过用 AutoCAD 绘制图形同样需要事先做很多准备工作，如设置绘图所需的必要环境。本章主要讲述精确绘图控制参数、图层和对象特性、绘图环境设置等有关的命令。

3.1　绘图单位与图形界限（UNITS、LIMITS）

在 AutoCAD 中，用户可以按 1∶1 的比例绘制任意大小的图形，绘图完毕后再通过绘图设备将图形按所需比例输出到图纸上，而不必像手工绘图那样在绘图前必须确定绘图比例。在 AutoCAD 中是利用电子单位进行绘图，绘图单位本身是无量纲的，但用户可根据实际需要来决定一个绘图单位，如毫米、英寸、米或公里等。为了便于管理图形和方便作图，用户应该在绘图前设置好绘图的单位和界限。在系统默认状态下，AutoCAD 按十进制方式显示距离和角度，用户可以根据实际需要控制它的显示方式。

3.1.1　绘图单位（UNITS）

UNITS 命令可控制坐标和角度的显示格式并确定精度。

1）*激活方式*

“格式”菜单：单位　　命令行：UNITS（或 ′UNITS）

2）*命令说明*

在激活“UNITS”命令后系统将弹出一个“图形单位”对话框，如图 3-1（a）所示。该对话框分“长度”、“角度”和“插入比例”三个组框，用它们来设置 AutoCAD 距离、角度单位，以及从设计中心输入图形对象和特性时的转换单位。

长度单位有 5 种：分数（15 1/2）、工程（1′－3.5″）、建筑（1′－3 1/2″）、科学（1.55E＋02）、小数（15.50）。精度用于设置相应长度单位的计数精度。

角度单位有 5 种：百分度（50.000g）、度/分/秒（45d0′0″）、弧度（0.7854r）、勘测单位（N45d0′0″E）、十进制表示法（45.00）；精度用于设置相应角度单位的计数精度。顺时针复选框用于设定正角度的方向，默认为反时针，选中为顺时针。

插入比例有 21 种，它们都是一些长度单位，系统默认单位为“毫米（mm）”。

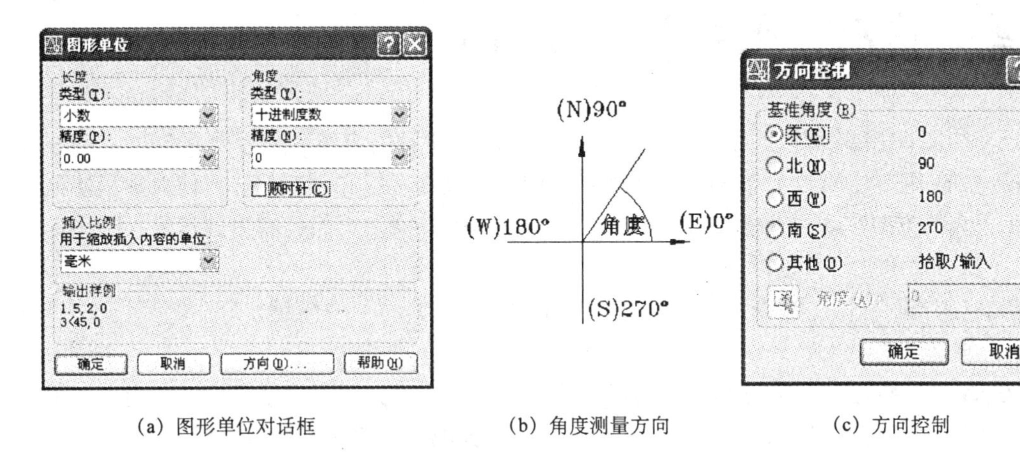

(a) 图形单位对话框　　(b) 角度测量方向　　(c) 方向控制

图 3–1　绘图单位的确定

在系统默认状态下，X 轴的正方向为 0°，如图 3-1（b）所示，正角度沿逆时针方向测量，单击“图形单位”对话框中 [方向(D)...] 按钮，弹出如图 3-2（c）所示的方向控制对话框，该对话框用来设置基准 0°。在对话框中，用户点取东、西、北、南任意一个单选钮，就可将相应方向作为角度测量的 0° 位置。如果选中“其他”单选钮，将激活拾取图标按钮和角度编辑框。用户可以单击拾取 [拾取] 按钮，暂时关闭对话框，在图形区拾取两个点，然后返回对话框，将两点构成的直线方向设置为 0° 角基准方向；也可直接在角度编辑框中输入一个角度值（该角度始终以东方作为 0° 角基准）来指定新的 0° 角基准。

3.1.2　图形界限（LIMITS）

图形界限是世界坐标系中的二维点，表示图形范围的上、下和左、右边界。注意：不能在 Z 方向上定义界限。AutoCAD 给用户的绘图空间大小是无限的，但设置绘图区域界限，使用户在有效的区域内绘图，对图形管理十分必要。LIMITS 命令通过指定图形边界左下角和右上角坐标定义绘图区域来设置绘图极限（使用 ZOOM▶A/E 命令可使绘图界限的矩形区域全屏显示）。

1）激活方式

“格式”菜单：图形界限　　命令行：LIMITS（或 ′LIMITS）

2）命令说明

图形界限有开（ON）、关（OFF）两种状态。如果设置为开（ON）的状态，绘图只能在设定的图形界限的矩形区域内进行，此时如果用户新画的图形超出设定范围，则系统将提示“超出图形界限”的警告，且无法执行下一步绘图操作；如果设置为关（OFF）的状态，此时用户所画图形超出设定范围仍可继续进行下一步绘图操作。

图形界限命令一般分两步，激活命令设置图形界限，再激活命令设置图形界限的开、关状态。

使用“创建新图形”对话框中的“使用向导”标签页创建新图形时，AutoCAD 将提供不同类型和精度的长度、角度单位以及不同的图形界限，以供用户选择设置。

3.2 使用正交绘图（ORTHO）

正交绘图,是指绘图区的十字光标只能沿着平行于 X 轴的方向或平行于 Y 轴的方向移动（相对于当前 UCS），或在当前的栅格旋转角度内只能画水平线和垂直线，或使对象只能沿着水平和垂直的方向移动。该命令只能限制鼠标拾取点的方向，不能控制由键盘输入的坐标。

1）激活方式

状态栏：正交　　命令行：ORTHO（或 ′ORTHO）　　快捷键：F8

2）命令说明

按 F8 键，将正交设定为 OFF，拖动十字光标，则十字光标可以任意移动，用户如果再次按 F8 键，将正交设定为 ON，向左或向右拖动十字光标，则十字光标只能沿水平方向移动；向上或向下拖动十字光标，十字坐标只能沿垂直方向移动。

3.3 使用草图设置（DSETTINGS）

AutoCAD 提供的草图设置有十字光标捕捉和栅格、对象捕捉、对象追踪、极轴追踪、动态输入辅助绘图模式。这些设置可使绘图更准确方便，其激活方式为：

“工具”菜单：草图设置　　命令行：DSETTINGS（或 ′DSETTINGS）

该命令激活后，弹出如图 3-2 所示的对话框，该对话框包括四个标签页，即“捕捉与栅格”标签页、“对象捕捉”标签页、“极轴追踪标” 标签页和“动态输入”标签页。下面分别说明它们的使用方法。

图 3–2 “草图设置”对话框

3.3.1 光标捕捉、栅格

在状态栏可以显示当前十字光标的位置坐标，如仅用该坐标显示确定十字光标在当前绘图区的准确位置是非常困难的，这时可以使用“草图设置”对话框中的“捕捉栅格” 标签页，通过对十字光标移动步长（增量）的指定来控制十字光标移动的位置（键盘输入坐标值不受影响），即十字光标总是停留在移动步长的整数倍位置上。

所谓“栅格”是指图形界限内的点矩形阵列。使用栅格类似于在图形下放置一张坐标纸。利用栅格可以对齐对象并直观显示对象之间的距离，这样使绘图中确定输入点坐标值时更直观准确、更方便定位，而用打印机或绘图机输出图时也不会输出屏幕上显示的网点。如果放大或缩小图形，为了适合新的放大比例，可能需要调整栅格间距。

如果需要与特定的对象对齐或倾斜角度绘图，可以改变“捕捉角度”，如图 3-3 所示。旋转在屏幕上的十字光标对齐对象以与新的角度匹配，栅格可以设置成与十字光标捕捉位移量一致，也可以不一致。在具体使用时，可以按十进制方式设置，即把栅格距离设置成 10，而把十字光标捕捉距离设置成 1，这样，把十字光标移动 10 个增量位移，就位于一个栅格上（即 10 毫米），依此类推，这种方法可以给绘图带来极大的方便。通过十字光标捕捉与栅格区域的角度、X 基点、Y 基点，同时设定十字光标与栅格的旋转角度与基点，用户可以绘制倾斜部分的结构。

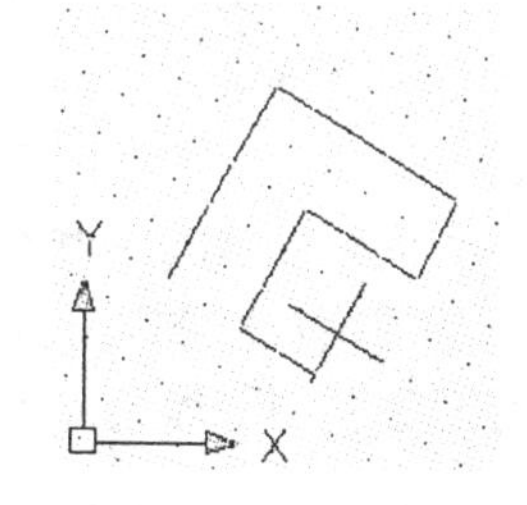

图 3–3 改变捕捉角度

1）*激活方式*

草图设置/捕捉与栅格标签页　命令行：SNAP　状态栏：捕捉+右键　快捷键：F9

草图设置/捕捉与栅格标签页　命令行：GRID　状态栏：栅格+右键　快捷键：F7

该命令激活后，弹出如图 3-2 所示的对话框，显示“捕捉与栅格”标签页。它包含捕捉、栅格、捕捉类型和样式、极轴间距四个部分。SNAP、GRID 命令激活后在命令行交互信息。打开/关闭“捕捉与栅格”的快捷键为 F9、F7，同时可以在状态栏单击“捕捉”与“栅格”按钮。

2）*设置光标捕捉、栅格*

● 捕捉

“捕捉 X 轴间距”指定 X 方向的捕捉增量，该值必须为正实数，系统默认为 10；“捕捉 Y 轴间距”指定 Y 方向的捕捉增量，该值必须为正实数，系统默认为 10。“角度”指定捕捉栅格旋转角度；“X 基点”指定捕捉栅格旋转的 X 基准坐标点；“Y 基点”指定栅格旋转的 Y 基准坐标点。X 基点、Y 基点构成旋转中心，系统默认为坐标原点。

● 栅格

“栅格 X 轴间距”指定 X 方向栅格点的间距；“栅格 Y 轴间距”指定 Y 方向栅格点的间距。

3）*捕捉类型和样式*

“捕捉类型和样式”设置捕捉模式，它包含栅格捕捉和极轴捕捉。“栅格捕捉”分为矩形捕捉、等轴测捕捉。其中，“矩形捕捉”将捕捉样式设置为标准“矩形”捕捉模式，当打开“捕捉”模式时，十字光标捕捉矩形捕捉栅格，如图 3-4（a）所示；“等轴测捕捉”将捕捉样式设置为“等轴测”捕捉模式，当打开“捕捉”模式时，十字光标捕捉等轴测捕捉栅格，如图 3-4（b）所示。“极轴捕捉”将捕捉类型设置为“极轴捕捉”，如果打开了“捕捉”模式并在极轴追踪打开的情况下指定点，光标将沿在“极轴追踪”标签页上相对于极轴追踪起点设置的极轴角度进行捕捉，如图 3-4（c）所示。

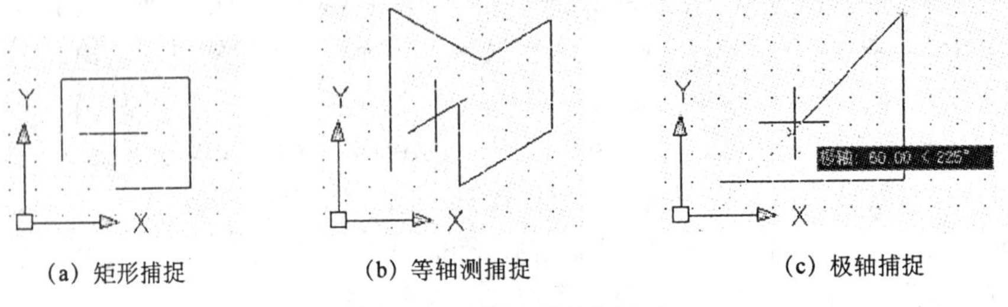

(a) 矩形捕捉　　(b) 等轴测捕捉　　(c) 极轴捕捉

图 3–4　捕捉类型和样式

4）极轴间距

选定“捕捉类型和样式”下的“极轴捕捉”时，可设置捕捉增量距离，此命令用于设置相对于最后一个指定点或所获得的最后一个对象捕捉点的“极轴捕捉”的极径。如图 3-3（c）所示，假如设置极径为 100，可以捕捉到极径为 0、100、200、300…的点；如果极径值为 0，则极轴捕捉距离采用“捕捉 X 轴间距”的值。“极轴间距”设置与极坐标追踪和/或对象捕捉追踪结合使用，如果两个追踪功能都未启用，则“极轴间距”设置无效。

3.3.2　使用对象捕捉

在绘图时，经常会遇到从圆弧的切点、线的端点等特征点开始绘图，绘制这类图单靠肉眼、凭经验是不精确的，为此，AutoCAD 提供了对象捕捉方式，它使用户在进行绘图、编辑时能更快速、精确地捕捉到目标点。使用对象捕捉的前提是“对象捕捉”模式打开，如图 3-5（a）所示，当命令行有点的输入提示时（如起点、圆心等提示时），用户可以使用对象捕捉。对象捕捉有两种激活方式，即一次性使用和永久性使用。当激活对象捕捉时，移动十字光标系统在屏幕上出现如图 3-5（b）所示的提示时，单击鼠标左键，完成对象捕捉的操作。

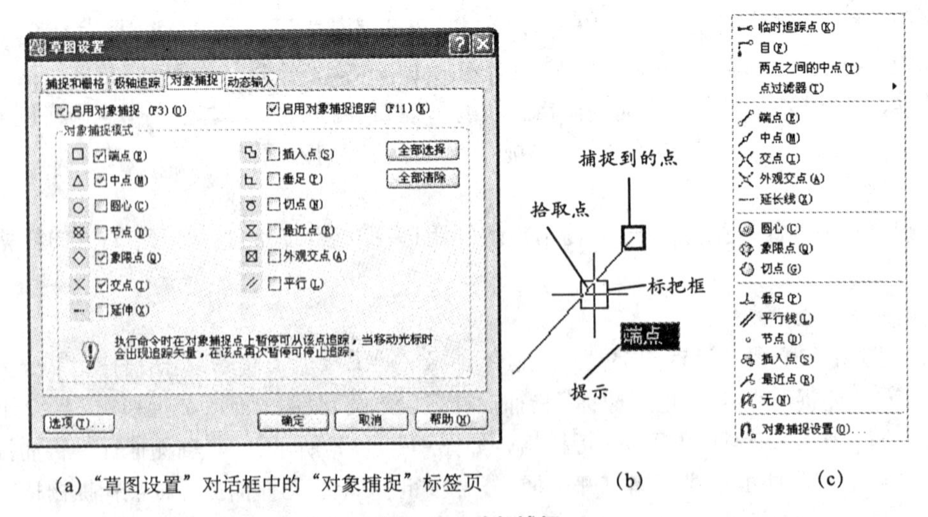

(a)“草图设置”对话框中的“对象捕捉”标签页　　(b)　　(c)

图 3–5　对象捕捉

AutoCAD 2006 提供了如表 3-1 所示的对象捕捉模式。

表 3-1　对象捕捉模式

捕捉模式	命令行关键字	功　　能
端点	ENDpoint	捕捉圆弧、直线、多义线、网格、椭圆弧、射线或多义线的最近端点。捕捉到延伸边的端点及 3D 面、迹线和实体填充线的角点
中点	MIDpoint	捕捉直线、圆弧、椭圆弧、样条、椭圆、实体填充线，射线、结构线、多线线段等对象的中点。捕捉延伸线的四条边或多义线线段的中点及圆弧延伸边的中点
圆心	CENter	捕捉圆弧、圆、椭圆、椭圆弧或实体填充线的圆（中）心点，捕捉圆及圆弧中心点必须在圆周上拾取一点
节点	NODe	捕捉点对象（POINT、DIVIDE、MEASURE 命令绘制的点），包括尺寸对象的定义点
象限点	QUAdrant	捕捉圆弧、椭圆弧、实体填充线、圆或椭圆的 0°、90°、180°、270°象角点，象角点是相对于当前 UCS 用户坐标系而言的
交点	INTersection:	捕捉直线、多义线、圆弧、圆、椭圆弧、椭圆、样条、曲线、结构线、射线或多线线段任何组合体之间的交点，如果对象在三维空间相交，则只能发现其交点
延伸	EXTended Intersection	在两个对象沿其方向继续延伸将会相交时，捕捉虚交点；如果打开“交点”捕捉方式，AutoCAD 自动打开延伸交点捕捉方式，十字光标通过对象的端点时，显示一条临时延伸线，可以捕捉临时线上的点
插入点	INSertion	捕捉块、外部引用、形、属性、属性定义或文本对象的插入点
垂足	PERpendicular	捕捉选取点与选取对象的垂直交点，垂足不一定在选取对象上定位
切点	TANgent	捕捉选取点与所选圆、圆弧、椭圆或样条曲线相切的切点
最近点	NEArest	在直线、圆、多义线、圆弧、多义线、线段、样条曲线、射线、结构线、视区或实体填充线、迹线或 3D 面对应的边上任取最靠近十字光标的一点
外观交点	APParent Int	外观交点捕捉两个在三维空间实际上并未相交、但在二维绘图中看起来相交的对象的交点或虚交点；“外观交点”包括两种单独的捕捉模式：“外观交点”和“递延外观交点”。当执行“外观交点”对象捕捉模式打开时，也可以定位“交点”和“递延交点”捕捉点
平行	PARallel	无论何时，AutoCAD 提示输入矢量的第二个点都可绘制平行于另一个对象的矢量。指定矢量的第一个点后，如果将十字光标移动到另一个对象的直线段上，则 AutoCAD 获得第二点，当所创建对象的路径平行于该直线段时，AutoCAD 显示一条对齐路径，可以用它来创建平行对象
自	FROm	捕捉与基点成一定坐标差的点。这一选项用户可以结合其他对象捕捉设置使用
临时追踪	TRAcking	点的追踪，这一选项在有其他对象捕捉设置才能发挥作用
快速捕捉	QUIck	捕捉当前选取的对象捕捉。在设置了多个捕捉方式的情况下，捕捉第一个被找到的捕捉点
两点之间的中点	M2P	捕捉任意两点之间的中点
无	NONe	当设置为连续性目标捕捉时，选择该方式后，在拾取下一个点时将暂时关闭目标捕捉

1）一次性对象捕捉模式

一次性对象捕捉模式就是当系统有点的输入提示时，通过输入关键字才能激活对象捕捉方式；永久性对象捕捉模式就是事先设置对象捕捉模式，当系统有输入点的提示时自动激活。一次性对象捕捉模式可以覆盖正在使用的永久性对象捕捉模式。AutoCAD 2006 提供了几种方式可以激活一次性对象捕捉模式：“Shift 键＋鼠标右键”，在弹出的图 3-5（c）所示的菜单中选取；“对象捕捉”工具栏；命令行有点的输入提示时，输入表 3-1 中的各种模式的前三个字母（如 END）。

2）永久性对象捕捉模式

● 激活方式

草图设置▶对象捕捉签页　命令行：OSNAP　状态栏：对象捕捉+右键　快捷键：F3

该命令激活后，弹出如图 3-5（a）所示对话框，它包含用于开/关对象捕捉、对象捕捉追踪的“启用对象捕捉”、“启用对象捕捉追踪”的复选框，其快捷键为 F3、F11，同时可以在状态栏单击“对象捕捉”与“对象追踪”按钮，用于开/关“对象捕捉模式”的复选框。“全部选择”、“全部清除”用于选择对象捕捉模式和设置对象捕捉特性“选项”（参见后面的自定义系统）。

永久性使用的捕捉模式可同时设置一种以上的捕捉模式，例如，END、INT 和 CEN 同时选中，AutoCAD 捕捉离十字光标最近的点，但捕捉圆心的拾取点必须在圆弧上。

一次性使用的对象捕捉模式优先于永久性使用的对象捕捉模式。当同时选择多种永久性使用的捕捉模式捕捉不到所需的点时，可使用一次性使用的目标捕捉模式，或在指定点之前按 TAB 键，可遍历选择可能的点。

3）对象捕捉模式的说明

● 延伸捕捉的使用

如图 3-6（a）所示，激活延伸捕捉，当系统提示输入点时，将十字光标移到直线端点 A 点的附近（不要单击左键），系统在 A 点显示“+”标记，标记出现后，沿着直线的延长方向移动十字光标，系统以虚线显示延伸路径，用户可以输入一个距离（如 50）或拾取一点得到直线延长线上的一点。

如图 3-6（b）所示，激活延伸与交点捕捉，当系统提示输入点时，将十字光标移到直线端点 A 点的附近（不要单击左建），系统在 A 点显示“＋”标记，然后将十字光标移到另一条直线端点 B 点的附近（不要单击左建），标记出现后，沿着直线的延长方向移动十字光标，系统以虚线显示延伸路径，单击左键，用户可以得到两条直线延长线上的交点。

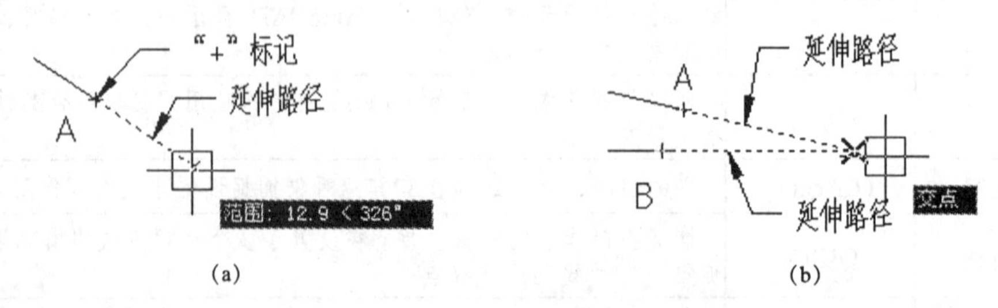

图 3-6　延伸捕捉

● 平行捕捉

激活命令 LINE，任意拾取一点，当系统再次提示输入点时，激活平行捕捉，先将十字光标移到直线上（不要单击左建），系统显示“//”标记，如图 3-7（a）所示，然后将十字光标移到平行于该直线的位置附近（不要单击左建），当平行路径标记出现后，系统以虚线显示平行路径如图 3-7（b）所示，这时可沿着该路径画直线的平行线。

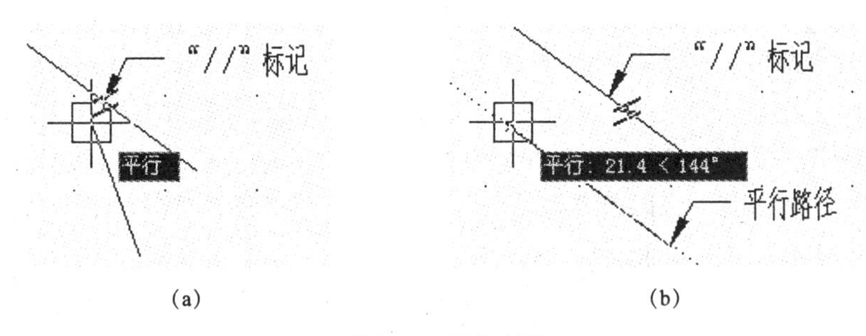

图 3-7　平行捕捉

3.3.3　使用极轴追踪

自动追踪可以帮助用户以特定的角度或相对其它对象的特定关系来绘制对象。自动追踪包括极轴追踪和对象捕捉追踪。图 3-8（a）所示的“草图设置”对话框中的“极轴追踪”标签页可控制自动追踪设置。

极轴追踪（POLAR TRACKING）实际上是极坐标的一个应用，即十字光标沿指定角度的方向移动，从而快速输入点。如图 3-8（b）所示，打开极轴追踪模式后，用户先在绘图区拾取一点，当十字光标落在用户指定的极角方向附近时，在极角方向上就会出现一条追踪线并提示极角与极径的大小，用户可通过鼠标拾取或在命令行直接输入极径值来获得锁定在极角方向上的点。因此，使用极轴追踪，只要知道角度和角度方向上的长度，就可以对点进行快速、准确定位。

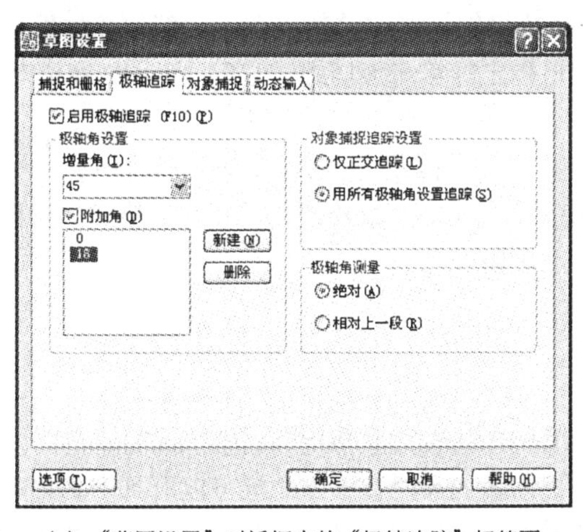

（a）“草图设置”对话框中的“极轴追踪”标签页

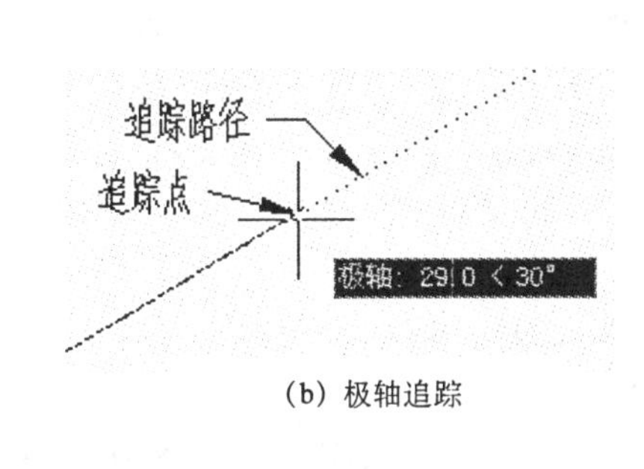

（b）极轴追踪

图 3-8　极轴追踪设置与样例

1）设置极轴追踪

● 激活方式

草图设置▶极轴追踪签页　　状态栏：极轴＋右键　　快捷键：F10

该命令激活后，显示图 3-8（a）所示的“草图设置”对话框中的“极轴追踪”标签页，它包含极轴角设置、对象捕捉追踪设置、极轴角测量、用于开/关极轴追踪的“启用极轴追踪”的复选框四个部分，其快捷键为 F10，同时可以在状态栏单击“极轴追踪”按钮。

● 极轴角设置区域

设置极轴追踪使用的角度用户可以在“增量角”下拉列表中选择，AutoCAD 2006 系统设置了 90°、60°、45°、30°、22.5°、18°、15°、10° 和 5° 共九个增量角。当用户选择某一个增量角后，就可以沿着该增量角或它的整数倍的方向进行自动追踪。当系统设置的“增量角”中没有用户使用的角度时，可以由“附加角”设置任何一种极轴追踪角度，附加角是绝对的而非增量的，即只能沿着该附加角方向进行自动追踪。用户最多可以添加 10 个附加极轴追踪角度。附加角设置过程为：选中“附加角”复选框，单击“新建”输入角度值；通过“删除”取消附加角。

● 极轴角测量区域

首先设置测量极轴追踪“增量角”、“附加角”的测量基准（即 0°位置）。其中，“绝对”是根据当前用户坐标系（UCS）来确定极轴追踪角度，X 轴正向为 0°；而“相对上一段”则以刚刚绘制的上一个线段的所在方向为 0°。

● 对象捕捉追踪设置

首先设置“对象捕捉追踪”选项。当对象捕捉追踪设置的“仅正交追踪”选中时，只能沿正交（水平/垂直）的对象捕捉追踪路径进行追踪，以获得对象捕捉点；当对象捕捉追踪设置的“用所有极轴角”选中时，允许十字光标沿用户设置的“增量角”、“附加角”的对象捕捉追踪路径进行追踪，从而获得对象捕捉点。

2）极轴追踪的说明

● “极轴追踪”与“极轴捕捉”一起使用

当“极轴追踪”和“极轴捕捉”模式同时打开时，十字光标的移动将被限制在指定的“极轴间距”（在“捕捉与栅格”标签页中设置）或极轴间距的整数倍数上。例如，如果指定 5 个单位的长度，十字光标将沿极轴追踪路径自指定的第一点捕捉 0、5、10、15 等长度。

● “正交”模式与“极轴追踪”

因为不能同时打开“正交”模式和“极轴追踪”，因此当“正交”模式打开时，AutoCAD 会关闭“极轴追踪”；如果再次打开“极轴追踪”，AutoCAD 将关闭“正交”模式。同样，如果打开“极轴捕捉”，“栅格捕捉”模式将自动关闭。

3.3.4 使用对象追踪

对象捕捉追踪（OBJECT SNAP TRACKING）是在对象捕捉、极轴追踪的基础上发展起来的更为强大的功能。其功能是：在当系统提示输入点时，十字光标可以沿基于其它对象捕捉点的对齐路径进行追踪，即以获取的对象捕捉点为极坐标基点，并在设定的极轴角方向上进行追踪（追踪路径参见前面 3.3.3 节介绍的使用极轴追踪的“对象捕捉追踪设置”）。注意，要使用对象捕捉追踪，必须打开一个或多个对象捕捉。

1）激活方式

草图设置▶极轴追踪签页　　状态栏：单击状态栏上的“对象追踪”　　快捷键：F11

2）对象捕捉追踪说明

如图 3-9（a）所示，打开对象捕捉追踪模式后，在当系统提示输入点时，移动十字光标在对象捕捉点（该例为直线的端点）处获取临时点（不要拾取它），临时点上出现“+”标记（重复此操作可以获取多个临时点），移动十字光标出现追踪路径，用户可通过鼠标拾取点锁定在追踪路径上的点或在命令行直接输入极径值。

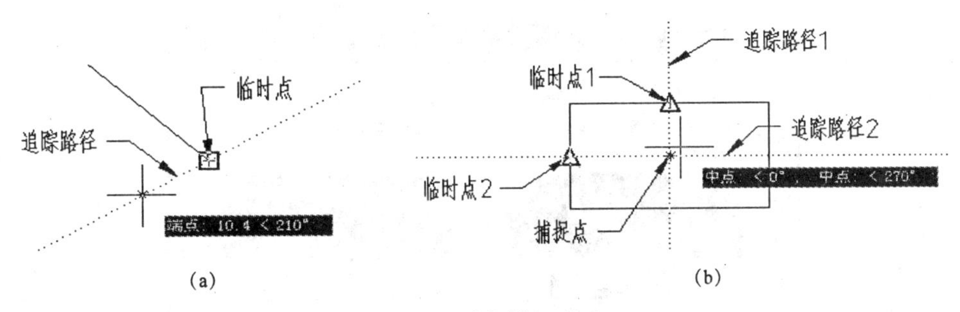

图 3–9　对象捕捉追踪

如图 3-9（b）所示，我们可以用对象捕捉追踪捕捉矩形的中心点。打开对象捕捉追踪与中点捕捉模式，在“对象捕捉追踪选项”中打开“仅正交追踪”，在当系统提示输入点时，移动十字光标获取临时点 1（不要拾取它），再移动十字光标获取临时点 2（不要拾取它），移动十字光标出现追踪路径，单击左键即获得矩形的中心点。

3.3.5　动态输入

使用动态输入功能可以在绘图区域中输入坐标值，而不必在命令行中进行输入，因此，命令行在 AutoCAD 2006 中成为可选项，但动态输入不会取代命令窗口。如图 3-10（a）所示，十字光标旁边显示的工具栏提示信息将随着光标的移动而动态更新。当某个命令处于活动状态时，可以在工具栏提示中输入值，并按 TAB 键将焦点切换到下一个工具栏提示，然后输入下一个坐标值。在默认状态下指定点时，第一个坐标是绝对坐标，第二个或下一个点的格式是相对极坐标。如果需要输入绝对值，请在值前加上前缀“#”号。注意：命令行输入坐标的方式与“在工具栏提示中输入”的方式一样。有两种动态输入方式：指针输入，用于输入直角、极坐标坐标值，如图 3-10（b）所示；标注输入，用于输入距离和角度，如图 3-10（a）所示。如果动态提示包含多个选项，请按下箭头键查看这些选项，然后单击可选择某一个选项。

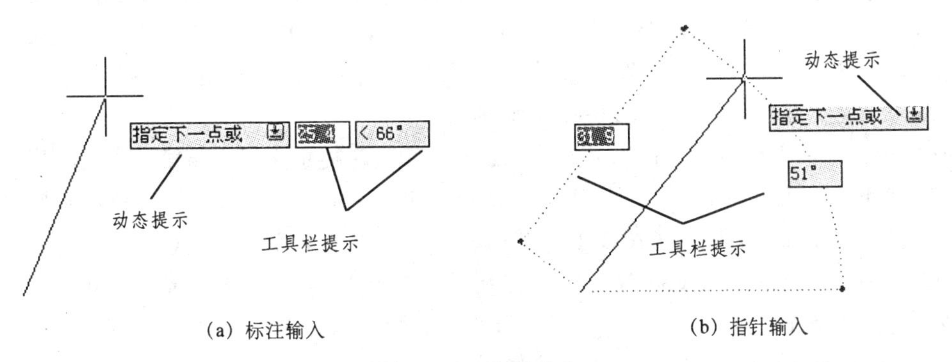

（a）标注输入　　（b）指针输入

图 3–10　动态输入

1）激活方式

草图设置▶动态输入标签页　　状态栏：单击状态栏上的“DYN”　　快捷键：F12

要临时关闭“动态输入”，请在执行操作时按住 F12 键。注意：F12 临时替代键不会打开“动态输入”。通过状态栏“动态输入+右键”可以激活“草图设置”对话框中的“动态输入”标签页，如图 3-11 所示。

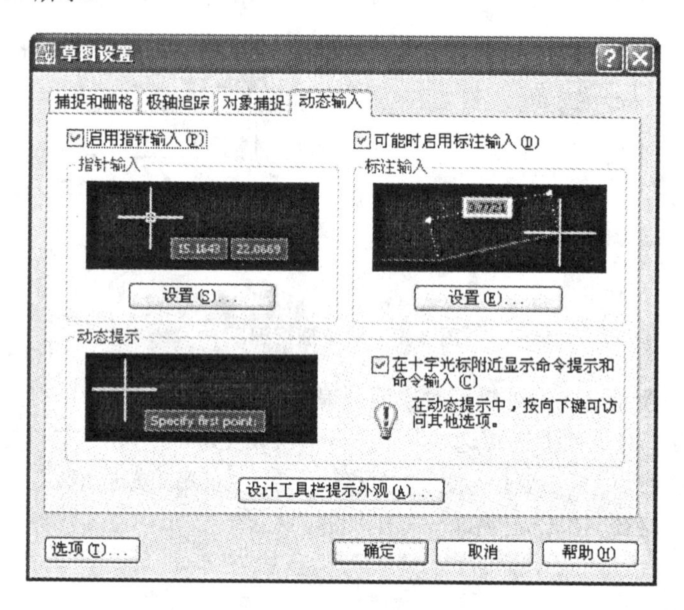

图 3-11　“动态输入”标签页

2）动态输入的设置

如图 3-11 所示，使用“草图设置”对话框中的“动态输入”标签页可以设置动态输入。其中包含四个部分，即指针输入、标注输入、动态提示和按钮［设计工具栏提示外观(A)...］。通过复选框“启用指针输入”、“可能时启用标注输入”可开/关指针输入或标注输入。动态提示、指针输入和标注输入可以一起使用，也可以分开使用。注意：透视图不支持“动态输入”。

当启用指针输入并且有命令在执行时，在光标附近的工具栏提示中将显示十字光标的位置坐标，此时可以在工具栏提示中输入坐标值，而不用在命令行中输入。单击指针输入区域的［设置(S)...］按钮，弹出如图 3-12（a）所示的对话框，通过“格式”可以修改坐标的默认格式，第二个点和后续点的默认设置为相对极坐标（对于 RECTANG 命令，默认设置为相对笛卡尔坐标，不需要输入@符号），如果需要使用绝对坐标，请使用“#”号前缀。通过“可见性”可控制指针输入工具栏以提示何时显示。

如启用标注输入，当命令提示输入第二点时，工具栏提示将显示与第一点的距离及与 X 轴正向的夹角，在工具栏提示中的值将随着光标移动而改变，按 TAB 键可以移动到要更改的值。 标注输入可用于 ARC、CIRCLE、ELLIPSE、LINE和 PLINE。注意：对于标注输入，在输入字段中输入值并按 TAB 键后，该字段将显示一个锁定图标，并且光标会受用户输入值的约束。单击标注输入区域的［设置(S)...］按钮，弹出如图 3-12（b）所示的对话框，通过“可见性”可设置在夹点编辑状态下“标注输入”的显示样式。

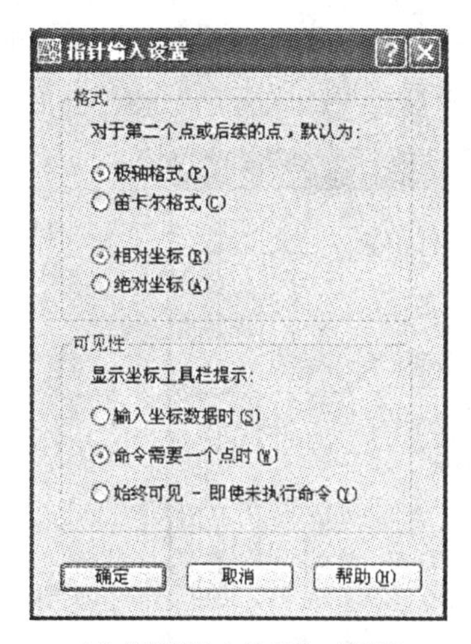

(a)“指针输入设置”对话框

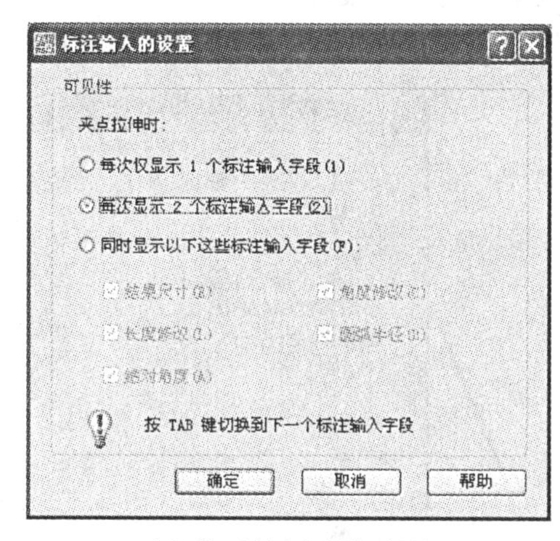

(b)“标注输入设置”对话框

图 3–12　启用指针输入和标注输入

3）设置工具栏提示外观

单击  按钮，弹出如图 3-13 所示的对话框，通过“颜色”设置模型空间、布局中工具栏提示的颜色；通过“大小”设置工具栏提示框的大小，默认大小为 0；使用滑块可放大或缩小工具栏提示；通过“透明度”设置工具栏提示的透明度，设置的值越低，工具栏提示的透明度也越低，设置为 0 时工具栏提示为不透明；通过“应用到”将指定设置应用于所有的绘图工具栏提示还是仅用于动态输入工具栏提示（可通过系统变量 DYNTOOLTIPS 设置）；选中“替代所有绘图工具栏提示的操作系统设置”按钮，将设置用于所有状态的工具栏提示，从而替代操作系统中的设置；选中“仅对动态输入工具栏提示使用设置”钮，将设置仅应用于动态输入中使用的绘图工具栏提示。

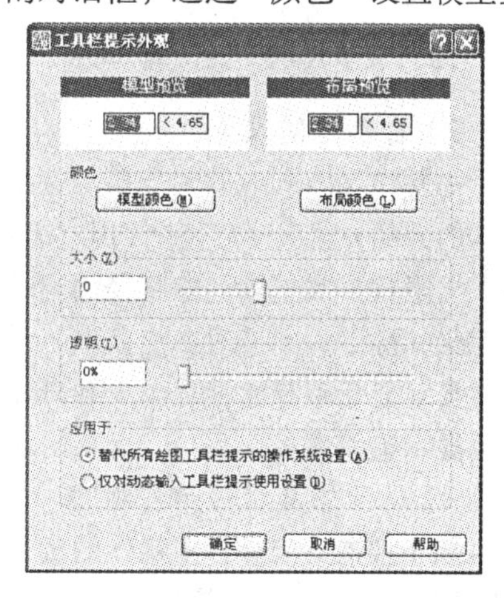

图 3–13　“工具栏提示外观”对话框

3.3.6　自定义“草图”设置

单击“草图设置”对话框的“选项”按钮，可弹出如图 3-14 所示的 “选项”对话框的“草图”标签页，用户在此自定义“草图设置”。

1）自动捕捉设置

如图 3-14 所示，“自动捕捉设置”用于设置是否显示绘图中的标记、提示、标把框和磁吸，选中为显示。所谓“磁吸”是一种将十字光标锁定到最近的捕捉点上的自动移动。标记的颜色通过“自动捕捉标记颜色”设置，标记的大小通过“自动捕捉标记大小”设置，使用滑块可放大或缩小标记的大小。标把框的大小通过“靶框大小”设置，使用滑块可放大或缩小标把框的大小。“对象捕捉选项”指定在进行对象捕捉时的一些约束条件，“忽略图案填充对象”是指在打开对象捕捉时，对象捕捉忽略填充图案。“使用当前标高替换 Z 值”是指对象捕捉忽略对象捕捉位置的 Z 值，使用当前 UCS 设置的标高 Z 值。

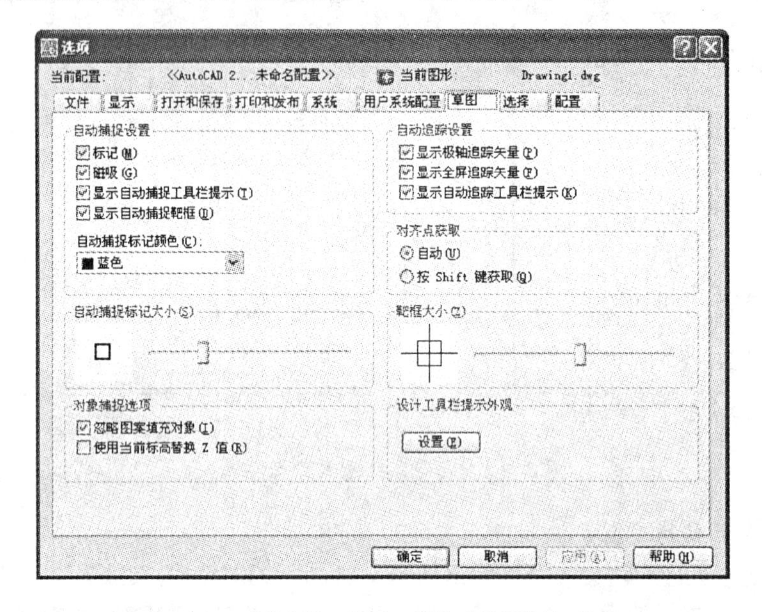

图 3-14 “选项”对话框中的“草图”标签页

2）自动追踪设置

如图 3-14 所示，当“显示极轴追踪矢量”打开时，将沿指定角度（角度设置参见 3.3.2 节中的介绍）显示一个矢量（用它表示追踪路径）。当“显示全屏追踪矢量”打开时，AutoCAD 将以无限长直线显示追踪路径。当“显示自动追踪工具栏提示”打开时，工具栏提示则显示追踪坐标提示。当“对齐点获取”设置中的“自动”被打开时，一旦靶框移到对象捕捉上，就会自动显示追踪路径。当“用 Shift 键获取”打开时，按 Shift 键并将靶框移到对象捕捉上，就会显示追踪路径。

3）设置工具栏提示外观

用于控制“工具栏提示”的颜色、大小和透明度。单击“设置”按钮显示图 3-13 所示的“工具栏提示外观”对话框，在此对话框中可进行设置。

3.4 查询图形信息

AutoCAD 2006 为用户提供了对图形对象的属性的计算与查询。图形属性包括几何与非几何属性。其中，几何属性包括点的坐标、点之间的真实三维距离、周长、面积等，非几何属性包括如系统时间、文件属性等。下面分别说明查询命令的使用。

3.4.1 查询点的坐标（ID）

ID 命令可在绘图过程中查询点的坐标，该命令是一个透明辅助绘图命令，它能精确定位图形中的点的坐标，常和对象捕捉、相对坐标配合使用。

1）激活方式

“工具”菜单：查询▶点坐标　　命令行：ID（或 ′ID）

2）命令说明

激活该命令后，系统将在命令行显示指定点的 UCS 坐标。ID 列出了指定点的 X、Y 和 Z 值并将它的坐标存储为上一点坐标（当前点），用户可以通过在输入点的提示下输入相对于该点的相对坐标（如@10，10）来引用上一点，也可以在 AutoCAD 的窗口底部的状态栏中查询当前光标所在位置。用户在输入点时应使用对象捕捉。

3.4.2 查询距离（DIST）

DIST 命令可为用户提供点之间的真实三维距离。该命令是一个透明辅助绘图命令，常和其它命令配合使用。

1）激活方式

“工具”菜单：查询▶距离　　命令行：DIST（或 ′DIST）

2）命令说明

当用户激活该命令并按命令行提示输入两个点时，命令行除显示距离外，还显示直线在 XY 平面中的倾角，该倾角是直线相对于当前 X 轴与 XY 平面的夹角，而与 XY 平面的夹角则相对于当前 XY 平面。如果忽略 Z 坐标值，DIST 计算距离时将采用第一点或第二点的当前标高；“X 增量”、“Y 增量”、“Z 增量”表示 X、Y、Z 坐标的变化量。用户在输入点时应使用对象捕捉。

3.4.3 查询周长、面积（AREA）

AREA 命令可计算出多边形或闭合曲线的面积和周长。

1）激活方式

“工具”菜单：查询▶面积　　命令行：AREA

2）命令说明

激活该命令后，命令行出现以下提示：

指定第一个角点或 [对象(O)/加(A)/减(S)]:　　（指定点或输入选项）

用户可以用以下三种方式查询对象的面积与周长。

● 一组点定义的面积

激活该命令后，直接输入点，当用户输入第一个点后，出现“指定下一个角点或按 ENTER 键全选”提示，这一提示将重复出现，以便用户能输入任何其它点到组中，当用户输入所有点后，按回车键结束选取过程，系统则计算由这组点定义的多边形的面积与周长，并在命令行显示面积与周长的值。

● 区域边界的面积

激活该命令后，输入“对象(O)”选项，可以直接选取圆、椭圆、样条曲线、多义线、多边形、面域和实体，并计算它们的面积与周长。对于没有闭合的多义线、样条曲线，在计算面积时假设从最后一点到第一点绘制了一条直线，不过在计算周长时则忽略此直线。当多义线具有线宽时，计算面积和周长时将使用线宽的中心线。

- 多个面积的总面积

激活该命令后，输入“加（A）”或“减（S）”选项，可以计算多个面积的总面积。

3）命令举例

例如，计算如图 3-15 所示图形的面积，并计算矩形与圆的面积之和。操作如下：

COMMAND：AREA↵

指定第一个角点或 [对象(O)/加(A)/减(S)]：A↵

指定第一个角点或 [对象(O)/减(S)]： O↵

（“加”模式）选择对象： 选择矩形

（“加”模式）选择对象：选择圆

（“加”模式）选择对象：↵ （结束选择）

指定第一个角点或 [对象(O)/减(S)]：↵ （命令行显示面积值）

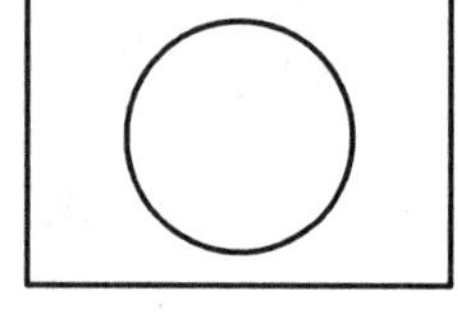

图 3-15 计算周长与面积

计算矩形与圆的面积之差：

COMMAND：AREA ↵

指定第一个角点或 [对象(O)/加(A)/减(S)]：A↵

指定第一个角点或 [对象(O)/减(S)]：O↵

（“加”模式）选择对象： 选择矩形

（“加”模式)选择对象：↵ （结束选择）

指定第一个角点或 [对象(O)/减(S)]：S↵

（“减”模式）选择对象：选择圆

（“减”模式）选择对象：↵ （结束选择）

指定第一个角点或 [对象(O)/减(S)]：↵ （命令行显示面积值）

3.4.4 查询面域特性（MASSPROP）

面域具有很多几何特性，用户可以通过 MASSPROP 查询。

1）激活方式

“工具”菜单：查询▶面域/质量特性 命令行：MASSPROP

2）命令说明

激活 MASSPROP 命令后，系统在文本窗口中显示质量特性，然后询问是否将质量特性写入到文本文件中，如果输入 Y，MASSPROP 将提示输入文件名。如果选择多个面域，系统只接受与第一个选定面域共面的面域。在文本窗口中显示的质量特性有面积、周长、边界框、质心、惯性矩、惯性积、旋转半径、主力矩与质心的 X 方向和 Y 方向。

3.4.5 查询图形信息（STATUS、LIST、TIME）

1）查询图形文件状态

使用 STATUS 命令可获取当前的绘图信息。

● 激活方式

“工具”菜单：查询▶状态　　命令行：STATUS（或 'STATUS）

● 命令说明

执行 STATUS 命令后，系统将在文本窗口内报告当前图形中对象的数目，包括图形对象（如圆弧和多段线）、非图形对象（如图层和线型）和块定义。在 DIM 提示下使用时，STATUS 将提供所有标注系统变量的值和说明，并显示当前空间的边界极限、实际绘图范围和当前显示范围，其中（OFF）图形极限检测关闭；同时还提供当前图形的各种工件状态，如插入基点（INSERTION BASE）、捕捉分辨率（SNAP RESOLUTION）、栅格间距（GRID SPACING）、当前的作图空间（CURRENT SPACE）、当前图层（CURRENT LAYER）、当前颜色（CURRENT COLOR），并显示栅格（GRID）、捕捉（SNAP）和正交模式（ORTHO）等的设置状态；最后，系统还显示有关内存和硬盘的使用情况。

2）查询选定对象的信息

使用 LIST 命令列表可显示选定对象的数据库信息。

● 激活方式

“工具”菜单：查询▶列表显示　　命令行：LIST

● 命令说明

激活该使命后，用户可查询获取对象的类型、对象图层、相对于当前用户坐标系（UCS）的 X、Y、Z 位置以及对象是位于模型空间还是图纸空间等当前的绘图信息。如果颜色、线型和线宽没有设置为 BYLAYER，LIST 命令将列出这些项目的相关信息；如果对象厚度不为零，则列出其厚度；Z 坐标的信息用于定义标高，如果输入的拉伸方向与当前 UCS 的 Z 轴（0，0，1）不同，LIST 命令也会以 UCS 坐标提供拉伸方向，LIST 命令还提供与特定的选定对象相关的附加信息。

3）查询系统时间

使用 TIME 命令可查询图形的各项时间统计。

● 激活方式

“工具”菜单：查询▶时间　　命令行：TIME（或 'TIME）

● 命令说明

执行 TIME 命令后，命令行显示如下内容：当前时间；此图形的各项时间统计，包括创建时间、上次更新时间、累计编辑时间、消耗时间计时器（开）、下次自动保存时间；并提示“输入选项[显示(D)/开(ON)/关(OFF)/重置(R)]”，通过这些选项对用户计时器的时间进行设置。

4）查询、修改系统变量

使用 SETVAR 命令可以查询、修改系统变量。通过“工具菜单：查询▶设置变量”可以激活该命令。

3.5　图层（LAYER）

图层是 AutoCAD 中的一个特定概念，它相当于一叠坐标对正、没有厚度的透明薄片。用户可以在每一层透明薄片上分别画出复杂工程图的某些相关部分（如零件图形、电器线路图、尺寸标注、标题栏等)，或把不同对象的相同特性集中在一个图层上，而把这些透明薄片重叠起来就是一张工程图。这样可以节约大量的存贮空间，有利于计算机高速处理数据、图形共享或基于一系列图层标准的图形交换。

用户利用 AutoCAD 对图层的操作，可以很方便地对图形进行绘制和编辑。当开始绘新图时，AutoCAD 自动建立一个图层，该图层的名字为 0，在缺省状态下，0 图层使用连续线(实线) 和白颜色。用户可根据需要建立多个图层。

用户在绘图中应按图层来组织图形数据，一般按模型的图形信息（如装配图中的各个零件分别属于不同的图层)、非图形信息（如文字、说明等)、线型、线宽等来组织图层。

3.5.1 图层的设置

1) *激活方式*

“格式”菜单：图层　“图层”工具栏：　命令行：LAYER（或 ′LAYER)

该命令激活后，显示如图 3-16 所示的“图层特性管理器”对话框，用户通过它来设置图层。

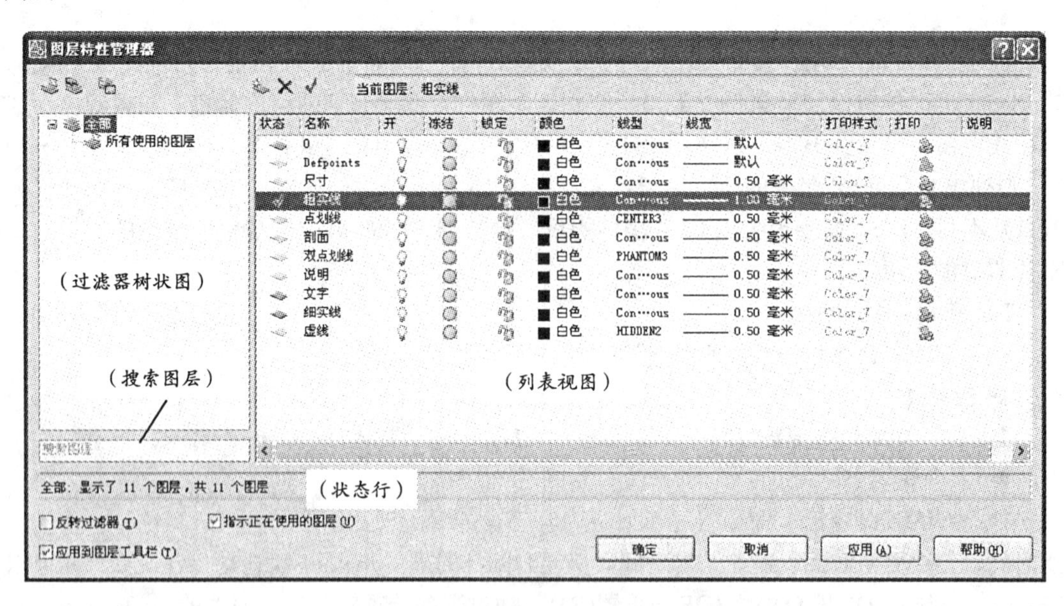

图 3–16 “图层特性管理器”对话框

2) *建立新图层与删除图层*

● 建立新图层

在图 3-16 所示的“图层特性管理器”对话框中，单击 按钮，可以建立新图层，系统默认的图层名为图层 1、图层 2…，用户可根据需要编辑此图层（如更改图层名)。要快速创建多个图层，可以选择用于编辑的图层名，并用逗号隔开输入多个图层名。创建新图层时，新图层会继承图层列表中当前选定图层的特性（颜色、线型、线宽、开/关状态等)。要使用默认设置创建图层，请不要选择列表中的任何一个图层，用户如希望新创建的图层继承某一个图层的设置，在创建新图层前先选择该图层。

● 删除图层

已有的图层如果不需要，用户可以删除，在图 3-16 所示的“图层特性管理器”对话框中，先选择图层（单击图层名，选中图层反显，系统支持 WINDOWS 的 Ctrl 与 Shift 操作），再单击 ✕ 按钮，最后单击 应用(A) 按钮。当选中的图层不能被删除时，系统将显示出错信息，其中提示了不能删除图层的情况。注意：不能删除图层 0 及定义点（DEFPOINTS）、当前图层、依赖外部参照的图层、包含对象（包括块定义中的对象）的图层。不包含对象（包括块定义中的对象）的图层、非当前图层和不依赖外部参照的图层都以可以用 PURGE 命令删除。注意：如果处理的是共享工程中的图形或基于一系列图层标准的图形，删除图层时要小心。

3）设置当前图层

当前图层就是系统当前工作的图层，用户的所有输入都存放在当前图层上，其设置过程为：激活“图层”命令，在图 3-16 所示的“图层特性管理器”对话框中选定图层，单击将选定图层设置为当前图层，图层名存储在 CLAYER 系统变量中。如果希望新绘制的图形对象属于不同图层，则在绘图之前先设置前图层。

4）设置图层状态与特性

图层特性是用户指定给该图层的图形对象的共有特性，包括图层名称、颜色、线型、线宽、打印样式、图层状态、打开/关闭、冻结/解冻、锁定/解锁、打印/不打印。在如图 3-16 所示的“图层特性管理器”对话框中的图层列表中，显示了图层特性及其状态，如果要设置或修改某个特性，可以单击相应的特性图标。要快速选择所有图层，可单击右键使用快捷菜单。下面分别叙述。

● 状态

“状态”指示项目的类型：图层过滤器（特性过滤器 、组过滤器 ），所用图层 、空图层 或当前图层 ✓，被删除的图层 。如果用户选中“指示正在使用的图层”复选框，在图层列表显示区域中将显示图标，以指示图层是否处于使用状态。注意：在具有多个图层的图形中，清除此选项可提高性能。

● 名称

“名称”显示图层过滤器、图层名。用户选择图层过滤器、图层名，然后单击左键可在编辑框中修改层名。单击“名称”可以对图层排序。

● 打开/关闭

“打开/关闭”用于打开（ ）或关闭（ ）图层。当图层打开时，图层中的对象在当前屏幕是可见的，并且可以打印；当图层关闭时，图层中的对象在当前屏幕是不可见的，并且不能打印（即使“打印”选项是打开的）。执行 REGEN（重生成）操作时，被关闭的图层仍然可计算。

● 冻结/解冻

“冻结/解冻”可冻结或解冻选定的图层。冻结（ ）图层可以加快 ZOOM、PAN 和其它许多操作的运行速度，增强对象选择的性能并减少复杂图形的重生成时间。图层冻结后系统不能显示、打印、隐藏、渲染或重生成冻结图层上的对象，所以冻结暂时不用的图层可以加快显示速度。因此，对长时间不操作的图层应冻结它。当解冻（ ）图层时，系统会重生成和显示该图层上的对象。

关闭或冻结图层都会使图层上的实体从当前屏幕上消失，其区别在于，执行 REGEN（重生成）操作时，图层关闭且不会重新计算，因此，如果在可见和不可见状态之间频繁切换，应使用“开/关”设置。

● 锁定/解锁

“锁定/解锁”用于锁定（ ）或解锁（ ）图层。图层锁定后，用户不能编辑锁定图层中的对象。如果只想查看图层信息而不需要编辑图层中的对象，则将图层锁定是有益的。

● 颜色

“颜色”用于设置选定图层的颜色。单击颜色名（□ 黄色）将弹出如图 3-17（a）所示的“选择颜色”对话框，在该对话框中，用户可为图层选择颜色。设置过程为：单击颜色图标，再单击“确定”。

（a）“选择颜色”对话框

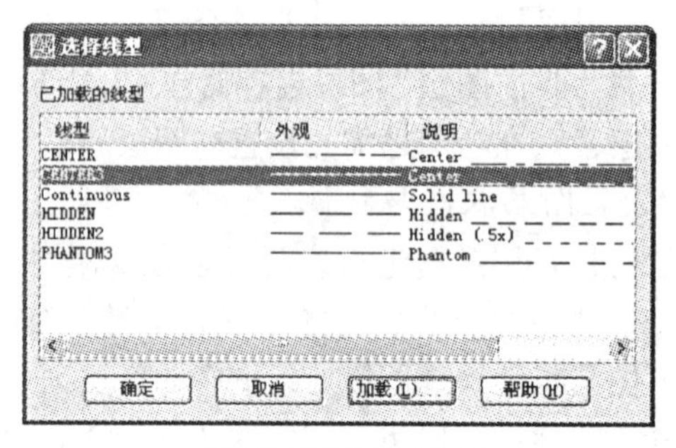

（b）“选择线型”对话框

图 3–17　选择颜色和线型

● 线型

“线型”用于设置选定图层的线型。单击任意线型名称（Continuous）均会弹出如图 3-17（b）所示的“选择线型”对话框，在该对话框中，用户可为图层选择线型。设置过程为：单击线型名，再单击“确定”。如果在该对话框中没有需要的线型，单击“加载”，将弹出如图 3-18（a）所示的“加载或重载线型”对话框，用户可从 acad.lin 文件中选定线型加载到图形中并将其添加到线型列表（如果 acad.lin 文件中仍没有所需线型，单击“文件…”，弹出如图 3-19 所示的“选择线型文件”对话框，加载所需线型文件），然后单击“确定”，返回“选择线型”对话框，继续进行下面的设置。

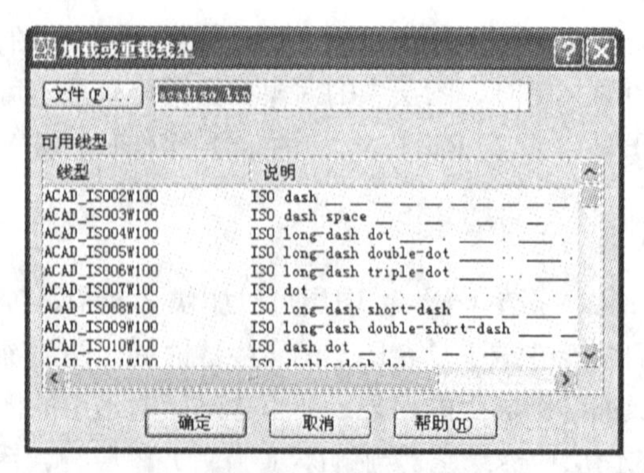

（a）“加载或重载线型”对话框

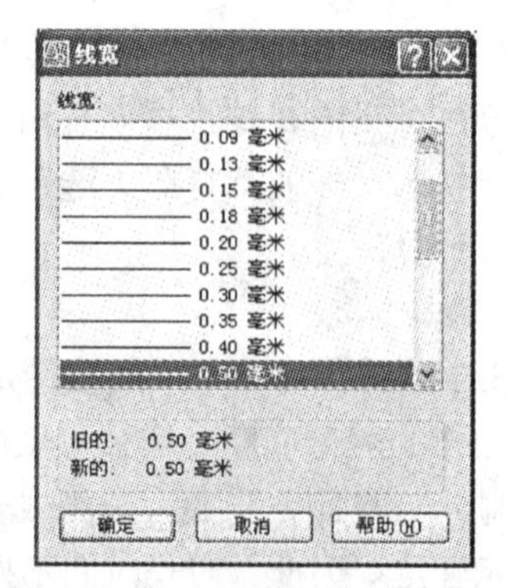

（b）“线宽”对话框

图 3–18　选择线型

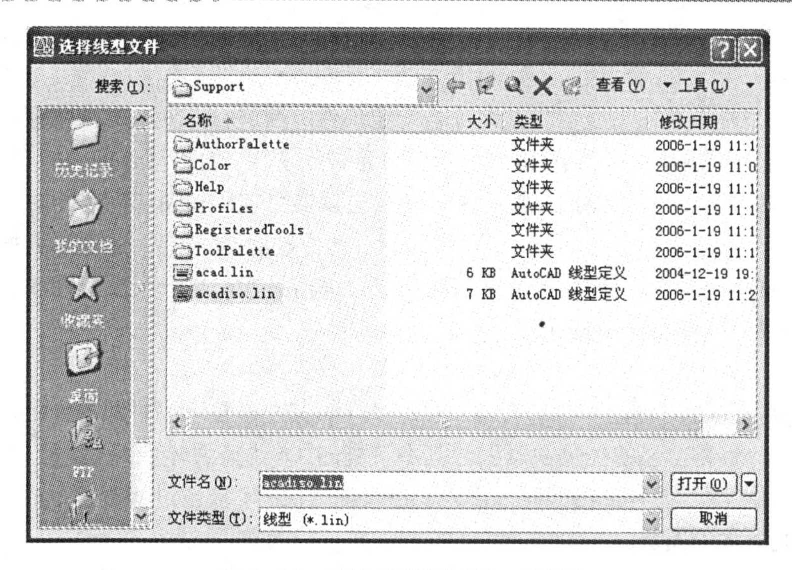

图 3-19 “选择线型文件”对话框

● 线宽

“线宽”用于设置选定图层的线宽。单击任意线宽名称（如 —— 0.50 毫米 ）均会弹出图 3-18（b）所示的“线宽”对话框。用户在该对话框中可为图层选择线宽，设置过程为：单击线宽数字，再单击“确定”。

● 打印样式

“打印样式”用于设置选定图层的打印样式。如果正在使用与颜色关联的打印样式（系统变量 PSTYLEPOLICY 设为 1），则不能修改与图层关联的打印样式；否则单击任意打印样式均可弹出“选择打印样式”对话框。

● 打印/不打印

“打印/不打印”用于设置打印（ ）或不打印（ ）选定的图层。关闭图层打印只对图形中的可见图层（图层是打开的并且是解冻的）有效（即使关闭图层打印，该图层上的对象仍会显示出来）。如果图层设为打印但该图层在当前图形中是冻结的或关闭的，则系统不打印该图层。如果图层包含了参照信息（比如构造线），则应关闭该图层的打印。

5）快速设置当前图层与图层状态

快速设置当前图层的过程是：如图 3-20 所示，在“图层”工具栏的下拉列表中选择一个图层，该图层即为当前图层；单击“图层”工具栏中的 按钮（命令为 AI_MOLC），光标变成了拾取框，在绘图区选定一个对象，即可将选定对象所在的图层作为当前图层。单击“图层”工具栏中的 （命令 LAYERP）按钮，可返回上一个当前层设置。

快速设置当前图层的过程是：在图 3-20 所示的“图层”工具栏下拉列表中，单击 或 、 或 、 或 ，可快速设置图层状态。

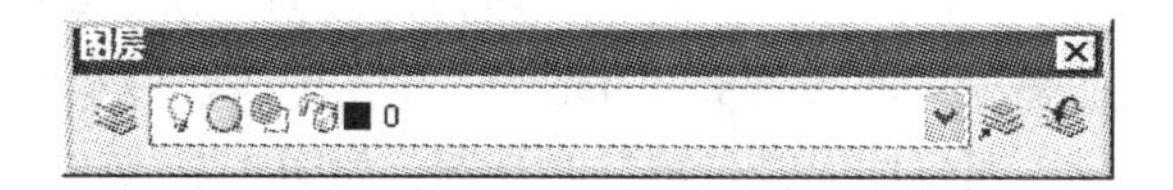

图 3-20 “图层”工具栏

3.5.2　图层过滤器

图层过滤器是系统用来显示和查询符合一定条件的图层，即在图 3-16 所示的“图层特性管理器”对话框中的图层列表显示区域显示符合条件的图层，而不符合条件的图层被过滤掉。在图层特别多的情况下，该设置非常有用。图层过滤器可控制在图层列表中显示哪些图层，还可同时对多个图层进行修改。图层过滤器包括“特性过滤器”、“组过滤器”。特性过滤器是指用一个或多个图层特性来创建图层过滤器；组过滤器是指建立一个图层过滤器，其中包含用户选定并添加到该过滤器的图层。

1）过滤器树状图

在图 3-16 所示的“图层特性管理器”对话框中，其左边显示了过滤器树状图，用户设置的所有参数、特性都会显示在过滤器里。其中“全部”、“显示所有使用图层”、“显示所有依赖外部参照的图层”（有外部参照时才出现）是系统默认的；点击过滤器，在右边的图层列表中将显示满足条件的图层。

在过滤器树状图中，选中一个过滤器，单击鼠标右键时，将弹出图 3-21（a）所示的菜单，用户可以使用快捷菜单中的选项删除、重命名或修改过滤器，如将图层特性过滤器转换为图层组过滤器；也可以修改过滤器中所有图层的某个特性。“隔离组”选项可关闭图形中未包括在选定过滤器中的所有图层。

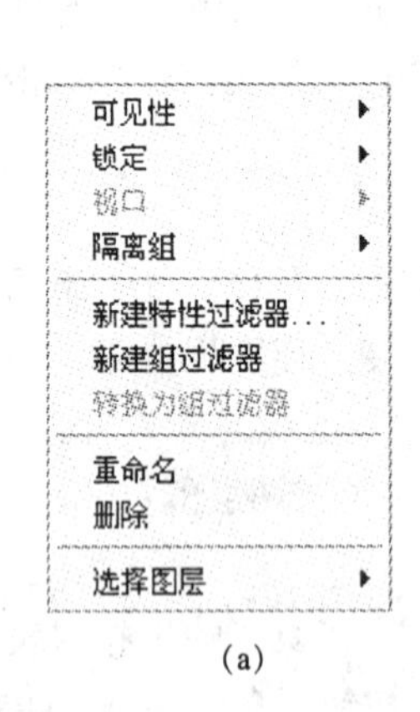

(a)

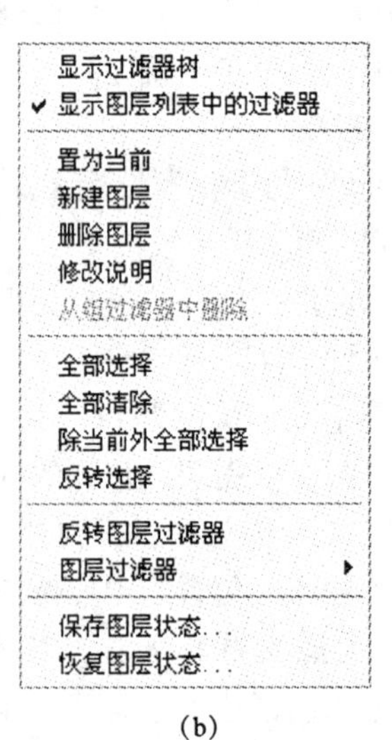

(b)

图 3-21　图层过滤器

树状图中的“全部”过滤器用来显示图形中的所有图层和图层过滤器。 当选定了某一个图层特性过滤器且没有符合其定义的图层时，图层列表将为空。当图层过滤器中显示了混合图标或“多种”时，表明在过滤器的所有图层中，该特性互不相同。在图层列表中，单击鼠标右键时，将弹出图 3-21（b）所示的菜单，用户可以使用快捷菜单中的选项删除、重命名或修改图层或图层过滤器。当在快捷菜单中选择“显示图层列表中的过滤器”而不选“显示过滤器树”时，将弹出“图层特性管理器”对话框，如图 3-22 所示，用户可以像修改图层特性与状态一样，修改过滤器中所有图层的某个特性与状态。

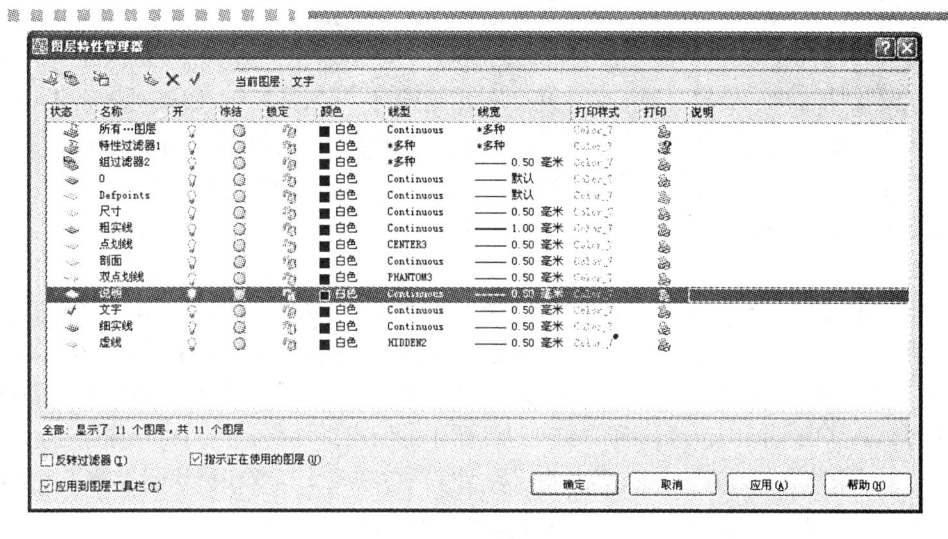

图 3–22 “图层特性管理器”对话框

● 反转过滤器

在图 3-16 中，如果用户选中“反转过滤器”复选框，那么“图层特性管理器”对话框中的图层列表显示区域将显示不符合过滤条件的图层。

● 应用到图层工具栏

在图 3-16 中，如果用户选中“应用到图层工具栏”复选框，那么在图 3-20 所示的“图层”工具栏的图层下拉列表显示区域中也只显示符合过滤条件的图层。

2）设置过滤条件

● 特性过滤器

单击“图层特性管理器”对话框中的 按钮，将弹出如图 3-23 所示的“图层过滤器特性”对话框，用户可以通过“过滤器定义”区域的下拉列表选择过滤条件，满足过滤条件的图层将在“过滤器预览”中显示。

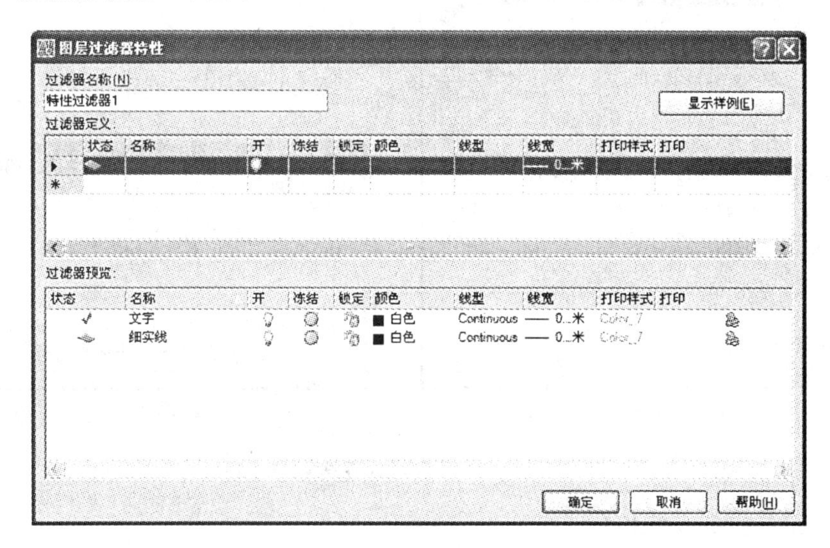

图 3–23 “图层过滤器特性”对话框

建立“特性过滤器”条件的过程为：首先在“过滤器名称”编辑框中输入新的名称，然后按图层的特性与状态设置过滤条件，可以使用通配符“*”，“？”；如果要删除某一个过滤条件，在“过滤器定义”列表中选中过滤器，单击“右键”，在弹出的菜单中选择“删除”即可；在“过滤器定义”列表中的所有过滤器为“并”的关系，单击“确定”，退出对话框，特性过滤器将显示在过滤器树状图中。

● 组过滤器

单击“图层特性管理器”对话框中的“新建组过滤器”（　）按钮，输入过滤器名称，“组过滤器”将显示在过滤器树状图中。满足过滤条件的图层可在“列表视图”中显示。

向“组过滤器”中添加图层：首先在树状图中单击“全部”或其它节点以在列表视图中显示图层；在列表视图中，选择要添加到过滤器中的图层，并将其拖到树状图中的过滤器名称上；单击“应用”保存修改，或者单击“确定”保存并关闭，或在树状图中的“组过滤器”列表中选中过滤器，单击“右键”，在弹出的菜单中选择“添加”或“删除”。

3.5.3　图层状态管理器

图层设置的保存与恢复、输入与输出是从 AutoCAD 2002 版开始使用的新特性，它可以命名保存所有图层的状态与特性，需要时恢复它们；同时，可以把设置好的图层命名输出成文件（*.las），该文件可以被其它图形文件引用，从而避免重复设置。

1）保存与恢复图层设置

在图 3-16 中，如果用户单击“图层状态管理器”（　）按钮，将弹出图 3-24（a）所示的“图层状态管理器”对话框，在“要恢复的图层设置”中选定恢复项目，单击“新建…”按钮，弹出图 3-24（b）所示的“要保存的新图层状态”对话框，通过指定一个名称即可以保存图形中所有图层的图层状态和图层特性设置。

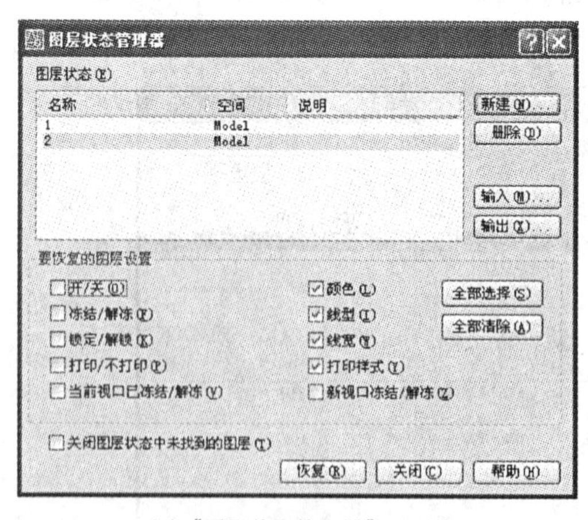

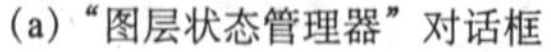
（a）“图层状态管理器”对话框

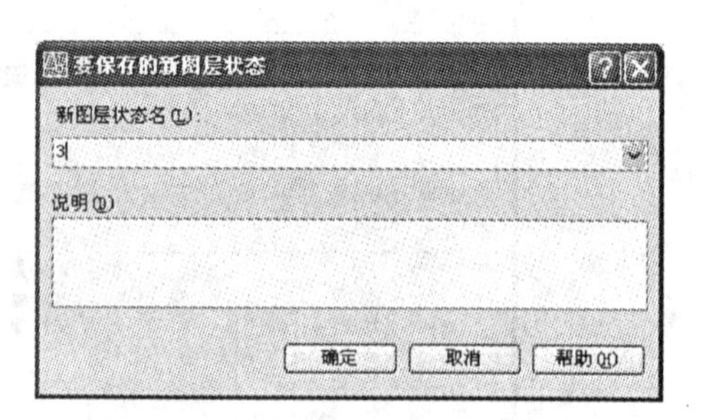

（b）“要保存的新图层状态”对话框

图 3-24　设置图层管理状态

● 恢复图层状态与特性

在图 3-24（a）所示的对话框中，“图层状态”显示了已保存的图层状态清单，选择需要恢复的图层状态的名称，并且在“要恢复的图层设置”中选定恢复项目，单击“恢复”按钮，即可将图形中所有图层的状态和特性设置恢复为先前保存的设置，即恢复保存该命名图层状态时选定的那些图层状态和特性设置。选中“关闭图层状态中未找到的图层”，则关闭未保存设置的新图层，以便图形的外观与保存命名图层状态时的一样。

2）输入与输出图层状态与特性

在图 3-24（a）所示的对话框中的“图层状态”，显示了已保存的图层状态清单，选择需要恢复的图层状态名称，单击“输出…”按钮，在“输出图层状态”对话框中输入文件名，单击“确定”，即可输出图层状态与特性，并可以文件形式保存图层状态。单击“输入...”弹出“输入图层状态” 对话框，选择要输入的文件名，单击“确定”，系统即从文件（*.las）中输入图层状态，这时，所有的图层状态为系统默认，单击“恢复”按钮，则改变为系统保存时的图层状态。

3.6　设置对象的特性

AutoCAD 的对象除了几何数据以外，还为对象定义了图层、线型、线宽、颜色、打印样式特性，我们把 AutoCAD 实体的图层、线型、颜色、线宽、打印样式称为对象特性。用户可以通过图 3-25 所示的“对象特性”工具栏进行设置。

图 3–25　“对象特性”工具栏

3.6.1　设置对象图层

AutoCAD 中的所有对象都在图层上绘制。用户可以通过设置当前层（参见 3.5.1 节）使新输入的对象处于该图层，或者在绘图的过程中通过编辑操作改变对象的图层。

3.6.2　随层（BYLAYER）、随块（BYBLOCK）对象特性

AutoCAD 的对象特性分两种情况：一是随层（BYLAYER）、随块（BYBLOCK）的逻辑对象特性；二是物理对象特性。所谓逻辑对象特性随层（BYLAYER）、随块（BYBLOCK）是指：当对象特性设置成随层（BYLAYER）时，输入对象的对象特性是当前图层设置的图层特性，这是 AutoCAD 的缺省方式，即实体的对象特性始终与所在图层的图层特性一致（一般情况下用户应使用这种对象特性）；当线型与颜色设置成随块（BYBLOCK）时，指定新对象的颜色为默认颜色（白色或黑色，取决于背景色），直到将对象编组到块并插入块，即在图形中插入块时，块内的对象继承当前的对象特性设置（一般情况下用户不使用这种线型与颜色，只有在尺寸标注、定义图块等情况下才使用）。所谓物理对象特性，如红色、点划线等具体的特性，输入对象特性即可为用户设定颜色，与当前图层设置的对象特性无关。

3.6.3　设置对象线型

1）设置线型

AutoCAD 已定义了很多常用线型，放在 AutoCAD2006/Support/acad.lin 线型库文件中，用户可以选择其中线型来使用，这时，输入对象线型即用户设定线型。用户也可以建立新的线型，甚至可以建立属于自己的专用线型库。

● 激活方式

“格式”菜单：线型　　命令行：LINETYPE（或 ′LINETYPE）

“对象特性”工具栏：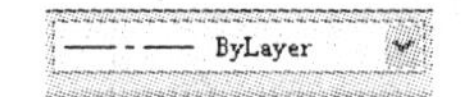

命令激活后，弹出如图 3-26 所示的“线型管理器”对话框，该对话框列表显示了加载到系统内的线型，用户可通过该对话框设置线型。“当前线型”即当前正在使用的线型，输入的对象可使用该线型。线型设置与删除过程为：选择线型列表框中的一个线型，单击“当前”和“删除”，然后单击“确定”。如果对话框的线型列表框中没有需要的线型，单击“加载…”，弹出图 3-18（a）所示的“加载或重载线型”对话框，从中可将在 acad.lin、acadiso.lin 文件中选定的线型加载到图形中并将其添加到线型列表，设置同前 [按我国国家制图标准应选择加载 CONTINUOUS（实线）、CENTER（点划线）、HIDDEN（虚线）、PHANTOM（双点划线）]。线型过滤器的使用方法与图层相同。

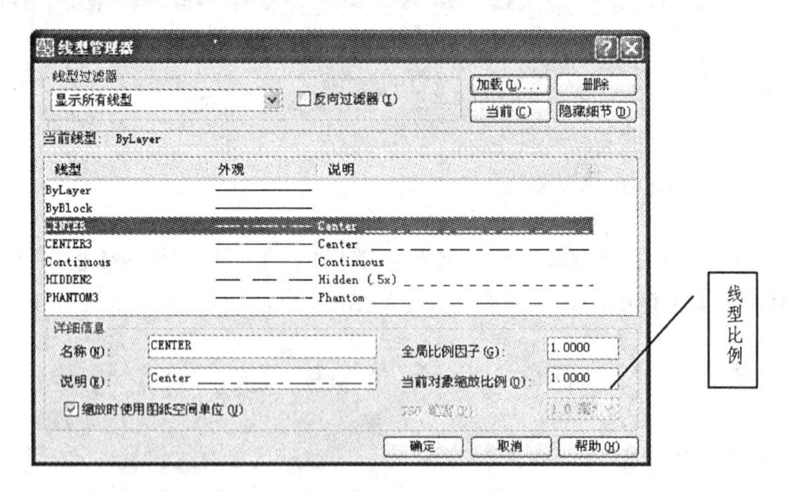

图 3–26　“线型管理器”对话框

设置当前线型为随层（BYLAYER），意味着对象采用指定给图层的线型。设置线型为随快（BYBLOCK），意味对象采用 CONTINUOUS 线型，直到将对象定义到块；在图形中插入块时，块内的对象继承当前的“线型”设置。

2）设置线型比例

AutoCAD 已定义的线型，除线型 CONTINUOUS（实线）外，其它所有线型是由间距、短划线、长划线、点或一些符号组成，当显示的线型不符合要求时，可使用图 3-26 所示的“线型管理器”对话框中的“全局比例因子”、“当前对象缩放比例”（或使用 LTSCALE、CELTSCALE 命令）进行缩放。

3）缩放时使用图纸空间单位

应按相同的比例在图纸空间和模型空间缩放线型。当使用多个视口时，该选项很有用。

3.6.4　设置对象颜色

AutoCAD 支持 256 色显示，每种颜色都有一个相应的颜色索引序号 ACI(AutoCAD Color Index)，它是一个从 1 到 255 的整数，其中 1～9 号颜色是 AutoCAD 的标准颜色。给实体设置颜色时，可以输入颜色的名称或 ACI 代号，也可直接在调色板上选取。AutoCAD 定义的默认颜色是 7，为黑色或白色（由背景颜色决定）。不同的对象可以拥有相同或不同的颜色。对象既可以单独拥有自己的颜色值，也可以由对象所在的图层来间接控制其颜色属性。

● 激活方式

“格式”菜单：颜色　　　　命令行：COLOR（或 ′COLOR）

“对象特性”工具栏：ByLayer

该命令激活后，弹出如图 3-17（a）所示的“选择颜色”对话框，用户从中可给对象选择颜色。设置颜色为随层（BYLAYER），指定新对象采用创建该对象时所在图层的指定颜色；设置线型为随快（BYBLOCK），指定新对象的颜色为默认颜色（白色或黑色，取决于背景色），直到将对象定义到块并插入块。在图形中插入块时，块内的对象继承当前的“颜色”设置。

3.6.5　设置对象线宽

在 AutoCAD 2006 中，符合工业标准的线宽信息可以应用于任何一种 AutoCAD 对象，既可以赋予单一对象，也可以赋予对象所在的图层，这个宽度特性在屏幕显示和输出到图纸时都起作用，由此可以让用户在屏幕上得到所见即所得的设计效果。

1）激活方式

“格式”菜单：线宽　　状态栏：线宽＋右键　　命令行：LWEIGHT（或 ′LWEIGHT）

“对象特性”工具栏：

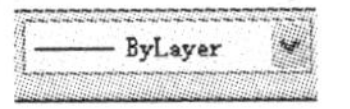

激活该命令后，弹出如图 3-27 所示的“线宽设置”对话框，在该对话框中设置线宽。

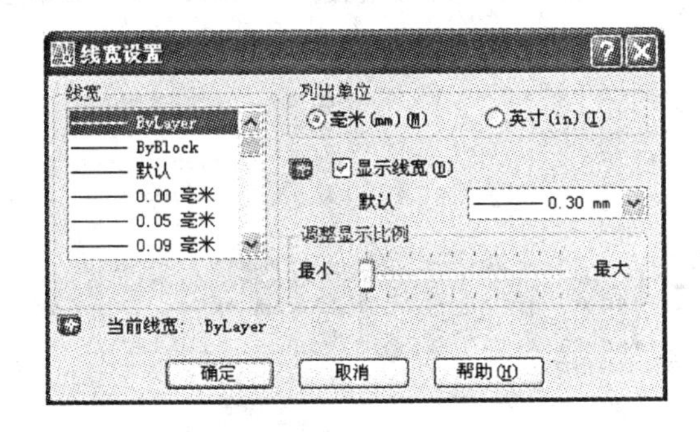

图 3–27　“线宽设置”对话框

2）线宽设置

如图 3-27 所示，线宽单位是英寸或毫米，可在“列出单位”中选择，缺省值是毫米。对象线宽值包括随层（BYLAYER）、随块（BYBLOCK）以及缺省（DEFAULT）和实际线宽值，均在“线宽”中选择。线宽的缺省值（DEFAULT）在“默认”后的下拉列表中选择。

3）线宽显示

如图 3-27 所示，线宽设置好后，通过“调整显示比例”改变模型空间中线宽的显示比例，即同样的线宽值可以用不同的宽度在当前屏幕上显示出来。线宽设置好后，通过“显示线宽”复选框可控制线宽在当前屏幕上显示（选中）或不显示（不选中）；也可在在状态行中单击“线宽”来控制线宽在当前屏幕上的显示。

如线宽值为 0，则在模型空间中显示为一个像素宽，出图时以所用绘图设备的最细线宽绘出。线宽值小于或等于 0.01 英寸（0.025 mm）的对象在模型空间中都以一个像素宽显示。用户在命令行输入的线宽值将被调整为最接近它的某个预定义值。图形输出到其它设备或剪切到剪贴板上，其线宽信息均不会丢失。在模型空间中显示的线宽不随 ZOOM 缩放因子而改变。

3.7 定制 AutoCAD（PREFERENCE）简介

AutoCAD 的用户界面及操作环境的许多设置都保存在 acad.ini 文件中，而所有的这些设置都可通过执行 OPTIONS、PREFERENCES 或 CONFIG 命令来进行更改。

1）激活方式

“工具”菜单：选项　　命令行：OPTIONS►PREFERENCES►CONFIG

快捷菜单：命令行单击右键/没有命令运行时绘图窗口单击右键

激活命令后，弹出如图 3-28 所示的“选项”对话框，它包括九个标签页，在标签页的顶部显示当前配置的名称及当前图形的名称，在每个随图形一起保存的选项旁边都会出现图形文件图标，随图形一起保存的选项只影响当前图形，保存在注册表中的选项会影响 AutoCAD 任务中的所有图形，保存在注册表中（不与图形文件图标一起显示）的选项保存在当前配置中。通过对该对话框中参数的修改，用户可以自定义 AutoCAD 系统。

用户设置自定义系统后，单击“应用”，然后再单击“确定”，系统保存设置并退出设置。

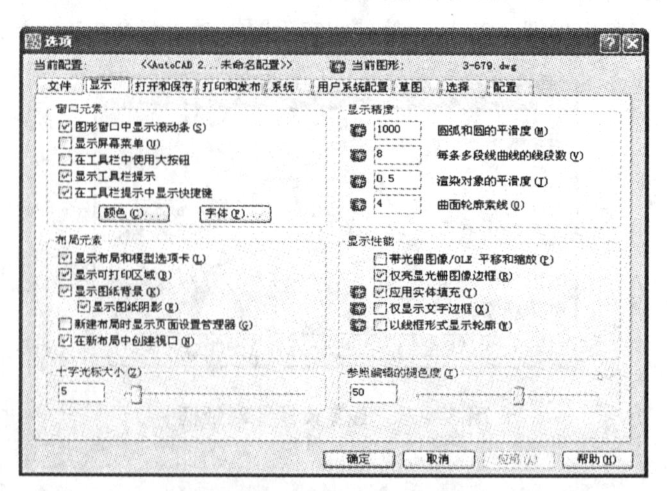

图 3-28 “选项”对话框

2）功能简介

●“文件”标签页

“文件”标签页的功能是给用户指定AutoCAD的系统文件的位置。

●“显示”标签页

“显示”标签页用来控制图形显示的精度及性能等及控制屏幕窗口菜单、颜色、字体、十字光标的大小、布局元素的设置等。

●“打开与保存”标签页

该标签页用来控制文件保存的文件格式；保存文件的安全措施（如自动存盘时间等）；打开文件的设置；控制编辑和加载外部参照的有关设置；控制“AutoCAD实时扩展”应用程序及代理图形的有关设置。

●“打印”标签页

该标签页用来控制AutoCAD的打印机、打印样式和打印选项等相关设置。

●“系统”标签页

该标签页用来控制 AutoCAD 系统设置。例如，控制三维图形显示系统的系统特性和配置的有关设置，控制定点设备的有关选项，控制启动 AutoCAD 或创建新图形时是否显示传统的启动对话框等。

●“用户系统配置”标签页

该标签页用来优化在 AutoCAD 中工作方式的选项。例如，在 AutoCAD 中控制按键和单击右键的方式，AutoCAD设计中心的设置，控制AutoCAD如何响应坐标数据的输入，确定对象的排列（如果选择了此项，AutoCAD 将按照创建的先后次序排列可选择的对象。如果在对象选择期间选中了两个重叠的对象，AutoCAD 则将最新的对象视为被选中对象），控制是创建关联标注对象还是创建传统的非关联标注对象以及设置线宽选项等。

●“草图”标签页

该标签页用来指定许多基本的编辑选项。参见图3-2所示的“草图设置”对话框。

●“选择”标签页

该标签页用来控制与对象选择方法相关的设置。

●“配置”标签页

该标签页可控制配置的使用，例如，用于配置列表、设置当前配置、创建新配置或编辑现有配置、输入或输出配置等。

习　　题

3-1　AutoCAD提供了哪几种单位格式？

3-2　正交模式有哪几种方式切换开关，利用正交模式绘制题3-2图（a）所示的图形（尺寸自定）。

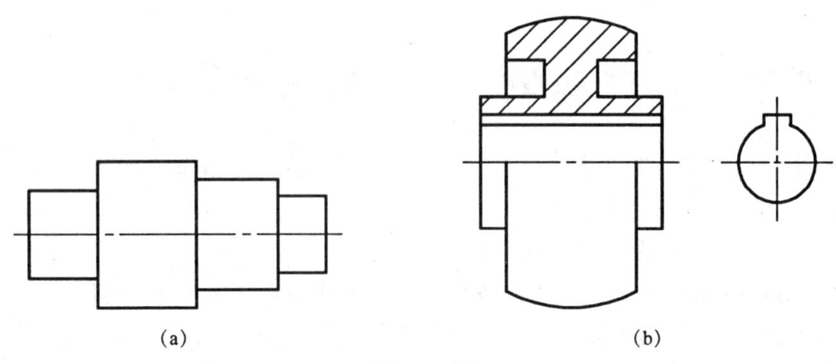

题 3-2 图

3-3　设置 Snap 和 Grid 时，其间距是否可以不相等？在具体绘图时各有什么作用？

3-4　利用栅格和对象捕捉绘制题 3-2 图（b）所示的图形（尺寸自定）。

3-5　为什么有时用户选择了 acad.lin 文件中的线型却达不到用户的要求？

3-6　如何建立新层？如何设置当前层？

3-7　如何设置对象特性？在具体绘图时有什么作用？

3-8　简述极轴跟踪、对象捕捉跟踪在绘图时各有什么作用。

第 4 章　图形显示控制

AutoCAD 提供给了一些命令来改变视图的显示状态，如放大、缩小、移动位置等，从而使绘图工作更加方便。本章简要介绍几个常用的视图控制命令，即视图缩放、视图平移、鸟瞰视图。

4.1　视图缩放

视图缩放命令如同摄像机的变焦镜头，它可以增大或缩小视图的显示尺寸，但对象的真实尺寸保持不变。当增大对象的显示尺寸时， 就只能看到视图的一个较小区域，但能够观察到这个区域更详细的内容；当缩小对象的显示尺寸时，就可以看到更大的视图区域，但图形中的一些细部构造就无法了解。在实际作图时，必须反复使用视图缩放命令，才能更好、更快地完成图形绘制。

1）**激活方式**

"视图"菜单：缩放　　"标准"工具栏：　　命令行：ZOOM（′ZOOM）

快捷菜单：没有选定对象时，在绘图区域单击右键并选择"缩放"选项进行实时缩放

2）**命令说明**

当用户激活 ZOOM 命令后，将出现提示："全部(A)/中心点(C)/动态(D)/范围(E)/上一个(P)/比例(S)/窗口(W)] <实时>"。其中：

- 全部　缩放以显示当前视口中的整个图形。在平面视图中，AutoCAD 缩放为图形界限或当前范围两者中较大的区域；在三维视图中，ZOOM 的"全部"选项与它的"范围"选项等价。即使图形超出了图形界限也能显示所有对象。
- 中心点　缩放以显示由中心点和放大比例值（或高度）所定义的窗口。高度值较小时增加放大比例，高度值较大时减小放大比例。
- 动态　缩放以使用视图框显示图形的已生成部分。视图框表示视口，可以改变它的大小，或在图形中移动。移动视图框或调整它的大小，可将其中的图像平移或缩放，以充满整个视口，如图 4-1 所示。
- 范围　将所绘制图形在屏幕上以最大化显示。
- 上一个　恢复视图的前一次显示情况，最多可恢复此前的十个视图。
- 比例　按输入比例缩放图形。若输入的值后面跟着 XP，则表示在图纸空间中缩放图形。
- 窗口　按照用户指定的窗口范围对图形进行缩放。

● 实时　使用定点设备（鼠标移动）来缩放图形。

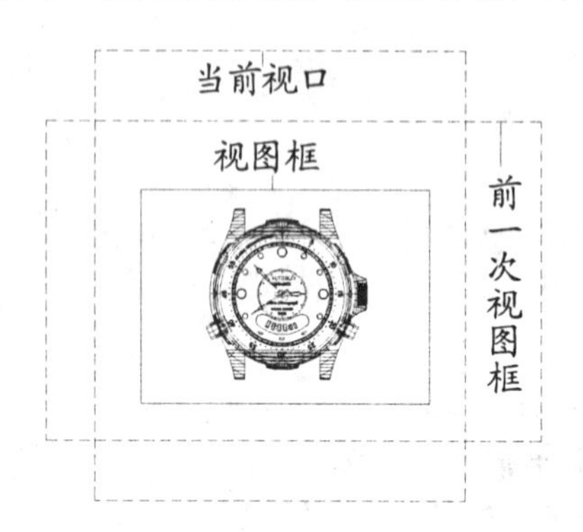

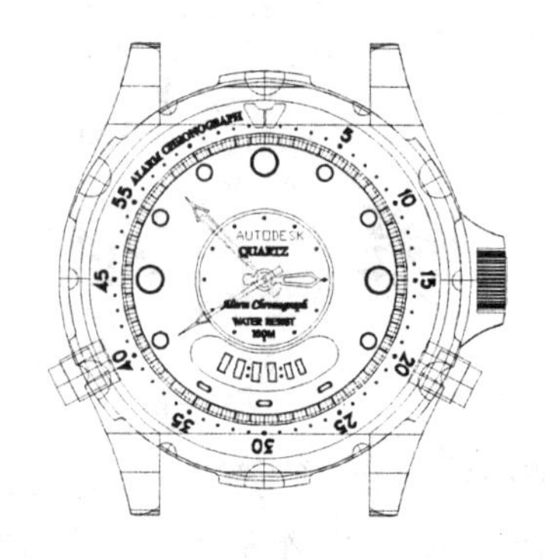

图 4–1　视图缩放

4.2　PAN 命令

用户可以使用 PAN 命令来移动图形在当前视口中的位置，即改变屏幕上所显示的图形内容，从而更全面地了解图形的整体状况。PAN 命令不会改变视图的大小以及图形各元素之间的相互位置关系。

1）*激活方式*

“视图”菜单：平移▶实时　　“标准”工具栏：　　命令行：PAN（′PAN）

快捷菜单：不选定任何对象，在绘图区域单击右键然后选择“平移”

2）*命令说明*

命令激活后，光标变为手形光标。按住定点设备上的拾取键可以锁定光标于相对视口坐标系的当前位置。图形显示随光标向同一方向移动，当图形移动到适当的位置后，释放拾取键，平移将停止。

如果在命令提示下输入“－PAN”，则命令行选项提示“指定位移的基点”，此时 AutoCAD2006 的 PAN 命令有两种工作方式：

① 用户可以指定一个点，然后指示图形与当前位置的相对位移；或者指定两个点，则 AutoCAD 自动计算出从第一点到第二点的位移，并根据此位移移动图形。

② 如果直接按 Enter 键，则 AutoCAD 将以“指定位移的基点”提示中指定的值移动图形，例如，如果在第一个提示中指定“2，2”，并在第二个提示中按 Enter 键，则 AutoCAD 将图形在 X 方向移动 2 个单位，在 Y 方向移动 2 个单位；如果在“指定第二点”提示中指定一点，AutoCAD 将把第一点的位置移动到第二点的位置。

当图形移动到达图纸空间的边缘时，将在此边缘上的手形光标上显示边界栏，如图 4-2 所示。

上边界　右边界　下边界　左边界

图 4–2　显示边界栏

4.3 鸟瞰视图

鸟瞰视图是一种可视化平移和缩放视图的方法，既可以缩放视图的显示范围，也可以平移视图的显示位置。

1）*激活方式*

“视图”菜单：鸟瞰视图　　　　　命令行：DSVIEWER

2）*选项说明*

激活 DSVIEWER 命令后，将出现图 4-3 所示的对话框，它的使用方法如下所述。

● “视图”菜单　通过放大、缩小图形或在“鸟瞰视图”窗口显示整个图形来改变“鸟瞰视图”的缩放比例。其中：

放大 ——以当前视图框为中心放大两倍来增大“鸟瞰视图”窗口中的图形显示比例。注意：当前视图充满“鸟瞰视图”窗口时，不能使用“放大”菜单项和按钮。

缩小 ——以当前视图框为中心缩小两倍来减小“鸟瞰视图”窗口中的图形显示比例。注意：当整个图形都显示在“鸟瞰视图”窗口时，不能使用“缩小”菜单选项和按钮。

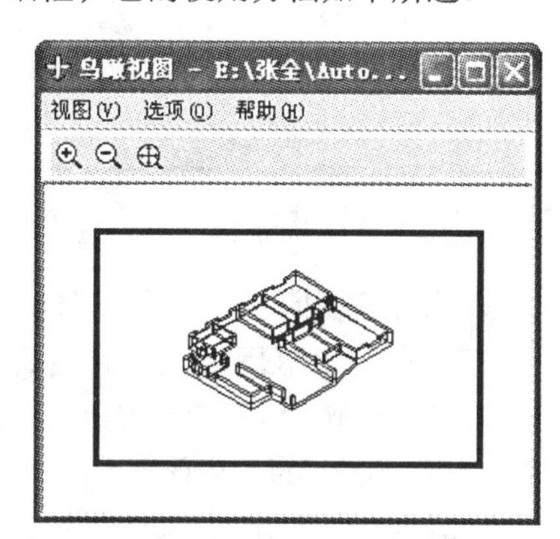

图 4-3 “鸟瞰视图”窗口

全局 ——在“鸟瞰视图”窗口显示整个图形和当前视图。

● “选项”菜单　用于切换图形的自动视口显示和动态更新。所有菜单选项也可通过在“鸟瞰视图”窗口中单击右键而从快捷菜单访问。其中：

自动视口 ——当显示多重视口时，自动显示当前视口的模型空间视图。当“自动视口”关闭时，AutoCAD 不更新“鸟瞰视图”以匹配当前视口。

动态更新 ——编辑图形时更新“鸟瞰视图”窗口。当“动态更新”关闭时，AutoCAD 不更新“鸟瞰视图”窗口，直到切换到“鸟瞰视图”窗口。

实时缩放 ——使用“鸟瞰视图”窗口进行缩放时实时更新绘图区域。

● “帮助”菜单　对“鸟瞰视图”对话框的使用方法进行说明。

4.4 视图操作（VIEW / DDVIEW）

视图是指按一定比例、观察位置和角度显示的图形。用户使用此命令可恢复在所有视口中显示的上一个视图，此命令可以恢复前 10 次设置的视图，这些视图不仅包括缩放视图，而且还包括平移视图、还原视图、透视视图或平面视图。

1）*激活方式*

“视图”菜单：命名视图　　　　命令行：VIEW

2）选项说明

激活此命令后，将出现图 4-4 所示的对话框，此对话框的使用方法如下。

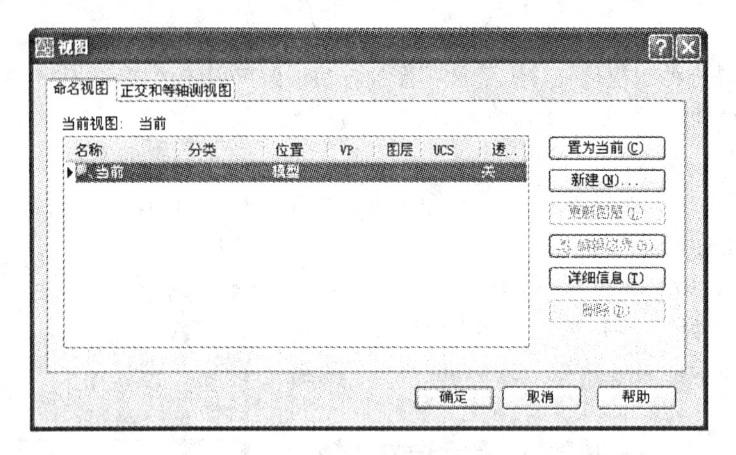

图 4–4 视图操作

① 命名视图标签页。用于创建、设置、重命名和删除命名视图。

● 当前视图　显示所有使用过的视图名称。

● 置为当前　恢复选定的视图。用户可在列表中双击该视图的名称，或者在名称上单击右键，然后选择“置为当前”。

● 新建　用于创建所需的视图。单击此按钮后将出现图 4-5（a）所示的对话框。

● 视图名称　指定设置视图的名称。

● 视图类别　指定命名视图的类别，如立面图或剖视图等。

● 当前显示/定义窗口　使用当前显示或指定一个窗口来作为新视图。

● UCS 与视图一起保存　将 UCS 与新视图一起保存。

● UCS 名称　指定与新视图一起保存的 UCS。只有当选择了“UCS 与视图一起保存”时此选项才可用。完成后单击“确定”按钮结束“新建视图”对话框。

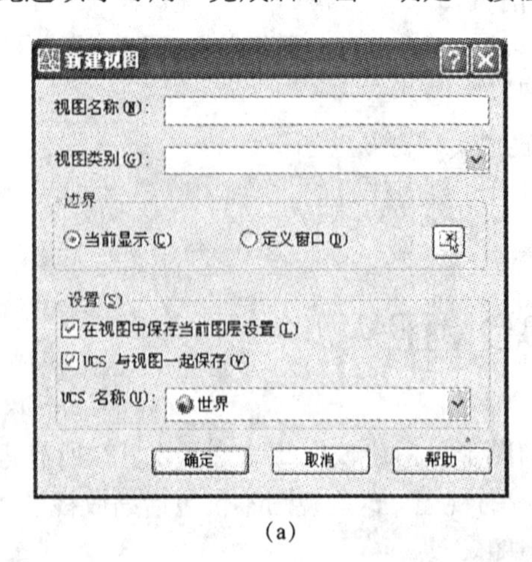

(a)

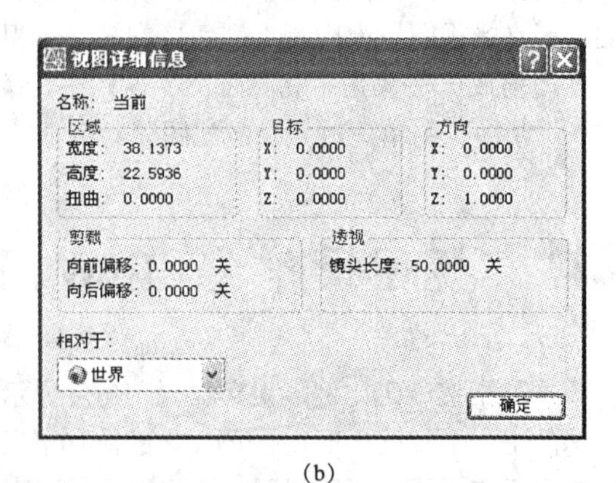

(b)

图 4–5 创建视图

● 详细信息　在图 4-5（b）所示对话框中，显示视图的所有信息。

② 正交和等轴测视图标签页。用于确定正交或等轴测视图，如图 4-6 所示。

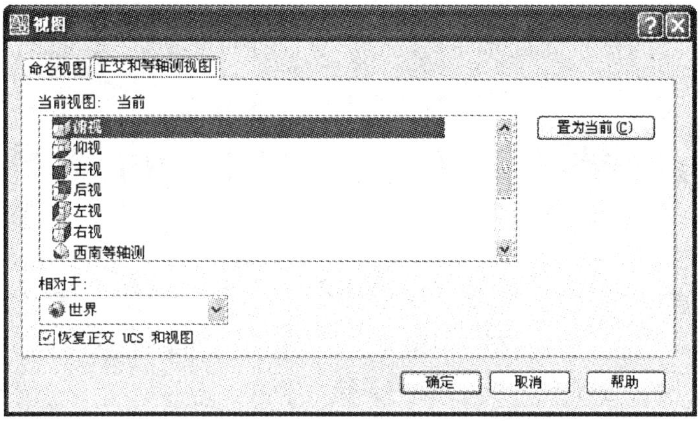

图 4–6 确定正交或等轴测视图

用户可以在“当前视图”显示框中选择需要的视图，然后将其置为当前视图。

4.5 重画、重生成和全部重生成

AutoCAD 在编辑绘图过程中会留下一些无用的点标记，用户为了消除这些痕迹，可以执行“重画/重生”功能。REDRAW / REGEN / REGENALL 用来重显/重生成当前视窗中的图形。其中，REDRAW 用来重显当前视窗中的图形；REGEN 命令可在当前视口中重生成整个图形并重新计算所有对象的屏幕坐标，以及重新创建图形数据库索引，从而优化显示和对象选择的性能；REGENALL 命令可在所有视口中重生成整个图形并重新计算所有对象的屏幕坐标，以及重新创建图形数据库索引，从而优化显示和对象选择的性能。

习　　题

4-1 比较“ZOOM”、“PAN”、“鸟瞰视图”这三个命令在图形显示控制上的异同点。

4-2 比较“REDRAW”、“REGEN”、“REGENALL”这三个命令的异同点。

第 5 章　AutoCAD 的图形编辑

为了有效地使用 AutoCAD，必须了解编辑命令以及用编辑命令编辑绘图的方法。在这一章我们将学习对象位移、对象复制、对象改变、对象修剪等编辑命令以实现对图形快速、准确地绘制，因此，本章是学好 AutoCAD 的关键。

5.1　对象选择

对象选择是指在对图形进行编辑和查询时选取对象。在 AutoCAD 中正确快捷地选择对象是进行图形编辑的基础。当用户需要对图形的某部分进行编辑或查询时，系统就会在命令行提示“选择对象:”，当动态输入打开时，同时在屏幕上出现动态提示，以提醒用户选择对象。当系统提示选择对象时，十字光标变为小方框，称为拾取框，其大小可利用“Object Select Setting”对话框设置。如果用户将光标移至某对象上，对象将变亮，单击鼠标左键进行拾取，这时对象的边界轮廓线变成虚线，说明对象选择成功。“对象选择”命令对锁定或冻结图层目标不会起作用。

5.1.1　对象选择方法

用户在“选择对象:”提示后输入“？”，系统会显示出 AutoCAD 2006 的对象选择方式：窗口(W)/上一个(L)/窗交(C)/框(BOX)/全部(ALL)/栏选(F)/圈围(WP)/圈交(CP)/编组(G)/添加(A)/删除(R)/多个(M)/前一个(P)/放弃(U)/自动(AU)/单个(SI)，共有 16 个对象选择方式，其中系统默认的选择方式为单点选择、窗选，它们的功能分别如下：

● 单点选择　用鼠标左键拾取图中的某一对象，使用时最好不要把拾取点定在多个对象相交处，否则系统不能确定所要指定的对象。

● 多个（M）　多点选择。先键入“M”，然后再逐一点取所要的对象。该方式在未回车前选定的目标不会变虚，回车后选定的所有对象才会变虚，且会提示选择和找到的对象数目。

● 窗口（W）/窗交（C）　窗口选择方式。键入“W”则窗口内所有对象均被选中；键入“C”则与窗口相交和窗口内的所有对象均被选中。图 5-1（b）、（c）示意了选择图 5-1（a）所示图形对象时，W 和 C 方式的区别，其中矩形为 LINE 命令绘制，图中虚线表示选中部分。键入 W 或 C，命令行会提示：

指定第一角点：（在指定第一角点后，命令行又提示：“指定对角点:”）

● 上一个（L）　选择前一个对象（单一选择对象），即刚刚绘制或编辑过的对象。

● 框（BOX）　方框选择方式，等效于 W 或 C 方式。主要根据第二角点位于第一角点的右侧或左侧而定。位于右侧，则等效于 Windows 方式，如图 5-1（b）所示；位于左侧，则等效于 Crossing 方式，如图 5-1（c）所示

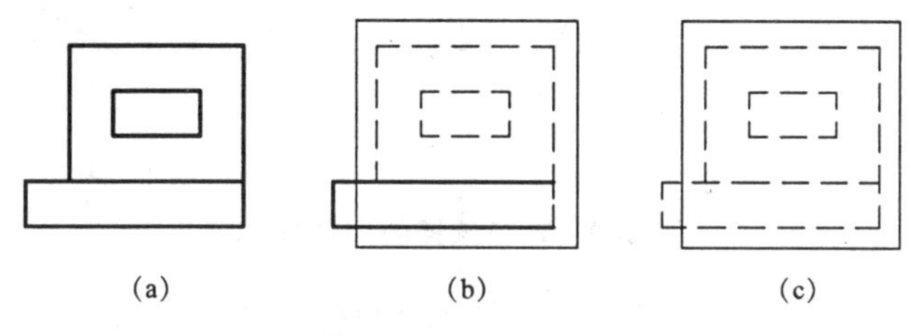

图 5–1　对象选择

● 全部（ALL）　选择除了冻结图层以外的所有对象。

● 自动（AU）　自动选择，等效于单点选择或窗选 W 或 C 方式，若拾取点处正好有一对象则选择它，否则要求用户确定另一角点。

● 单个（SI）　选择一个对象，常与其它方式联合使用。

● 前一个（P）　前一个选择集。选择上一次使用 SELECT 或 DDSelect 命令预设的物体选择集，它适用于对同一物体进行多种编辑操作。

● 放弃（U）　取消上一个对象选择。

● 删除（R）　移去已选对象中的任意一个或多个对象。系统会提示："删除对象"，该提示后可选 W、C、BOX...等对象方式选择需移去的对象。选用 ADD 则会自动结束移去对象选择方式，加入新对象。如果选择对象中只有少部分对象不需要，可选择全部对象，再用 R 选项去除不需要的对象。

● 添加（A）　加入新的对象，用于执行在 REMOVE 选择方式后返回到对象添加状态，系统提示："对象选择"，该提示后也可用 W、C、BOX 等对象选择方式添加对象。而用 REMOVE 选项则可自动结束 ADD 对象选择方式，移去已选对象。

● 编组(G)　输入已定义的选择集。系统提示："输入编组名"，此时可输入已用 SELECT 或 GROUP 命令设定并命名的选择集名称。

● ESC　终止对象选择操作，并放弃已创建的选择集。

● 圈围（WP）　多边窗口方式。该命令与 Windows 方式类似，但它可构造任意形状的多边形，包含在多边形区域的对象均被选入。当用 WP 方式时，AutoCAD 会有如下提示：

第一圈围点：　拾取多边形第一点

指定直线的端点或 [放弃(U)]：拾取第二点

指定直线的端点或 [放弃(U)]：拾取第三点

⋮

指定直线的端点或 [放弃(U)]：拾取最后一点

最后一次提示直接回车则完成对象选择。键入"U"(UNDO)则可取消最后一个拾取点。图 5-2（a）所示为 WP 方式。

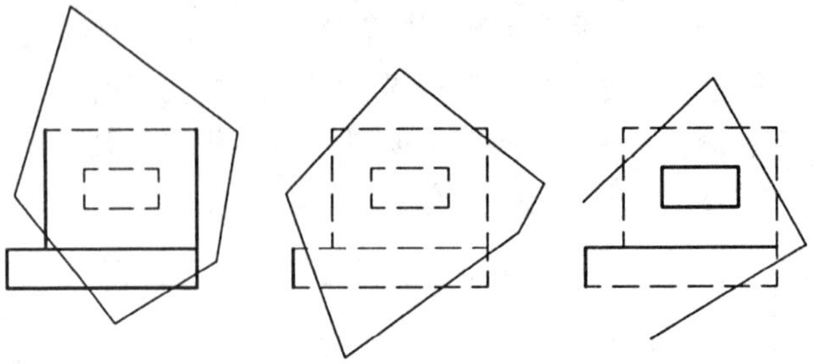

(a)　　(b)　　(c)

图 5-2　对象选择的几种方法

● 圈交（CP）　交叉窗口选择方式，它的构造是任意多边形，与该多边形窗口交叉或被圈中的所有对象均被选入。CP 与 WP 方式的提示、输入方式、取消方式都相同。如图 5-2（b）所示，其中，虚线表示选中部分。

● 栏选（F）　栏选方式，该选项与 CP 方式相似，用户可用此选项构造任意折线，凡被折线穿过的对象均被选入。该方式对选择长串对象很有用。栏选线不可封闭或相交，选择该选项，系统提示：

第一栏选点：拾取栏选线第一点

指定直线的端点或 [放弃(U)]：拾取第二点

⋮

指定直线的端点或 [放弃(U)]：拾取最后一点

完成上述输入后对最后一次提示直接回车，则完成对象选择方式。图 5-2（c）所示就是是用栏选（F）选择的结果，其中虚线表示选中部分。

5.1.2　设置对象选择方式（DDSELECT）

对于复杂的图形，往往一次要同时对多个对象进行编辑。DDSELECT 命令用于设置对象选择模式和拾取框大小。

1）*激活方式*

命令行：DDSELECT

2）*选项说明*

在 AutoCAD 2006 中，DDSELECT 命令集成为选项对话框下的选择标签页。激活该命令，系统弹出“选项”对话框，如图 5-3 所示。

● 选择集模式　该区域有六个按钮，用于设置对象选择模式。

● 先选择后执行（N）　选择此按钮表示采用 Noun/Verb 模式，即先选择对象再执行命令。不选择此按钮表示采用 Verb/Noun 模式，即先执行命令后选择对象，此方式为缺省方式。

● 用 Shift 键添加到选择集(S)　往选择集添加对象必须按住“Shift”键。默认状态为自动添加模式，即往选择集中添加对象时不必按住“Shift”键。

● 按住并拖动(D)　选择此项，当用 W、C、WP、CP 方式确定选择窗口时，在第一角点处按住左键拖动到第二角点处放开左键即可选择到对象；不选此项，拖动到第二点时需再按一次左键方可。

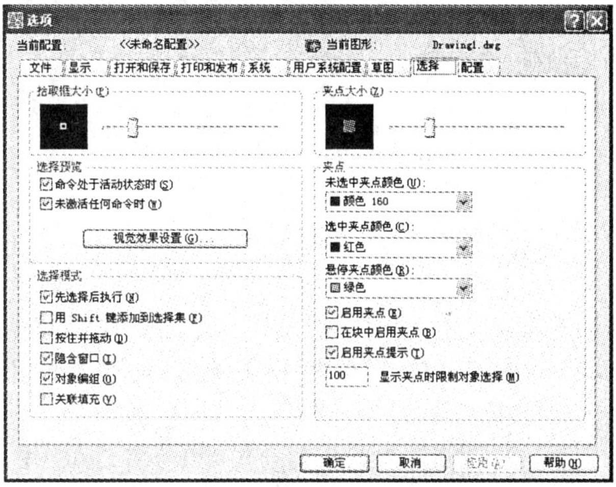

图 5-3　对象“选择”方式对话框

● 隐含窗口(I)　等效于 W 和 C 方式。若第一角点在第二角点左方则等同 W 方式，反之则等同于 C 方式。

● 对象编组(O)　选择此项，拾取组中的一个对象就可以选择到组中所有对象，否则只能选择到拾取的对象。

● 关联填充(V)　选中此项，在选择填充图案的同时，也选择填充图案的边界。

● 拾取框的大小(P)　设置拾取框的大小，默认的大小为 3 像素，其大小值可在 0~20 像素之间变动。

5.2　删除对象（ERASE）

ERASE 命令用于删除选中的对象。

1）激活方式

“修改”工具栏：　　“修改”菜单：删除　　命令行：ERASE（E）

2）命令举例

用 ERASE 命令删除如图 5-4（a）所示的圆，结果如图 5-4（b）所示，其操作步骤如下：

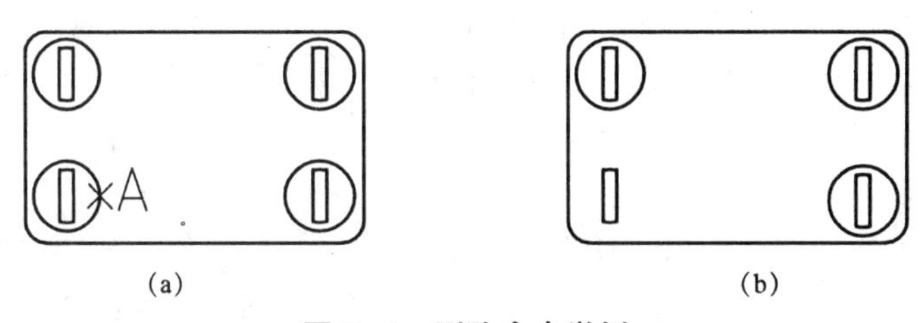

图 5-4　删除命令举例

命令：ERASE↲

选择对象：拾取 A 点　（如图 5-4（a）所示，用点选方式选择圆）

选择对象：↲　（结束命令）

5.3 对象位移命令

本节主要讲述对象的移动、旋转有关的命令。

5.3.1 移动对象（MOVE）

MOVE 命令使用户能把单个对象或多个对象从它们当前的位置移动到一个新的位置上，这种移动并不改变对象的尺寸和方位。它有两种平移方法：基点法和相对位移法。

1）*激活方式*

“修改”工具栏：　　“修改”菜单：移动　　命令行：MOVE（M）

2）*命令举例*

如图 5-5 所示，用基点法，使形体沿 X 轴正方向移动 4 个单位，其操作步骤如下：

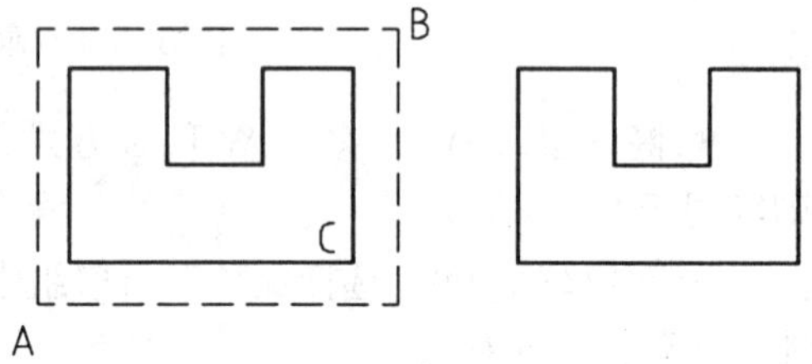

(a) 移动前　　(b) 移动后

图 5-5　移动对象

命令：MOVE ↵

选择对象：W ↵（用窗口方式选择对象）

指定第一角点：拾取 A 点

指定对角点：拾取 B 点

选择对象：↵　（结束对象选择）

指定基点或 [位移(D)] <位移>：拾取 C 点　（指定移动距离和方向的起点位置）

指定第二个点或 <使用第一个点作为位移>: @40<0↵（指定移动距离和方向的终点位置）

5.3.2 旋转对象（ROTATE）

ROTATE 命令用于旋转某个对象或一组对象并改变其位置，该命令需要先确定一个基点，即旋转中心，所选对象绕基点旋转。

1）*激活方式*

“修改”工具栏：　　“修改”菜单：旋转　　命令行：ROTATE（RO）

2）*命令举例*

① 把如图 5-6（a）所示的图形逆时针旋转，旋转角度为 90°，结果如图 5-6（b）所示，其操作步骤如下：

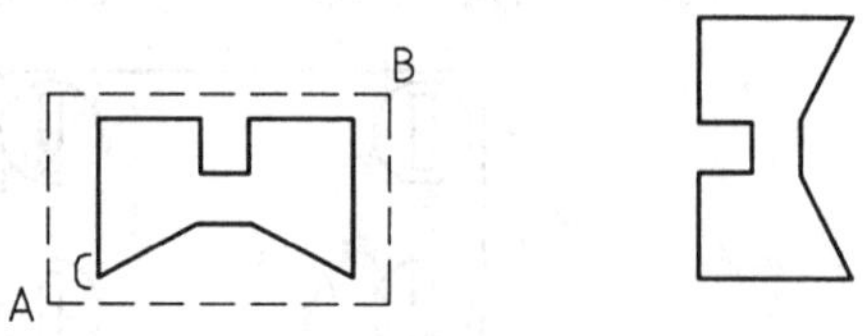

(a)　　(b)

图 5-6　旋转对象举例（一）

命令：ROTATE↵

UCS 当前的正角方向：　ANGDIR＝逆时针

　　　　　　　　　　　ANGBASE=0

选择对象：　C↵　（用交叉窗口方式选择对象）

指定第一个角点：　拾取 A 点　（单点选择方式选择断开对象，缺省情况该点为断开的第一点）

指定对角点：　拾取 B 点

选择对象：　↵

指定基点：捕捉端点 C　　（指定旋转中心位置）

指定旋转角度或 [复制(C)/参照(R)] <0>：　90↵

② 旋转如图 5-7（a）所示的图形，使其以 A 为基点、旋转后 AC 直线与 X 轴的夹角为 30°，结果如图 5-7（b）所示，其操作步骤如下：

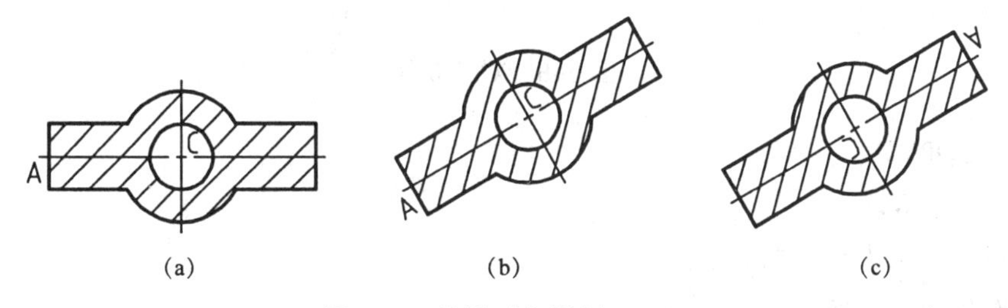

图 5-7　旋转对象举例（二）

命令：　ROTATE ↵

UCS 当前的正角方向：　ANGDIR=逆时针　ANGBASE=0

选择对象：　All↵　　（用全部方式选择对象）

选择对象：　↵

指定基点：捕捉交点或圆心 C

指定旋转角度或 [参照(R)]：　R↵　　（不知道旋转角度，选择参照方式旋转）

指定参照角 <0>：捕捉中点 A　　（应注意参考角度第一点和第二点的顺序，即 A、C 两点的顺序，图 5-7（c）所示结果是 C 为第一点、A 为第二点）

指定第二点：捕捉交点或圆心 C

指定新角度：　30↵　　（结果如图 5-7（b）所示）

5.4　对象复制

对象复制命令主要包括对象复制、组合复制、镜像、阵列和平行偏移等命令，这些能快速对对象进行各种形式的复制。

5.4.1　复制（COPY）

COPY 命令用来复制一个已有的对象，并把它放到指定的位置，它与 MOVE 命令相似，只不过原来的对象还保留在它原来的位置上。

1）激活方式

“修改”工具栏：　　“修改”菜单：复制　　命令行：COPY（CO、CP）

2）命令举例

将如图 5-8（a）所示的对象用 COPY 命令复制两个，结果如图 5-8（b）所示，其操作步骤如下：

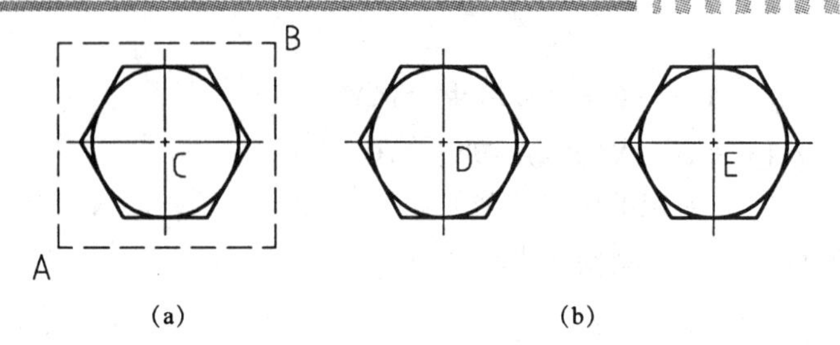

(a) (b)

图 5-8 对象复制

命令：COPY↵
选择对象：W↵
指定第一个角点：拾取 A 点
指定对角点：拾取 B 点
选择对象： ↵
指定基点或[位移(D)] <位移>：捕捉交点或圆心 C （复制对象移动距离和方向的起点）
指定第二点或 <用第一点作位移>：拾取 D 点 （复制对象移动距离和方向的终点）
指定第二个点或 [退出(E)/放弃(U)] <退出>：拾取 E （复制对象移动距离和方向的终点）
指定第二个点或 [退出(E)/放弃(U)] <退出>：↵

5.4.2 阵列（ARRAY）

ARRAY 命令可将指定对象复制成矩形阵列或环形阵列。

1）激活方式

“修改”工具栏： “修改”菜单：阵列 命令行：ARRAY（AR）

2）命令举例

① 用 ARRAY 命令将六边形复制成三行三列矩形排列的图形，行间距为 30，列间距为 30，如图 5-9 所示。其操作步骤如下：

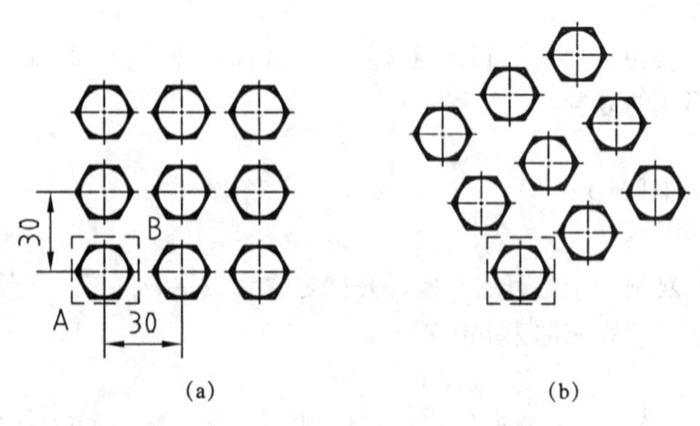

(a) (b)

图 5-9 矩形阵列

命令： ARRAY↵
激活命令后，弹出图 5-10 所示的“阵列”对话框，拾取选择对象按钮，回到 AutoCAD

绘图界面，用窗选方式拾取 A 点、B 点；选择矩形阵列按钮，行数是 3，列数是 3；在偏移距离和方向栏中的“行偏移”中输入 30，“列偏移”中输入 30；最后点取“确定”按钮，结果如图 5-9（a）所示，如果阵列角度是 30°，结果如图 5-9（b）所示。

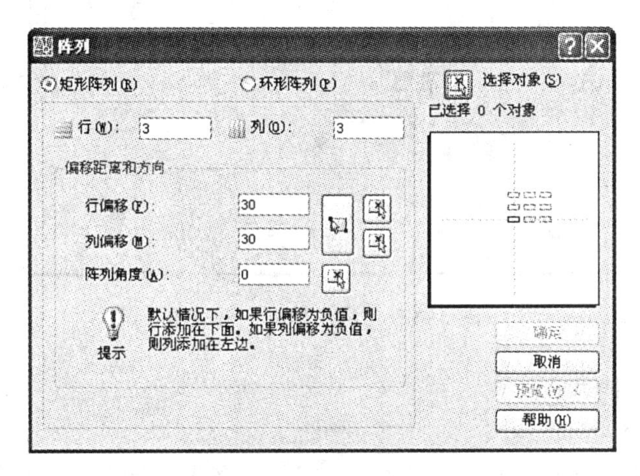

图 5-10　“阵列”对话框

② 如图 5-11（a）所示，将一个对象依照环形阵列方式复制 8 个，如图 5-11（b）所示。操作如下：

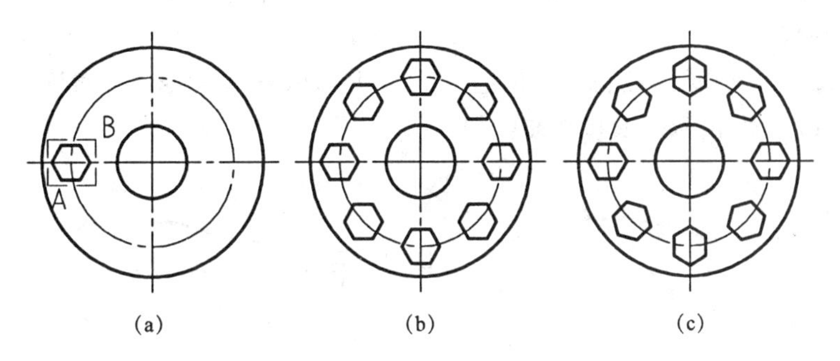

图 5-11　环形阵列

命令：　ARRAY↵

弹出图 5-10 所示的“阵列”对话框，拾取选择对象按钮，回到 AutoCAD 绘图界面，用窗选方式拾取 A 点、B 点；选择环形阵列按钮，弹出图 5-12 所示的“环形阵列”标签页，其中项目总数是 8，填充角度为 360°；用圆心捕捉方式点取环形阵列的中心点；点取“确定”按钮完成环形阵列如图 5-11（b）所示；如果选择“复制时旋转”按钮，结果如图 5-11（c）所示，即阵列每个对象时按位置旋转相应的角度。

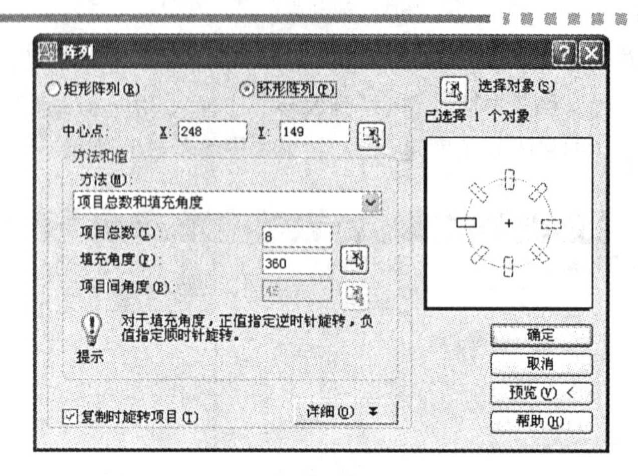

图 5-12　“环形阵列”标签页

5.4.3　镜像（MIRROR）

MIRROR 用于生成被选对象的对称图形，操作时需通过指定两点来指出对称轴线。对称线可以是任意方向的，源对象可以删除或保留。

1）*激活方式*

“修改”工具栏：　“修改”菜单：镜像　命令行：MIRROR（MI）

2）*命令举例*

图 5-13（a）所示图形为机械手柄的上半部，用 MIRROR 命令生成对称的下半部分，绘制结果如图 5-13（b）所示。其操作步骤如下：

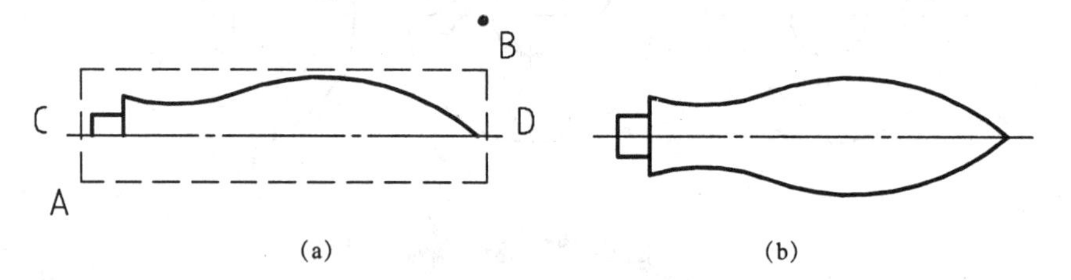

图 5-13　镜像命令举例

命令：MIRROR↵

选择对象：W ↵

指定第一个角点：　拾取点 A

指定对角点：　拾取点 B

选择对象：　↵

指定镜像线的第一点：捕捉端点 C

指定镜像线的第二点：捕捉端点 D

要删除源对象吗？[是(Y)/否(N)] <N>：↵　（保留源对象）

5.4.4　平行偏移（OFFSET）

OFFSET 命令能建立一个与选择对象类似的另一个平行对象。当等距偏移一个对象时，需指出等距偏移的距离和偏移方向，也可以指定一个偏移对象通过的点。该命令可以平行复制圆弧、直线、圆、样条曲线和多段线。若偏移的对象为封闭体，则偏移后的图形可被放大或缩小，原对象不变。

1）激活方式

“修改”工具栏：　　“修改”菜单：平行偏移　　命令行：OFFSET（O）

2）命令举例

用 OFFSET 命令将图 5-14（a）所示的闭合多段线向外偏移 2，其操作步骤如下：

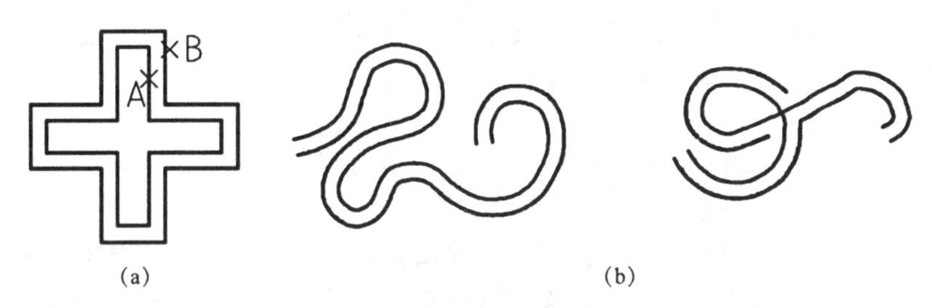

图 5-14　多段线的编辑

命令：OFFSET↵

当前设置：　删除源=否　图层=源　OFFSETGAPTYPE=0

指定偏移距离或 [通过(T)/删除(E)/图层(L)] <通过>：　2↵

选择要偏移的对象，或 [退出(E)/放弃(U)] <退出>：拾取 A 点　　（用单点选择方式，一次选择一个对象进行偏移）

指定要偏移的那一侧上的点或 [退出(E)/多个(M)/放弃(U)] <退出>：拾取 B 点　（用指定点方式指定选择的对象是向外还是向内进行偏移）

选择要偏移的对象或 [退出(E)/放弃(U)] <退出>：↵

注意：偏移多段线或样条曲线时，将偏移所有顶点控制点，如果把某个顶点偏移到样条曲线或多段线的一个锐角内时，则可能出错，如图 5-14（b）中多段线的偏移。

5.5　对象修改

AutoCAD 2006 的 SCALE、STRETCH、EXTEND、TRIM、BREAK、FILLET、CHAMFER 等命令可对图形进行修改，以使图形符合设计要求。

5.5.1　缩放（SCALE）

SCALE 命令可以改变对象的尺寸。该命令可以把选择的对象在 X、Y、Z 方向以相同的比例放大或缩小，由于三个方向的缩放率相同，因此保证了缩放对象的形状不变。

1）激活方式

“修改”工具栏：　　“修改”菜单：缩放　　命令行：SCALE（SC）

2）命令举例

将图 5-15（a）所示的图形放大 1.5 倍，结果如图 5-15（b）所示。其操作步骤如下：

命令：SCALE↲

选择对象：W↲

指定第一个角点：拾取 A 点

指定对角点：拾取 B 点

选择对象：↲

指定基点：拾取点　（用户任意指定一点，该点放大前后的位置不变）

指定比例因子或 [复制(C)/参照(R)] <1.0>：1.5↲

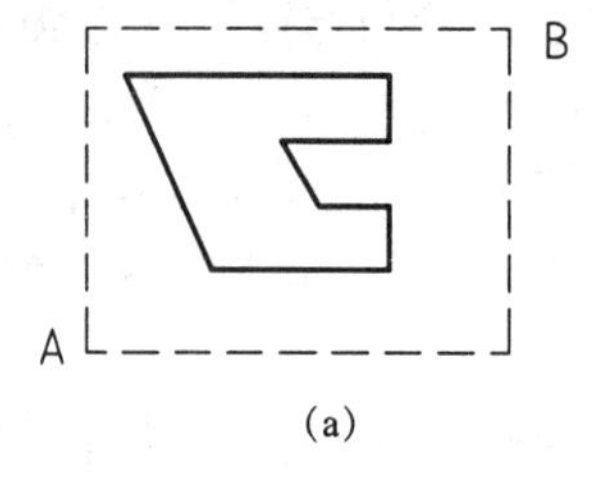

(a)

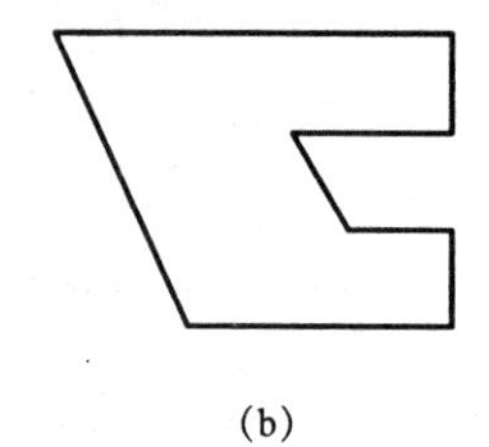

(b)

图 5-15　图形放大

5.5.2　拉伸（STRETCH）

STRETCH 命令的对象选择只能采用交叉窗口方式，与窗口相交的对象将被拉伸，可即可以拉长、缩短或者改变对象的形状，窗口内的对象将随之移动。能被拉伸的对象有线段、弧、多段线和轨迹线，但该命令不能拉伸圆、文本、块和点（在交叉窗口之内可以移动）。

1）命行方式

“修改”工具栏：　　“修改”菜单：拉伸　　命令行：STRETCH（ST）

2）命令举例

用 STRETCH 命令将图 5-16（a）所示的对象中部分图形拉伸为图 5-16（b）所示的图形，其操作过程如下：

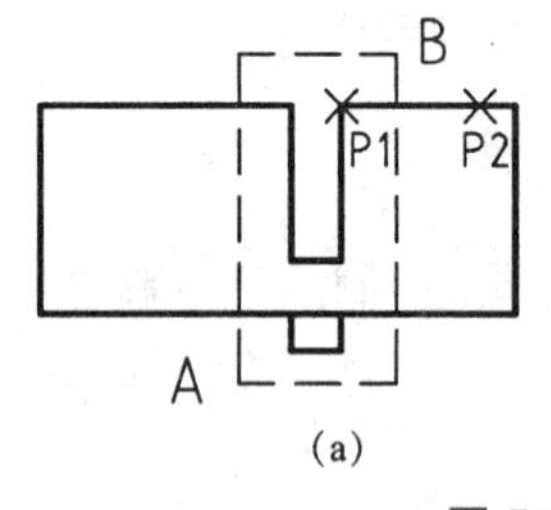

(a)

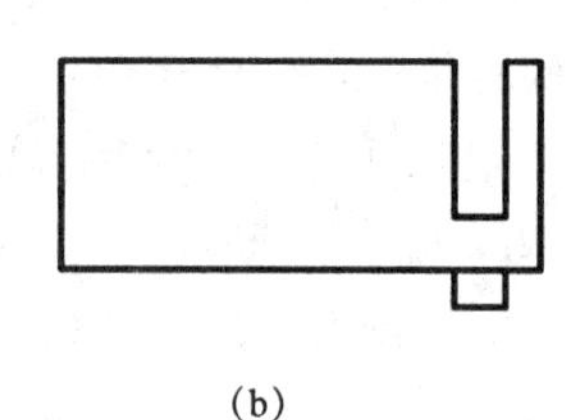

(b)

图 5-16　对象拉伸

命令：STRETCH↲

以交叉窗口或交叉多边形选择要拉伸的对象...

选择对象：C↲　（交叉窗口方式选择对象，交叉框内对象移动，与框相交的对象被拉长或缩短）

指定第一个角点：拾取 A 点

指定对角点：拾取 B 点

选择对象：↲

指定基点或[位移(D)] <位移>：拾取 P1 点　（对象移动距离和方向的起点）

指定位移的第二个点或 <用第一个点作位移>：拾取 P2 点　（对象移动距离和方向的终点）

5.5.3　拉长（LENGTHEN）

LENGTHEN 命令用于修改对象（直线、圆弧、不封闭的多段线、椭圆弧、不封闭的样条曲线）长度或圆弧的包角。

1）命行方式

“修改”菜单：拉长　　命令行：LENGTHEN（LEN）

2）命令举例

任意画一段直线或圆弧，用 LENGTHEN 命令把直线或圆弧拉长。其操作过程如下：

用 LINE、CIRCLE 画一直线、圆弧。

命令：LENGTHEN ↵

选择对象或 [增量(DE)/百分数(P)/全部(T)/动态(DY)]：DY　[选择动态拉长，可以用四种方式拉长对象。增量（DE）选项，通过指定增量拉长或缩短，操作一次，拉长一个增量；百分数（P）选项，把对象拉长或缩短设定的百分数；全部（T）选项，把对象拉长或缩短到设定的长度；动态（DY）选项，把对象动态拉长或缩短。]

选择要修改的对象或 [放弃(U)]：　（用单点选择方式选择一个对象进行拉长）

指定新端点：　（沿对象的拉长或缩短方向移动鼠标）

选择要修改的对象或 [放弃(U)]：↵

5.5.4　延伸（EXTEND）

EXTEND 命令可延长图形中的对象，使其端点与图形中选择的边界精确地接合。该命令可用于直线、弧和多段线的延长，而边界可以是直线、圆弧或多段线。

1）激活方式

“修改”工具栏：　　“修改”菜单：延伸　　命令行：EXTEND（EX）

2）命令举例

用 EXTEND 命令将图 5-17（a）中两条线延伸到底边线上，结果如图 5-17（b）所示。操作步骤如下：

命令：　EXTEND↵

当前设置：投影＝UCS，边＝无

选择边界的边...

选择对象：拾取点 A　（单点选择方式选择延伸边界）

选择对象：　↵

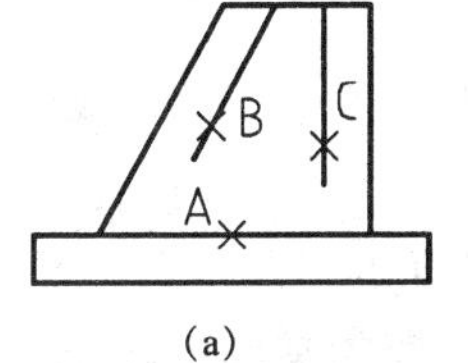

(a)

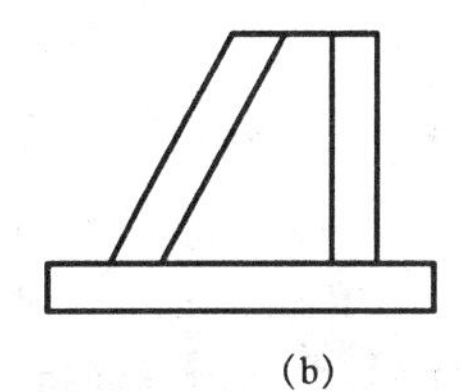

(b)

图 5–17　对象延伸

选择要延伸的对象/按住 Shift 键选择要修剪的对象或 [栏选(L)/窗交(C)/投影(P)/边(E)/放弃(U)]：　拾取点 B　（单点选择方式选择要延伸的对象）

选择要延伸的对象/按住 Shift 键选择要修剪的对象或 [栏选(L)/窗交(C)/投影(P)/边(E)/放弃(U)]：　拾取点 C　（单点选择方式选择要延伸的对象）

选择要延伸的对象/按住 Shift 键选择要修剪的对象或 [栏选(L)/窗交(C)/投影(P)/边(E)/放弃(U)]：↵

5.5.5　修剪（TRIM）

TRIM 命令用于修剪对象，待修剪的对象沿一个或多个对象所限定的切割边处被剪掉。该命令可以剪裁直线、圆、弧、多段线、样条线、射线，使用时首先要选择切割边的边界，然后选择要剪裁的对象。

1）激活方式

“修改”工具栏：-/--　　“修改”菜单：修剪　　命令行：TRIM（TR）

2）命令举例

修剪图 5-18（a）所示图形内的直线，结果如图 5-18（b）所示。其操作步骤如下：

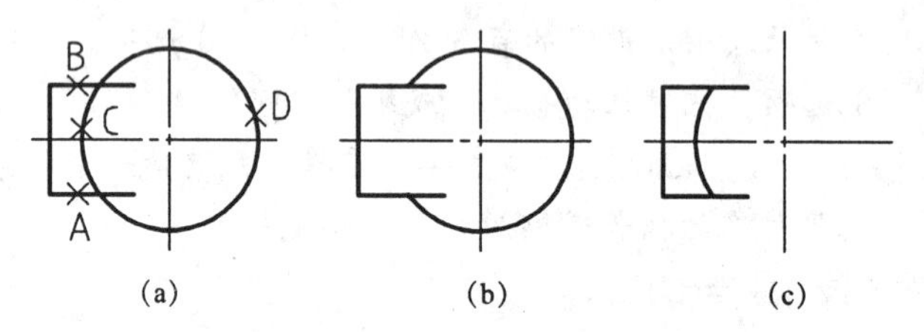

图 5-18　对象修剪

命令：　TRIM↵

当前设置：投影=UCS，边=无　　选择剪切边...

选择对象：　拾取 A、B 点　　（单点选择方式选择剪切边界）

选择对象：　↵

选择要修剪的对象/按住 Shift 键选择要延伸的对象或 [栏选(L)/窗交(C)/投影(P)/边(E)/放弃(U)]：　拾取圆上 C 点　[单点选择方式选择要切除的两直线之间的圆弧，允许重复多次，允许修剪同一边界内外、侧的多个对象，如果修剪对象选取点 D，结果如图 15-18（c）所示]

选择要修剪的对象/按住 Shift 键选择要延伸的对象或 [栏选(L)/窗交(C)/投影(P)/边(E)/放弃(U)]：　↵

5.5.6　断开（BREAK）

BREAK 命令可把被选择的对象（可以是直线、弧、圆、多段线、椭圆、样条线、射线）分成两个对象（通过删除对象的某部分或无缝隙断开），如图 5-19 所示。

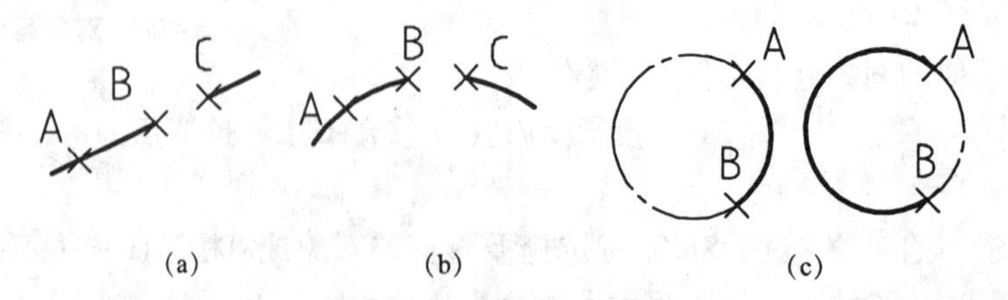

图 5-19　对象断开

1）激活方式

“修改”工具栏：[icon]　　“修改”菜单：断开　　命令行：BREAK（BR）

2）命令举例

用 BREAK 命令断开图 5-19（a）、（b）所示的两个图形。其操作步骤如下：

命令：BREAK ↵

选择对象：拾取 A 点　（单点选择方式选择待断开对象，缺省情况为该点断开的第一点）

指定第二个打断点或 [第一点(F)]：　F ↵　（重新输入断开的第一点；若输入“@”则表示第二个断开点与第一个断开点是同一点，虽然看不见，实际上对象已被无缝隙断开）

指定第一个打断点：　拾取 B 点

指定第二个打断点：　拾取 C 点　　[系统在断开圆或圆弧时，按逆时针进行操作，即第二点应相对于第一点在逆时针方向，如图 5-19（c）所示，左边 A 是第一点，右边 A 是第二点]

5.5.7　圆角（FILLET）

FILLET 命令用于对两个对象进行圆弧连接，即用于与对象相切或者用具有指定半径的圆弧连接两个对象。它还能对多段线的多个顶点进行一次性倒圆角，可以使用“修剪”选项指定是否修剪选定对象、将对象延伸到创建的弧的端点或不作修改。

1）激活方式

“修改”工具栏：[icon]　　“修改”菜单：圆角　　命令行：FILLET（F）

2）命令举例

对图 5-20（a）所示的四条直线进行倒圆，结果如图 5-20（b）所示，其操作步骤如下：

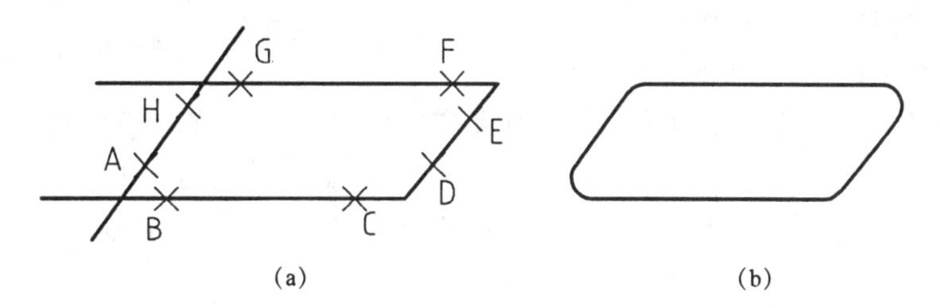

图 5-20　多条直线倒圆

命令：FILLET↵

当前模式：模式＝修剪，半径＝20.0000

选择第一个对象或 [放弃(U)/多段线(P)/半径(R)/修剪(T)/多个(M)]：R↵

指定圆角半径 <10.0000>：　2↵　（输入圆角半径，当半径为 0 时，使之形成直角）

选择第一个对象或 [放弃(U)/多段线(P)/半径(R)/修剪(T)/多个(M)]：M↵

选择第一个对象或 [放弃(U)/多段线(P)/半径(R)/修剪(T)/多个(M)]：拾取 A 点

选择第二个对象或按住 shift 键选择要应用角点的对象：拾取 B 点

……（按命令行提示，分别拾取 C、D 点，E、F 点，G、H 点）

选择第一个对象或 [放弃(U)/多段线(P)/半径(R)/修剪(T)/多个(M)]：↵

用 FILLET 命令的“Polyline”选项对图 5-21（a）所示的多段线倒圆角，半径 R＝3，其结果是所有的角均被倒圆，结果如图 5-21（b）所示。其操作步骤如下：

命令：　FILLET↵

当前模式：　模式＝修剪，半径＝3

选择第一个对象或 [放弃(U)/多段线(P)/半径(R)/修剪(T) 多个(M)]：　P↵

选择二维多段线：　拾取 A 点

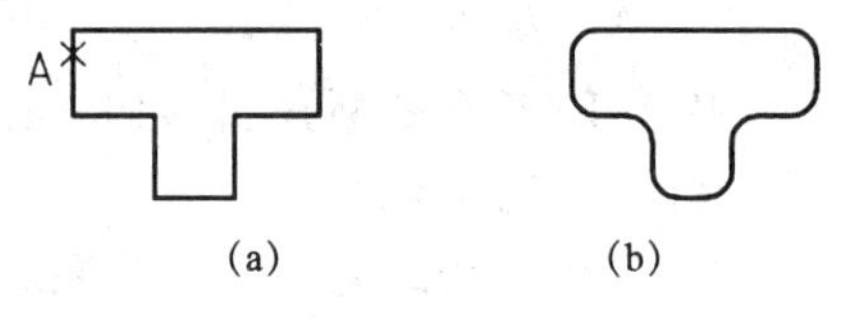

图 5-21　多段线倒圆

5.5.8　倒角（CHAMFER）

CHAMFER 命令用于对两条相交直线或多段线作出有斜度的倒角。在 AutoCAD 中，倒角是任意角度的角，倒角的大小取决于它距角的距离，在两条可能相交或不可能相交的线之间都可以画倒角。

1）***激活方式***

“修改”工具栏：　　“修改”菜单：倒角　　命令行：CHAMFER（CHA）

2）***命令举例***

用 CHAMFER 命令对图 5-22 (a) 所示的图形右上角以距离为 5 和 4 倒角，结果如图 5-22（b）所示。其操作步骤如下：

命令：　CHAMFER↵

（“修剪”模式）当前倒角距离 1 =10.0，距离 2＝10.0

选择第一条直线或 [放弃(U)/多段线(P)/距离(D)/角度(a)/修剪(T)/方式(E)/多个(M))]：　D↵

指定第一个倒角距离 <10.0>：　5↵

指定第二个倒角距离 <0.50>：　4↵

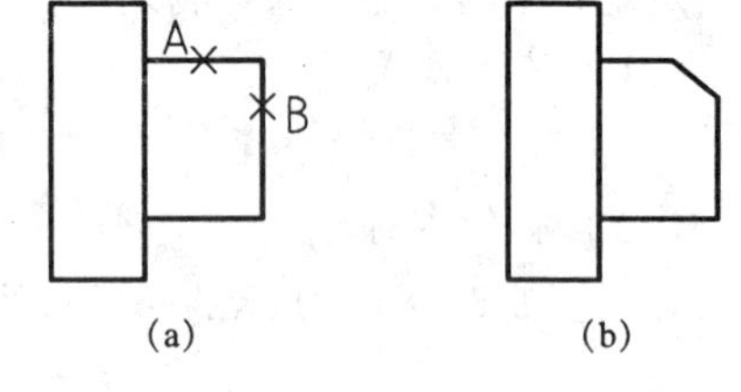

图 5-22　倒角

选择第一条直线或 [放弃(U)/多段线(P)/距离(D)/角度（A）/修剪(T)/方式(E) /多个(M)]：拾取 A 点

选择第二条直线或按住 shift 键选择要应用角点的直线 ：　拾取 B 点

5.6　对象编辑

对象编辑命令有 MLSTYLE、MLEDIT、PEDIT、JOIN，这些命令可以对平行多线、多段线进行编辑。

5.6.1　设置平行多线（MLSTYLE）

MLSTYLE 命令用于设置平行线的样式，可在平行线上指定单线的数量和每条单线的性质，即每条单线的间距、线型图案、颜色对象背景填充和端帽布局（平行多线的两端可以绘制成平的、圆的、带角的或其它各种形状）。

1）**激活方式**

“格式”菜单：多线样式　　　命令行：MLSTYLE

2）**选项说明**

该命令显示三个对话框来控制平行多线样式的不同特征。多线样式对话框如图 5-23 所示，它用于显示并控制平行多线的样式及名称，其使用方法如下：

● 样式　在样式编辑框中显示当前多线样式 STANDARD。

● 置为当前　在样式编辑框中选择所需平行多线，置为当前

● 新建　设置新的多线样式。拾取该按钮，弹出图 5-24 所示的对话框，输入新的多线样式 12，单击“继续”按钮，弹出图 5-25 所示的“新建多线样式”对话框。

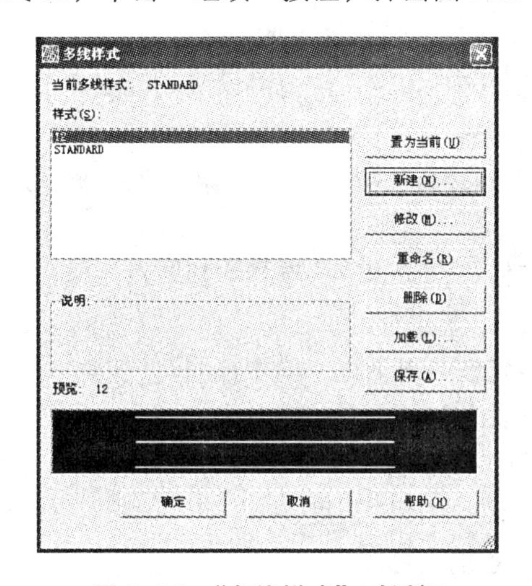

图 5-23 “多线样式”对话框

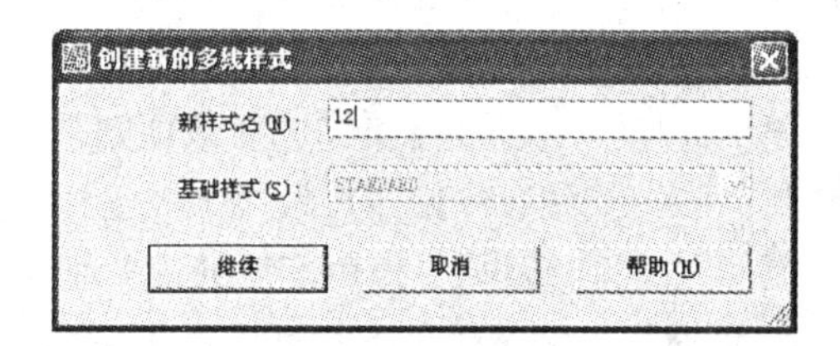

图 5-24 “创建新的多线样式”对话框

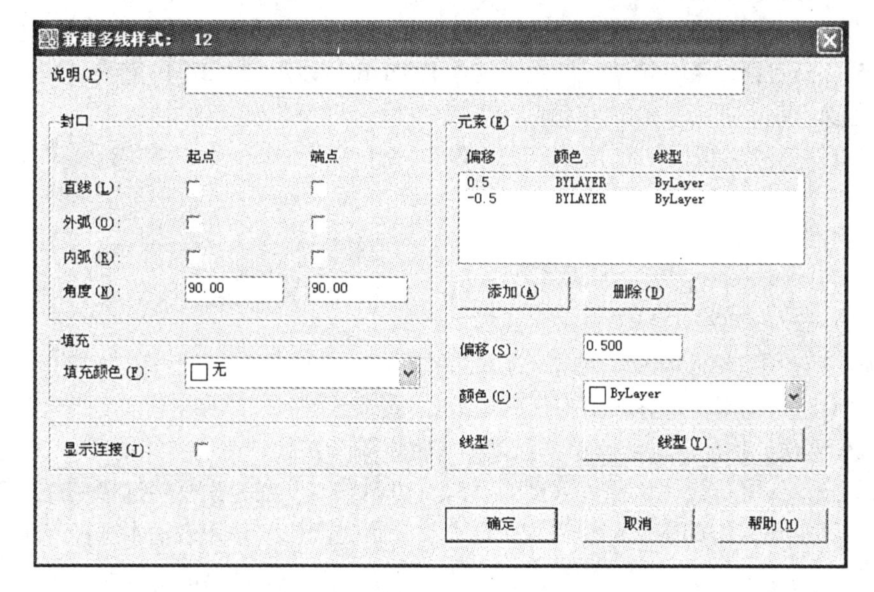

图 5-25 “新建多线样式”对话框

● 说明　对当前平行多线的说明。

● 加载... 装入定义的平行多线的名称，单击该按钮，系统弹出“加载多线样式”对话框，在该对话框中单击“文件...”按钮可加载平行多线线型库文件，其下拉式列表列出了当前图形中已设置的线型名称。

● 保存... 把当前的平行多线样式存储或复制到外部件文中。选择该按钮后将弹出“保存多线样式”对话框，让用户选择存储位置。

● 修改 单击该按钮，弹出图 5-25 所示的对话框，可修改多线样式。

● 重命名 对当前的平行多线式样重新命名。

● 元素 显示平行多线中各平行线的偏移量、颜色和线型，这些线按偏移量的大小顺序排列。

● 添加/删除 在平行多线中增加或删除一条平行线（最多能添加 16 条线）。

● 偏移 选定平行多线中某条线（在元素列表框中），输入数值可设定或改变其相对于偏移点的偏移值，其值可正可负。

● 颜色... 选定平行多线的某条线，点取该按钮，系统弹出“选择颜色”对话框，选定某种颜色并将所选线条设定为这种颜色。

● 线型... 选定平行多线的某条线，点取该按钮，系统弹出“选择线型”对话框，选定某种线型并将所选线条设定为相应的线型。

● 多线特性... 点取该按钮，系统弹出“多线特性”对话框，其中：

显示连接 ——显示接口，选择该项则从平行多线的转折或起点处绘制一线段。

封口 ——直线、外弧 内弧、角度分别控制平行多线端头（起点、终点)是否绘制一直线、外圆弧、内圆弧封闭端头；角度后的值分别控制两端头封闭的角度。

● 填充 在填充颜色下拉列表框中可以选择背景填充色。

3）命令举例

用 MLSTYLE 命令设置一个名为 ML1 的线型，其中含四条平行线，偏移距离分别为 1、0.5、－0.5、－1，第二条线和第三条线为红色 HIDDEN 线型，封口框的直线、外弧内弧、起点、终点均为开启，平行多线填充颜色为绿色。

该样式绘制的平行线如图 5-26 所示。其操作步骤如下：

命令：MLSTYLE↵

激活该命令后将打开图 5-25 所示的对话框，在当前列表中选择 STANDARD；在多线样式对话框中点击新建按钮输入 ML1；单击“继续”按钮，对 ML1 进行设置；在弹出的对话框中点击“添加”按钮两次，增加两条线；单击元素列表框中第一条线，在偏移编辑框中输入 1，同样设置第二、三、四平行线偏移距离分别为 0.5、－0.5、－1；在元素框中选择第二、四两条平行线；将线型变成 HIDDEN，颜色设置为红色；在填充颜色下拉列表框中选择绿色；封口框中将外弧的起点和端点复选框设为选中；点击“多线样式”对话框的“确定”按钮退出“多线样式”对话框。

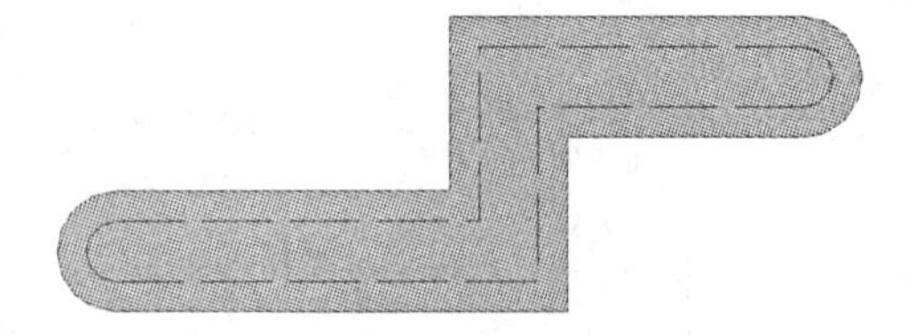

图 5-26 设置平行多线举例

5.6.2　编辑平行多线（MLEDIT）

MLEDIT 命令可以对平行多线的交接、断开、对象进行控制和编辑。由于平行多线是一个整体，除可以将其作为一个整体编辑外，对其特征只能用 MLEDIT 命令编辑。

1）激活方式

“修改”菜单：对象/多线（M）　　　命令行：MLEDIT

2）选项说明

启动 MLEDIT 命令，系统弹出图 5-27 所示的“多线编辑”对话框，它形象地表示了平行多线的编辑方式，单击相应的图像按钮即可实现相应编辑。

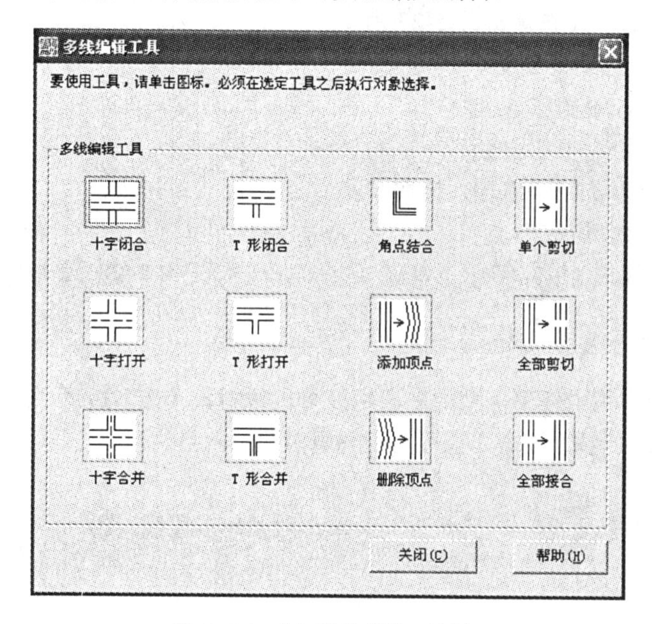

图 5-27　“多线编辑”对话框

- 十字闭合　在此交叉口中，第一个平行多线保持原状，第二个平行多线被修剪成与第一个平行多线分离的形状。
- 十字打开　在此交叉口中，第一个平行多线保持原状，第二个平行多线的外边的线被修剪到与第一个平行多线交叉的位置，其内的线保持原状。
- 十字合并　在此交叉口中，第一个平行多线和第二个平行多线的所有直线都修剪到交叉的部分。
- T 形闭和　第一个平行多线被修剪或延长到与第二个平行多线相接为止，第二个平行多线保持原状。
- T 形打开　第一个平行多线被修剪或延长到与第二个平行多线相接为止，第二个平行多线的最外部的线则被修剪到与第一个平行多线交叉的部分。
- T 形合并　第一平行多线修剪或延长到与第二个平行多线相接为止，第二个平行多线被修剪与第一个平行多线交叉的部分。
- 角点接合　可以为这两个平行多线生成一条角连线，这一点与使用 FILLET 命令生成单纯相交的半径为 0 的圆角过渡的操作相似。

- 添加顶点　它可以对一个有弯曲的平行多线产生与“Straightening out”相同的效果。
- 删除顶点　它可以删除平行多线的一个角顶。
- 单个剪切　通过两个拾取点引入平行多线中的一条线的可见间断。
- 全部剪切　通过两个拾取点引入平行多线的所有线上的可见间断。
- 全部接合　除去平行多线中在两个拾取点间的所有可见间断，注意它不能用来把两个单独的平行多线连接成一体。

3）命令举例

将图 5-28（a）所示的多线用十字打开选项修改成图 5-28（b）所示的图形，其操作步骤如下：

命令：MLEDIT↲　（在弹出图 5-27 所示的对话框中，单击十字打开图标）

选择第一条多线：　拾取 A 点

选择第二条多线：　拾取 B 点

选择第一条多线或 [放弃(U)]：拾取 C 点

选择第二条多线：拾取 D 点

选择第一条多线或 [放弃(U)]：　↲

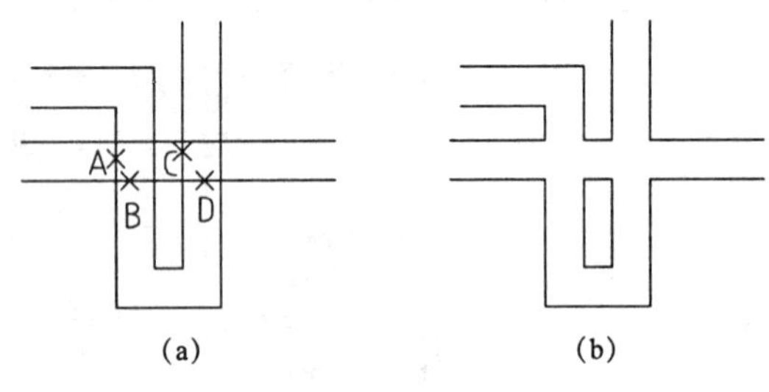

图 5–28　多线编辑举例

5.6.3　编辑多段线（PEDIT）

PEDIT 命令可以编辑任何类型的多段线及多段线对象（如多边形、四边形、圆环、填充对象、2D 或 3D 多段线），该命令也可用于编辑多边形网络。

1）激活方式

“修改Ⅱ”工具栏：　　“修改”菜单：对象▶多段线（P）

命令行：PEDIT

2）命令举例

用 LINE 和 ARC 命令采用对象捕捉方式绘制如图 5-29（a）所示的对象，用 PEDIT 命令修改其宽度为 2，结果如图 5-29（b）所示。其操作步骤如下：

命令：　PEDIT↲

PEDIT 选择多段线或 [多条(M)]：　拾取 A 点

选定的对象不是多段线。

是否将其转换为多段线? <Y>↲　　（转换为多段线）

输入选项 [闭合(C)/合并(J)/宽度(W)/编辑顶点(E)/拟合(F)/样条曲线(S)/非曲线化(D)/线型生成(L)/放弃(U)：J↲

选择对象：　（选择余下的 11 个对象，把 12 个对象变成一个多段线对象）

输入选项 [闭合(C)/合并(J)/宽度(W)/编辑顶点(E)/拟合(F)/样条曲线(S)/非曲线化(D)/线型生成(L)/放弃(U)：W↲

指定所有线段的新宽度：2↲

输入选项[闭合(C)/合并(J)/宽度(W)/编辑顶点(E)/拟合(F)/样条曲线(S)/非曲线化(D)/线型生成(L)/放弃(U)]：　↲

A

(a)

(b)

图 5–29　编辑多段线

5.6.4　合并对象（JOIN）

JOIN 命令可将直线、圆、椭圆、样条曲线等独立的线段合并为一个对象。

1）激活方式

“修改”工具栏：　　“修改”菜单：合并　　命令行：JOIN

2）命令举例

用 LINE 和 CIRCLE 命令绘制如图 5-30（a）所示的对象，用 JOIN 命令合并，结果如图 5-30（b）所示。其操作步骤如下：

命令：　JOIN↵

选择源对象：拾取 A 点

选择要合并到源的直线：拾取 B 点

选择要合并到源的直线：↵

命令：　JOIN↵

选择源对象：拾取 C 点

选择圆弧，以合并到源或进行[闭合(L)]：拾取 D 点

选择要合并到源的圆弧：↵

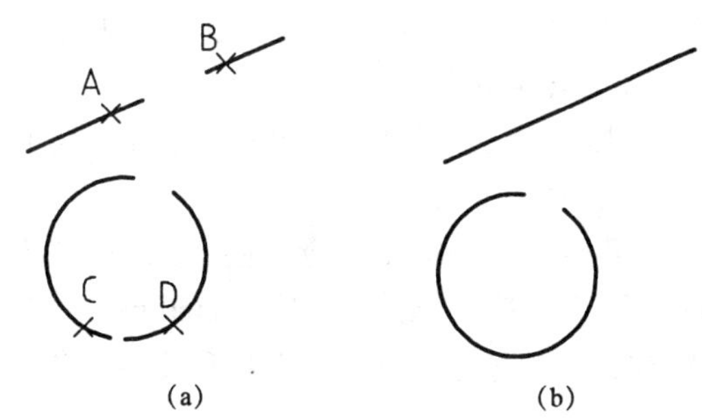

图 5-30　合并对象

5.7　复杂对象分解命令（EXPLODE）

EXPLODE 命令用于将复杂对象分解成若干基本对象。对于多段线则将其分解成单独的直线段和弧线段，分解后其宽度等信息将消失；对于图块，分解后形状不会变，但各部分可独立进行编辑和修改。

1）激活方式

“修改”工具栏：　　“修改”菜单：分解　　命令行：EXPLODE

2）命令举例

将图 5-31（a）所示的对象分解，其操作步骤如下：

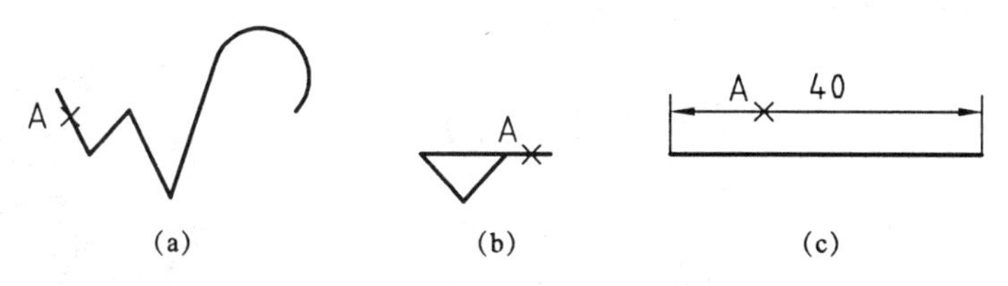

图 5-31　分解对象

命令：　EXPLODE↵

选择对象：　拾取 A 点

选择对象：　↵

5.8 对象特性编辑

用 MATCHPROP 和 PROPERTIES 这两个命令可对对象特性进行修改、编辑。

5.8.1 复制对象特性（MATCHPROP）

MATCHPROP 命令可把对象的特性（颜色、图层、线型、线宽、对象的厚度)以及对象的尺寸格式、文本类型、填充图案复制到另一对象上。

1）激活方式

“标准”工具栏：　　“修改”菜单：特性匹配　　命令行：MATCHPROP

2）命令举例

用 MATCHPROP 命令将图 5-32 (a) 所示圆的线宽（线宽为 2）和线型特性复制到图 5-32（b）所示的矩形（线宽为 0，Linetype 为 Continuous），结果图 5-32（b）所示的矩形变为如图 5-32（c）所示的图形，其操作步骤如下：

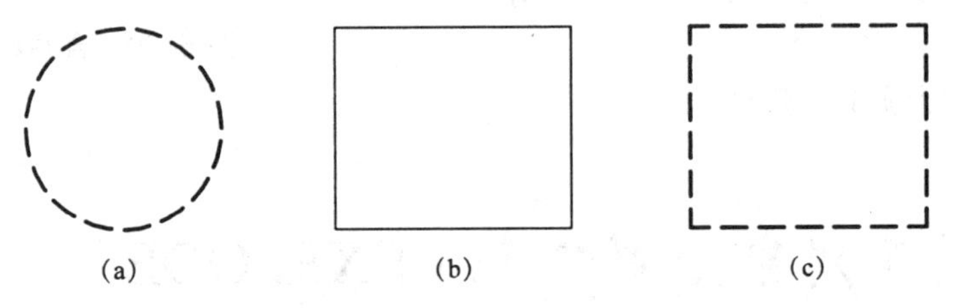

图 5-32　复制对象特性

命令：MATCHPROP↵

选择源对象：选择圆

当前活动设置：　颜色 图层 线型 线型比例 线宽 厚度 打印样式 文字 标注 填充图案多段线 视口 表格

选择目标对象或 [设置(S)]：S↵　　（设置复制特性，在系统弹出“特性设置”对话框中选择线宽、线型）

选择目标对象或 [设置(S)]：选择矩形　　（该命令一次可把源对象的特性复制到多个目标对象上）

5.8.2 编辑对象特性（PROPERTIES）

PROPERTIES 命令可打开如图 5-33 所示的“特性编辑”对话框。该对话框用于修改对象的颜色、图层、线型、线型比例、三维图形厚度等特性。PROPERTIES 命令受初始化命令前后所选取对象的控制。

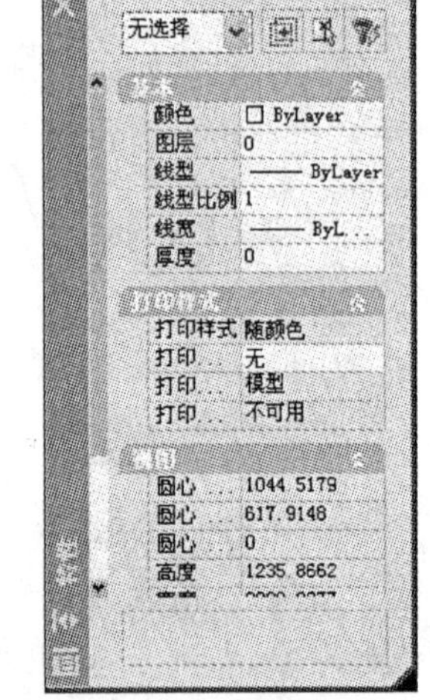

图 5-33　“特性编辑”对话框

1）激活方式

“标准”工具栏：　　“修改”菜单：特性

命令行：PROPERTIES

2）命令举例

用 LINE 命令画一个连续线、白色的任意图形，然后用 PROPERTIES 命令将其修改为中心线、红颜色的对象。其操作步骤如下：

命令：PROPERTIES ↵

选择对象：↵ （在弹出的特性对话框中点取“颜色”右边的下拉按钮，在颜色列表中选择绿色，点取特性对话框中“线型”右边的下拉按钮，在线型列表中选择中心线）

5.9 辅助编辑命令

本节主要解绍恢复、取消和重做等辅助编辑命令。

5.9.1 取消一次命令（U）

U 命令用于取消上一条命令的作用，并显示取消的命令名，U 是 UNDO 命令的快捷键，可多次输入 U 命令，一步一步地取消，直到出现需要的状态；但 U 命令不能取消 SAVE、SAVE AS 及 U 命令本身。

● 激活方式

“标准”工具栏： “编辑”菜单：放弃 命令行：U

5.9.2 取消命令（UNDO）

UNDO 命令用于取消上个命令或上组几个命令。

1）激活方式

“标准”工具栏： “编辑”菜单：放弃 命令行：U

2）选项说明

● 自动 显示提示：“[开(ON)/关(OFF)] <ON>:”，如果设置为 ON 时，则选用任意一个菜单后，无论它包含了多少个步骤，只要执行一次 UNDO 命令，则将最近一次 SAVE 之后的所有步骤一次性取消；当改为 OFF 时，只能逐个取消步骤。

● 后退 允许用户取消所有命令，启动该选项，AutoCAD 给出以下提示：“这将放弃所有的操作<Y>:”。如果想取消所有命令的作用，按回车，否则输入 N。

● 控制 该选项让用户确定启动 UNDO 命令中多少选项，可以禁止不需要的选项，键入“C”将出现提示：“全部（A）/无(N)/一个(O) <全部>:”。若选 ALL，有功能可使用；选 NONE 项，禁止 UNDO 命令和 U 命令的全部操作；若选 ONE 项，则 U 和 UNDO 命令按单步操作。

● 开始 设置命令组的开始点，输入一组命令后，再进入 UNDO 命令。

● 结束 设置命令的结束点，开始和结束配合工作将把一系列命令合为一组，成为 UNDO 命令的操作对象。END 命令可结束一个组，这样定义的一组命令使用 U 命令便可全部取消。

● 标记　设置一个标记点，此选项与后退选项一起工作，可在输入命令期间放置标记，用户通过标记选项可以取消从上一个标记开始的所有已执行的命令。

5.9.3　重做命令（REDO）

REDO 命令是 UNDO 或 U 的逆操作，用于重做 UNDO 或 U 命令取消了的操作，可在中间未插入其它操作的情况下，马上键入 REDO 命令来恢复 UNDO、U 命令的结果。

● 激活方式

"标准"工具栏：　　"编辑"菜单：重做　　命令行：REDO

5.10　夹点编辑

绘图和编辑是 AutoCAD 绘图的重要操作，用户常常要进行复制、拉伸、移动、镜像、缩放等编辑操作。除了应用前面介绍的编辑方法外，AutoCAD 还提供了夹点功能以方便用户快捷地编辑对象。

5.10.1　夹点的定义、位置

如果用户在未执行任何命令的情况下先选择要编辑的对象，即在"命令:"提示下直接用对象选择方式选择屏幕上的图形，则系统会自动在图形的端点、中点、圆心点等处出现若干带颜色的小框，这种小框就是夹点，如图 5-34 所示。

夹点有两种状态：热态和冷态。热态是被启动的夹点，该夹点呈高亮度显示；冷态是指未被启动的夹点，此时所有未被启动的夹点都是相同的颜色。当激活夹点后（热态），用户敲击"回车"键，则命令行会提示复制、拉伸、移动、镜像、缩放五个编辑操作，也可以单击鼠标右键弹出快捷菜单，选择以上五个编辑操作。

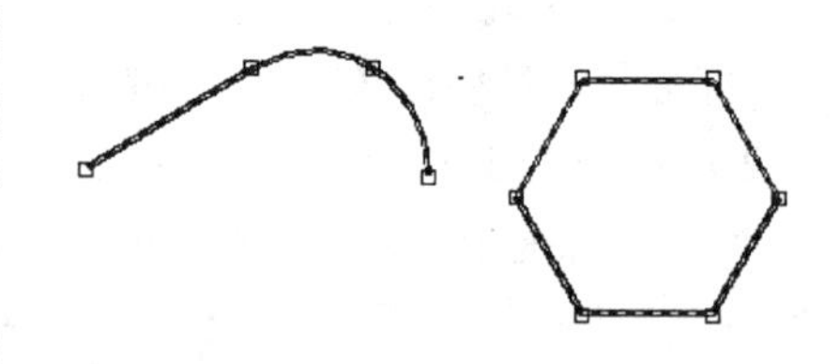

图 5-34　夹点编辑

5.10.2　夹点设置

在 AutoCAD2006 中，激活命令 DDGRIPS 将弹出如图 5-35 所示"选项"对话框的"选择"标签页。该标签页可设置是否可以使用夹点方式、控制夹点的颜色、移动滑块改变夹点框的大小。

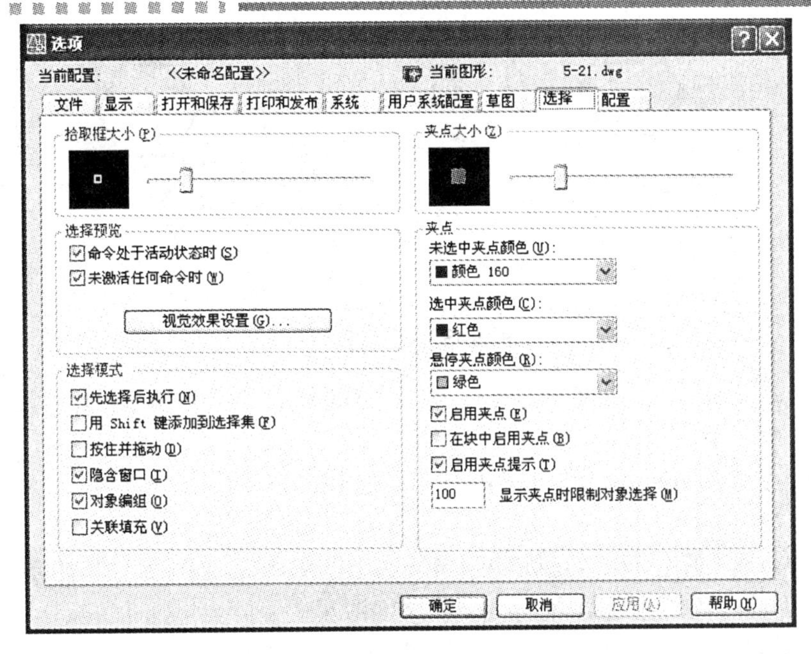

图 5-35 “选择”标签页中的夹点设置

- 启用夹点　控制在对象上建立夹点。缺省状态为该项打开，即可以使用夹点方式。
- 在块中启用夹点　控制图块中是否可以使用夹点方式。缺省为关闭，即只可显示图块的插入点处的夹点。
- 未选中夹点的颜色　控制冷夹点的颜色，缺省为蓝色。
- 选中夹点的颜色　控制热夹点的颜色，缺省为红色。
- 夹点大小　移动滑块可改变夹点框的大小。

设置“启用夹点”为打开状态，则夹点编辑方式即可使用，用户在屏幕上选择一个夹点后，按下鼠标右键，屏幕上将出现快捷菜单选择编辑方式。

5.10.3　夹点编辑方式及应用

1）夹点拉伸对象

利用夹点拉伸编辑方式将图 5-36 所示矩形平面的 B 点拉伸到 E 点，其操作步骤如下：当用户在没有命令输入时选择矩形对象建立夹点，并激活 B 处夹点，AutoCAD 在命令行给出如下操作提示：

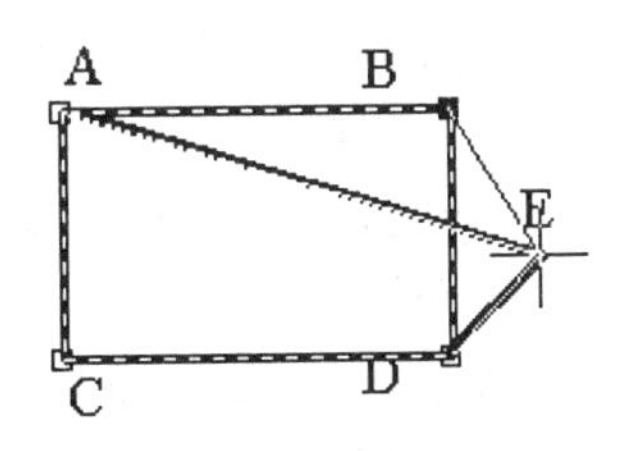

图 5-36　夹点拉伸

** 拉伸 **　（夹点拉伸方式）

指定拉伸点或 [基点（B）/复制(C)/放弃(U)/退出(X)]:　确定拉伸后的新位置 E 点

2）夹点移动

利用夹点移动功能将图 5-37 所示的六边形移动，其操作步骤如下：

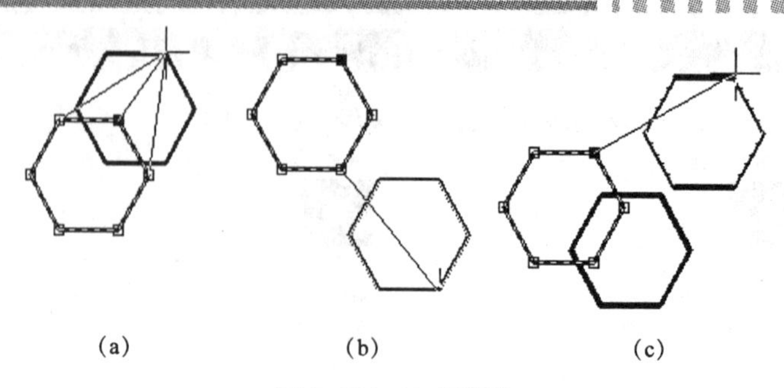

(a)　　(b)　　(c)

图 5-37　夹点移动

激活六边形上的夹点，如图 5-37（a）所示，AutoCAD 在命令行给出如下操作提示：

** 拉伸 **

指定拉伸点或 [基点（B）/复制(C)/放弃(U)/退出(X)]：↵　　（或输入“MO↵”）

** 移动 **

指定拉伸点或 [基点（B）/复制(C)/放弃(U)/退出(X)]：确定移动后的新位置点，移动六边形如图 5-37（b）、(c）所示。

3）夹点旋转

该方式可以控制相对于一个基准点旋转物体。如用其它方式旋转物体，可键入 RO 或者按下鼠标右键选取旋转选项。

利用“夹点旋转”编辑如图 5-38（a）中的矩形，旋转 30°。其操作步骤如下：

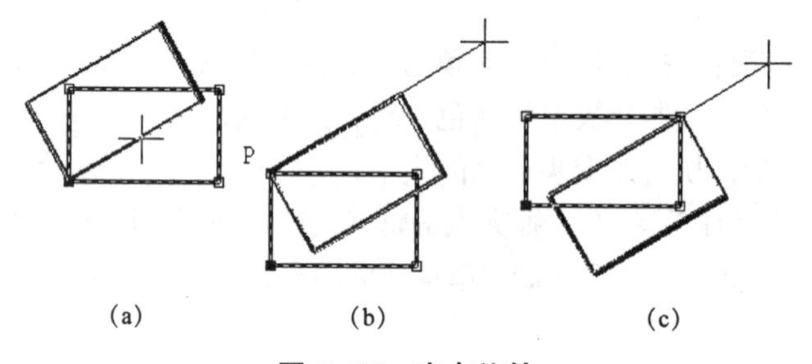

(a)　　(b)　　(c)

图 5-38　夹点旋转

建立并启动多段线的夹点，AutoCAD 在命令行给出如下操作提示：

** 拉伸 **

指定拉伸点或 [基点(B)/复制(C)/放弃(U)/退出(X)]：RO↵　（选择夹点编辑的旋转选项）

** 旋转 **

指定新角度或 [基点（B）/复制(C)/放弃(U)/参照(R)/退出(X)]：B↵

制定基点：拾取 P 点

指定新角度或 [基点（B）/复制(C)/放弃(U)/参照(R)/退出(X)]：30↵

4）夹点缩放

夹点缩放允许用户在 X、Y 轴方向等比例缩放所选择的对象目标。在夹点编辑方式中输入 SC 或单击鼠标右键，选择缩放选项，即启用夹点缩放方式：

** 比例缩放 **

指定比例因子或 [基点（B）/复制(C)/放弃(U)/参照(R)/退出(X)]：

例如，用夹点比例缩放方式将如图 5-39（a）所示图形放大一倍。其操作步骤如下：

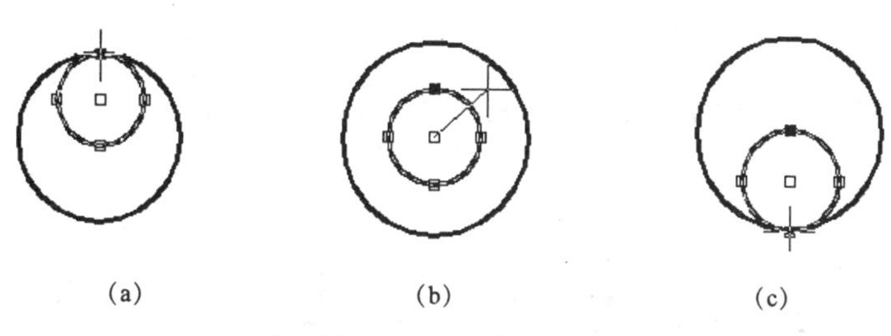
(a)　(b)　(c)

图 5-39　夹点缩放

建立并激活圆的象限点夹点如图 5-39（a）所示，AutoCAD 在命令行给出如下操作提示：

** 拉伸 **

指定拉伸点或 [基点(B)/复制(C)/放弃(U)/退出(X)]：SC↵　　(选择夹点比例缩放方式)

** 比例缩放 **

指定比例因子或 [基点(B)/复制(C)/放弃(U)/参照(R)/退出(X)]：2↵

5）夹点镜像

夹点镜像可以进行镜像线镜像、以指定基点及第二点镜像、复制镜像等编辑。

利用夹点镜像功能绘出如图 5-40 所示的图形，以 AB 为镜像线复制另一半，其操作步骤如下：

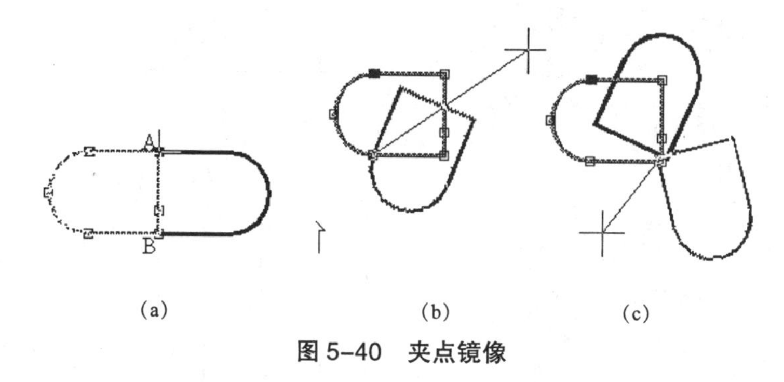

(a)　(b)　(c)

图 5-40　夹点镜像

建立并启动多段线的夹点，AutoCAD 在命令行给出如下操作提示：

** 拉伸 **

指定拉伸点或 [基点（B）/复制(C)/放弃(U)/退出(X)]：MI↵　　(选择夹点镜像方式)

** 镜像 **

指定第二点或 [基点（B）/复制(C)/放弃(U)/退出(X)]：拾取镜像线的第二点

“缺省”选项是以选择的热夹点为镜像线的第一点，再次点取的点为镜像线的第二点来镜像夹点所在的对象；“基点”是设置一个基点为镜像线的第一点，然后再选择一点作镜像线的第二点镜像夹点所在的对象；“复制”选项可镜像并复制生成的新的物体，如图 5-40（a）、(b)、(c）所示，如同时建立了多个夹点对象，则这些对象会同时被镜像。

习　　题

5-1　利用绘图和编辑命令绘制题 5-1 图 (a)、(b)、(c)、(d)、(e)、(f) (未注尺寸，尺寸自定)。

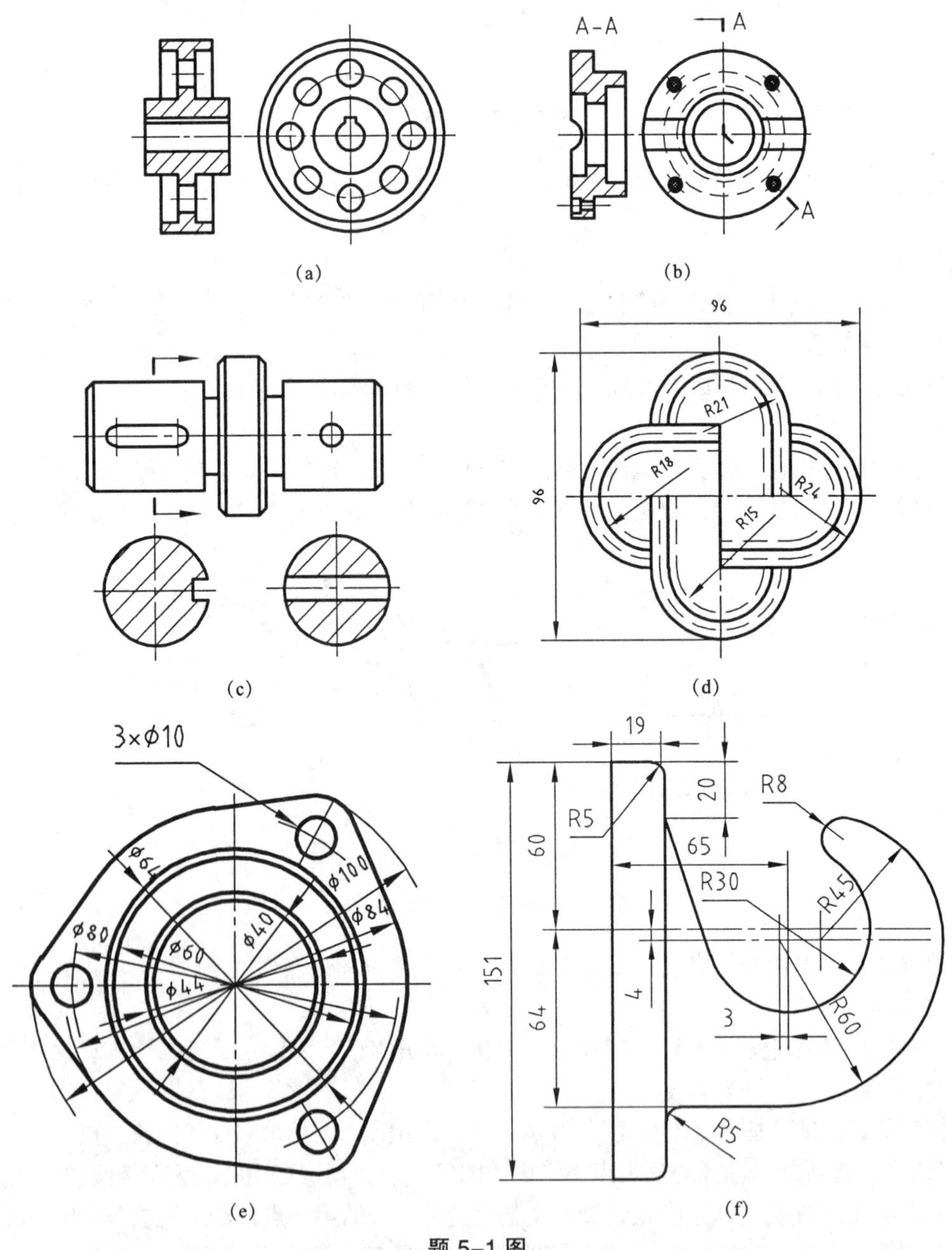

(a)　(b)　(c)　(d)　(e)　(f)

题 5-1 图

第 6 章　AutoCAD 的文字标注

在绘制工程图样时，经常需要给所绘制图形添加适当的文本说明，这样可以使图形内容更加清楚、明白，从而能更好、更完整地表达出设计意图。本章将着重介绍文本的字型设置、标注方式、修改方法及一些特殊符号的输入方式，使读者能自如地为图形作出各种形式的注释。

6.1　文字样式

标注文本之前，用户需要先定义一种符合要求的文字样式。文字的样式主要包括：文字的字体、字型和其它一些属性。

6.1.1　字体与字型

字体是指同一种文字的各种不同形体类型。例如，英文字体分成 Roman、Times New Roman、Complex、Italic 等字体类型；汉字字体分成楷体、宋体、黑体、姚体等字体类型。

字型是指具有字体、大小、倾斜度、文本方向等特性的文本样式。

6.1.2　设置字体与字型（STYLE）

“文字样式”命令用于创建、修改或设置命名文字样式。

1）激活方式

“格式”菜单：文字样式　　　　命令行：STYLE

2）选项说明

该命令激活后将弹出图 6-1 所示对话框。其中包括以下几项：

● 样式名区域　此区域用于显示文字样式名、添加新样式以及重命名和删除现有样式。列表中包括已定义的样式名并默认显示当前样式。要改变当前样式，可以从列表中选择另一个样式，或者选择“新建”来创建新样式。

样式名列表框——显示用户设置的所有样式。

“新建”按钮——单击此按钮后，将弹出“新建文字样式”对话框，如图 6-2 所示，用户可以默认系统所提供的样式名称，也可以重新命名。

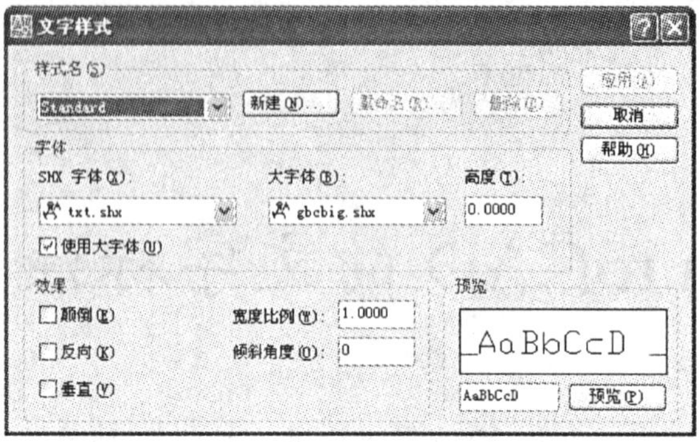

图 6-1 “文字样式”对话框

图 6-2 “新建文字样式”对话框

“重命名”按钮——单击此按钮后，将弹出“重命名文字样式”对话框，对话框形式与图 6-2 相同。输入新名称并选择“确定”后，就重命名了方框中所列出的样式。用户也可以用 RENAME 命令来修改现有的文字样式名，任何使用旧样式名的现有文字对象都将自动使用新名称。

“删除”按钮——从列表中删除一个已有的样式。注意：不能删除正在使用的样式。

● 字体区域　此区域用于修改或设置所选样式的字体。

字体名——包含系统（AutoCAD 操作系统和 Windows 系统）中所有字体类型。

使用大字体——指定亚洲语言的大字体文件。只有在“字体名”中指定 *.SHX 文件才可以使用“大字体”。注意：只有 *.SHX 文件可以创建“大字体”。

字体样式——指定字体格式，比如斜体、粗体或者常规字体。选定“使用大字体”后，该选项变为“大字体”，用于选择大字体文件。

高度——设置文字高度。当输入高度值为 0 时，每次创建单行文字时，AutoCAD 都要提示输入高度；当输入高度值不为 0 时，创建单行文字时，AutoCAD 不提示输入高度。

● 效果区域　此区域用于修改和设置字体的特性，如高度、宽度比例、倾斜角、倒置显示、反向或垂直对齐。

颠倒——倒置显示字符。

反向——反向显示字符。

垂直——指定字符按垂直方式显示。只有当选定的字体支持时，才可以使用“垂直”。

宽度比例——设置字符间距。输入值小于 1.0 时，文字宽度被压缩；输入值大于 1.0 时，文字宽度被扩大。

● 预览区域　此区域用于显示用户所设置样式的效果。

注意：用户在设置字体时，应遵循我国国家标准的要求。本书建议使用大字体（最好选择 gbenor.shx 和 gbcbig.shx 这两种字体）或仿宋_GB2312，字高可根据图形自行确定。

6.2 文字标注

字型设置完成后，用户就可以进行文本标注了。在 AutoCAD 2006 中，用户可以使用

TEXT、MTEXT 等命令进行文本标注。

6.2.1　输入文本（TEXT）

TEXT 命令主要用于输入单行文本，也可以输入若干行文字，但每行文字是一个独立的对象，用户可以单独对每行文字进行旋转、对正和大小调整。

1）*激活方式*

“文字”工具栏：A　　“绘图”菜单：文字→单行文字　　命令行：TEXT

2）*选项说明*

激活 TEXT 命令后，命令行将出现提示：“指定文字的起点或 [对正(J)/样式(S)]:”。其中：

对正 ——控制文字的放置方式。键入“J”，回车后，命令行将提示：“输入选项[对齐(A)/调整(F)/中心(C)/中间(M)/右(R)/左上(TL)/中上(TC)/右上(TR)/左中(ML)/正中(MC)/右中(MR)/左下(BL)/中下(BC)/右下(BR)]:”

对齐 ——用户指定一条基线，基线长度即是输入字符串的长度，输入文字以基线为下边缘进行排列，文字高度和方向由基线长度、方向及字符串长度确定，如图 6-3 所示。

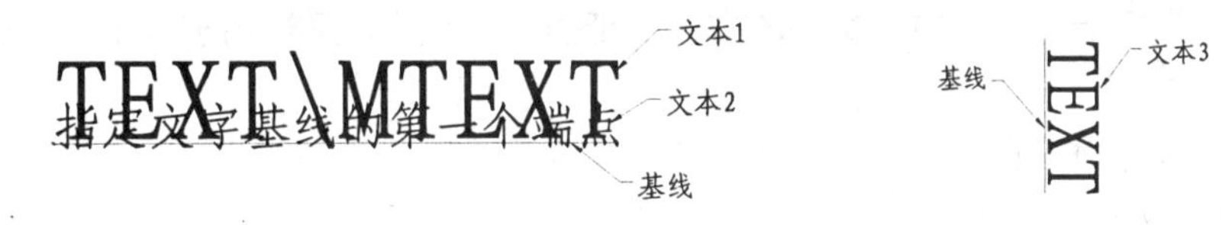

图 6–3　文字对齐

调整 ——指定文字按照基线方向排列，文字高度由用户指定，文字宽度随基线长度及字符串长度而变化，如图 6-4 所示。

图 6–4　文字调整

中心 ——用户指定基线，文字以基线的水平中心为准进行对齐，见图 6-5。

中间 ——用户指定一点，输入文字以此点作为中间位置进行对齐，见图 6-5。

右 ——用户指定一点，输入文字以此点作为最右位置进行对齐，见图 6-5。

图 6–5　各种对齐方式

左上 ——指定一点作为输入文字的左侧最高点对齐文字。适用于水平方向的文字，见图 6-5。

中上 ——指定一点作为输入文字的中间最高点对齐文字。适用于水平方向的文字，见图 6-5。

右上 ——指定一点作为输入文字的右侧最高点对齐文字。适用于水平方向的文字，见图 6-5。

左中 ——指定一点作为输入文字的左侧中心点对齐文字。适用于水平方向的文字，见图 6-5。

右中 ——指定一点作为输入文字的右侧中心点对齐文字。适用于水平方向的文字，见图 6-5。

正中 ——指定一点作为输入文字的中间中心点对齐文字。只适用于水平方向的文字，见图 6-5。“正中”选项与“中间”选项不同，“正中”选项使用大写字母高度的中点，而“中间”选项使用的中点是所有文字包括下行文字在内的中点。

左下 ——指定一点作为输入文字的左侧最低点对齐文字。适用于水平方向的文字，见图 6-5。

中下 ——指定一点作为输入文字的中间最低点对齐文字。适用于水平方向的文字，见图 6-5。

右下 ——指定一点作为输入文字的右侧最低点对齐文字。只适用于水平方向的文字，见图 6-5。

样式 ——选择用户在上一节中所建立的文字样式。

3）命令举例

输入图 6-6 所示的文本，操作如下：

序号	图 号	名 称	数量	材 料	备 注

图 6–6 输入文本

命令：TEXT↵

当前文字样式：机械 当前文字高度：3.5000 （样式名称可以由用户自己在“STYLE”对话框中确定）

指定文字的起点或 [对正(J)/样式(S)]：J↵

输入选项 [对齐(A)/调整(F)/中心(C)/中间(M)/右(R)/左上(TL)/中上(TC)/右上(TR)/左中(ML)/正中(MC)/右中(MR)/左下(BL)/中下(BC)/右下(BR)]：M↵ （选择中间方式对齐）

指定文字的中间点：拾取第一个方框的中间点

指定高度 <3.5000>： ↵ （默认文字高度）

指定文字的旋转角度 <0>：↵ （默认文字旋转角度）

输入文字：序号↵ （输入文字）

输入文字： ↵ （结束输入，完成命令）

命令：TEXT↵

当前文字样式：机械 当前文字高度：3.5000

指定文字的起点或 [对正(J)/样式(S)]：J

输入选项 [对齐(A)/调整(F)/中心(C)/中间(M)/右(R)/左上(TL)/中上(TC)/右上(TR)/左中

(ML)/正中(MC)/右中(MR)/左下(BL)/中下(BC)/右下(BR)]：BR↵　　（选择右下方式对齐）

指定文字的右下点：

指定高度 <3.5000>：↵　　（默认文字高度）

指定文字的旋转角度 <0>：↵　　（默认文字旋转角度）

输入文字：图　号↵　　（输入文字）

输入文字：↵　　（结束输入，完成命令）

用同样方法完成后面文字的输入。

6.2.2　字段（FIELD）

FIELD 命令用于创建含有规定格式的文字段落，如日期、作者、注释等。

1）激活方式

“插入”菜单：字段　　命令行：FIELD

快捷菜单：在任意文字命令处于活动状态时，单击鼠标右键，然后单击“插入字段”

2）选项说明

用户激活该命令后，将弹出图 6-7 所示的对话框，该对话框中可用的选项会随字段类别和字段名称的变化而变化。下面就对该对话框的使用作简要介绍。

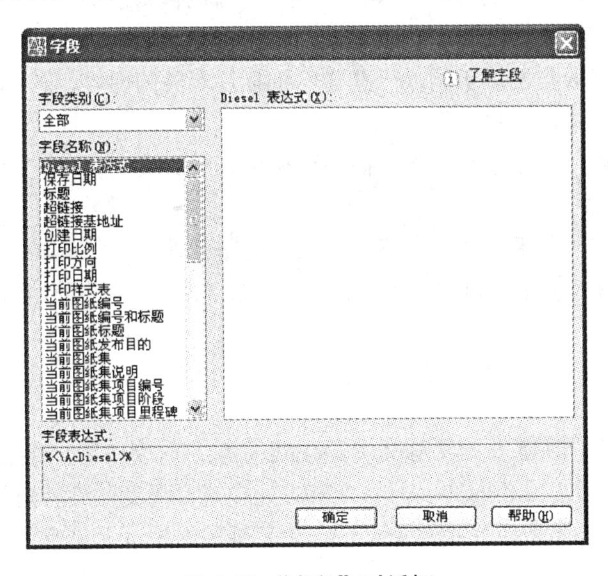

图 6–7　“字段”对话框

AutoCAD 为用户提供了七种类型的段落格式。当用户选择不同的字段类型时，对话框的内容会相应改变。

● 打印　当选择“打印”字段类别时，用户可以将“打印比例”、“打印方向”、“打印日期”等内容插入到当前的文件中。具体的书写形式可以在相应的对话框中进行选择。

● 对象　“对象”字段类别共包含四种字段名称，如图 6-8 所示。其中：

对象——当选择此字段名称时，用户可以在绘图区域中选择一个文本，字段对话框将显示该文本所包含的状态特性。

公式 ——当选择此字段名称时，用户可以对图形中的表格数据进行统计、计算，作用类似于 OFFICE EXCEL 软件的某些统计、计算功能。

块占位符 ——只有当“块编辑器”处于打开状态时，此功能才能使用。它用于显示块的名称及参照特性。

命名对象 ——当选择此字段名称时，用户可以查阅已设定好的格式名称，如标注样式的名称、图块的名称、文字样式的名称等。

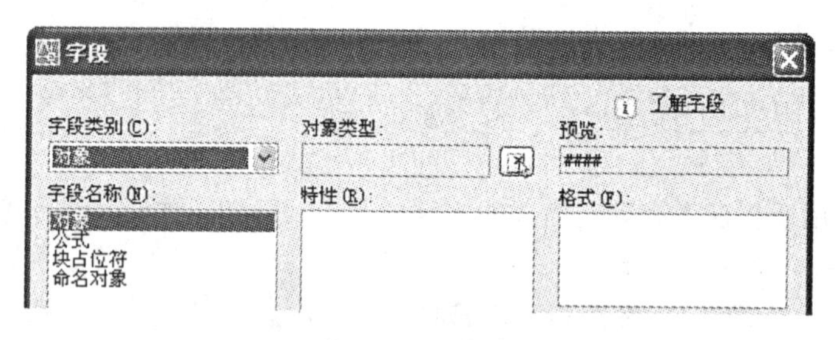

图 6-8 “字段”对话框中的“对象”

● 其他 “其他”字段类别包含“DIESEL 表达式”和“系统变量”两个字段名称，显示其中所包含的内容和状态信息。

● 日期和时间 “日期和时间”字段类别包含“保存日期”、“打印日期”、“创建日期”和“日期”四个字段名称，用户可以根据自己的需求进行选择。

● 图纸集 该字段类别用于插入一些与图纸标注有关的内容，如“当前图纸标题”、“当前图纸目录”、“当前图纸说明”等内容。

● 文档 该字段用于插入一些与当前图形文件相关的文字，如“文件名”、“主题”、“作者”等内容。

● 已链接 该字段用于插入图形中链接内容的路径地址。

用户可以根据需求选择不同的字段形式插入到文件中，以满足作图的需要。

6.2.3 输入文本（MTEXT）

MTEXT 命令用于创建多行段落文本。段落文本的宽度由用户根据需要自行定义。用 MTEXT 命令还可以指定段落内文字的对正方式、样式、高度、旋转角度、宽度、颜色、间距及其它文字属性。每个多行文字对象都是一个单独的对象（无论它包含多少行）。

1）激活方式

“绘图”工具栏：A　　“绘图”菜单：文字→多行文字　　命令行：MTEXT

2）选项说明

当用户指定了段落文本宽度后，将弹出图 6-9 所示的工具栏。

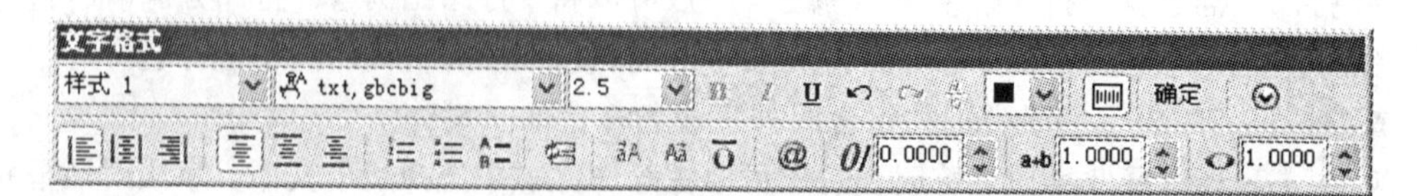

图 6-9 “文字格式”工具栏

● “文字格式”工具栏　此工具栏用于控制多行文字对象的文字样式及选定文字的字符格式。其中:

样式 ——选择已定义完成的文字样式用于当前的多行文本。

字体 ——为当前多行文本指定一种新的字体。

字体高度 ——按图形单位设置新文字的字符高度或修改选定文字的高度。

B 按钮 ——为新输入的文字或选定的文字打开或关闭粗体格式。此选项仅适用于使用 TrueType 字体的字符。

I 按钮 ——为新输入的文字或选定的文字打开或关闭斜体格式。此选项仅适用于使用 TrueType 字体的字符。

U 按钮 ——为新输入的文字或选定的文字打开或关闭下划线格式。

↶ 按钮 ——撤销最后的编辑操作，包括对文字内容或文字格式的更改。

a/b 按钮 ——为选定的文字打开或关闭堆叠格式。要创建堆叠文字，必须在要堆叠的字符间使用插入符（^)、斜杠（/）或磅符号（#)。这个字符左边的文字将被堆叠到右边文字的上面。使用时，用户先选择要堆叠的文字，然后单击“堆叠”按钮即可。

文字颜色 ——为新输入的文字指定颜色或修改选定文字的颜色。

“标尺”按钮 ——选择是否在文字编辑器顶部显示标尺。拖动标尺右侧箭头可以改变编辑器的宽度；拖动标尺左上方箭头可以改变多行文字第一排的书写位置；拖动标尺左下方箭头可以改变整个多行文字的书写位置。

“确定”按钮 ——完成文本输入，结束命令，并保存现有设置。

左对齐、居中对齐、右对齐 ——设置左右文字边界的对正和对齐方式，即文字水平方向上的布置形式。

顶部、中间、底部 ——设置顶部和底部文字边界的对正和对齐方式，即文字竖直方向上的布置形式。

编号/项目符号/大写字母 ——使用编号、项目符号或大写字母创建带有句点的列表。

插入字段 ——显示“字段”对话框，用户可以从这个对话框中选择要插入到文字中的字段（“字段”对话框的使用方法请参看前面的内容)。

大/小写转换 ——将字母全部转化为大写或小写。

插入符号 ——在光标位置插入格式需要的特殊符号。

追踪 ——增大或减小选定字符间的间距。

宽度比例 ——扩展或收缩所选字符的高宽比例。

● ⊙ 选项菜单　用于控制“文字格式”工具栏的显示，并提供其它一些文本编辑选项。

显示工具 ——这是一个开关控制。选择它即显示“文字格式”工具栏；不选择它即不显示“文字格式”工具栏。关闭 “文字格式”工具栏后，如果需要恢复显示“文字格式”工具栏，则在文本编辑器中单击鼠标右键，然后选择“显示工具栏”。

显示选项 ——控制是否显示文本书写格式选项，如对齐方式、编号、宽度比例等内容。

不透明背景 ——用于控制是否需要为文本增加不透明的背景。注意:“表格单元”对象不能使用这一功能。

输入文字 ——选择已经书写好的文字插入到当前文本中。所选择的文本只能是以 txt 或 rtf 格式保存的文件。

缩进和制表位 ——打开“缩进和制表位”对话框，设置文本的书写格式。

项目符号和列表 ——显示用于创建列表的选项（表格单元不能使用此选项）。

关闭 ——如果选中此选项，将从应用列表格式的选定文字中删除字母、数字和项目符号。注意：此选项不能修改缩进状态。

以字母标记 ——用带有句点的字母来列表，表示不同的项目。如果列表含有的项多于字母中含有的字母，可以使用双字母继续序列。

以数字标记 ——用带有句点的数字进行列表，表示不同的项目。

以项目符号标记 ——用黑圆点作为项目符号进行列表，表示不同的项目。

重新启动 ——在列表格式中启动新的字母或数字序列。 如果选定的项位于列表中间，则选定项下面的未选中的项也将成为新列表的一部分。

继续 ——将选定的段落添加到上面最后一个列表然后继续序列。 如果选择了列表项而非段落，选定项下面的未选中的项将继续序列。

允许自动列表 ——用键盘输入的方式确定项目符号进行列表。以下字符可以用作字母和数字后的标点，但不能用作项目符号：句点（.）、逗号（,）、右括号（)）、右尖括号（>）、右方括号（]）和右花括号（}）。

仅使用制表位分隔符 ——限制“允许自动列表”和“允许项目符号和列表”选项。仅当字母、数字或项目符号字符后的空格通过按 TAB 键而不是空格键创建时，列表格式才会应用于文字。此选项可以防止发生意外结果。

背景遮罩 ——为使复杂图形中的文字能够清晰地显示出来，可以为文字添加背景。背景的颜色和宽度可以通过图 6-10 所示的对话框进行设置。

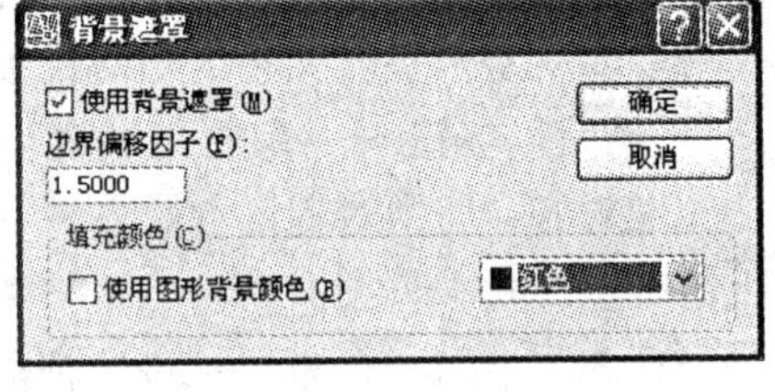

图 6–10　添加背景

3）命令举例

用 MTEXT 命令输入下段文字：

先看主要部分，后看次要部分；先看容易确定的部分，后看难于确定的部分；先看整体形状，后看细节形状。

命令：MTEXT ↵

当前文字样式："机械"　　当前文字高度：3.5

指定第一角点：拾取点　　（在屏幕上拾取多行文本框左上角点）

指定对角点或 [高度(H)/对正(J)/行距(L)/旋转(R)/样式(S)/宽度(W)]：拾取点　　（拾取多行文本框右下角点，确定文本框宽度，同时屏幕弹出图 6-9 所示对话框，用户可以根据上面的讲述内容进行操作，最后输入上段文字，完成多行文本输入）

6.3　插入表格（TABLE）

TABLE 命令用于在图形文件中插入数据表格。

1）激活方式

“绘图”工具栏：　　“绘图”菜单：表格　　命令行：TABLE

2）选项说明

激活该命令后，将会打开“插入表格”对话框，如图 6-11 所示。

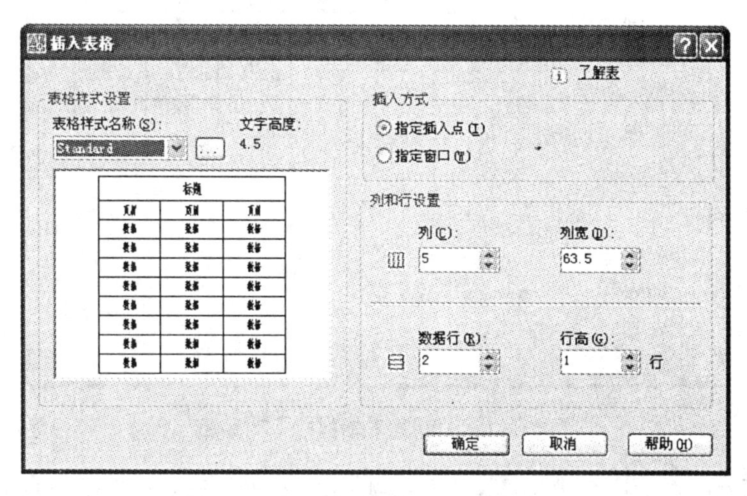

图 6–11　“插入表格”对话框

● 表格样式设置　用于设置表格的外观形式。

表格样式名称——默认名称为 STANDARD。如果需要建立新的名称或表格书写形式，单击　按钮，打开“表格样式”对话框，如图 6-12 所示，进行重新设置。

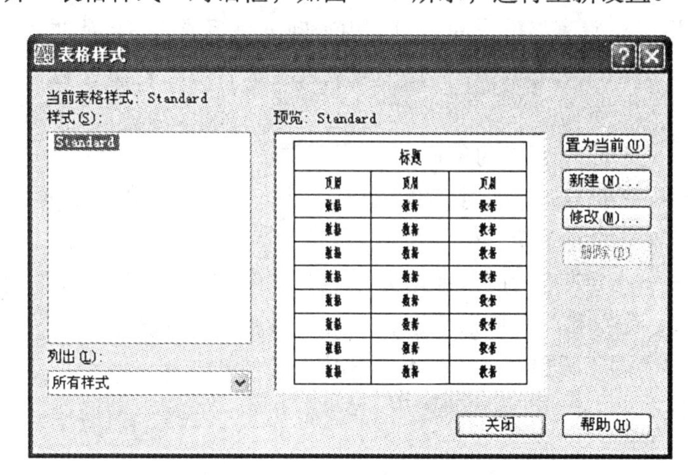

图 6–12　“表格样式”对话框

下面介绍图 6-12 所示对话框中的三个设置按钮：

“置为当前”——将选择的表格形式设定为当前使用的表格。

“新建”——建立一种新的表格样式。选择此项后，将打开一个“创建表格样式”对话框，用户在这个对话框中输入新的样式名称后就可以进行设置。

“修改”——对原有表格形式进行修改，使其更符合现在的需要。单击此按钮后，将会打开图 6-13 所示的“新建表格样式”对话框。

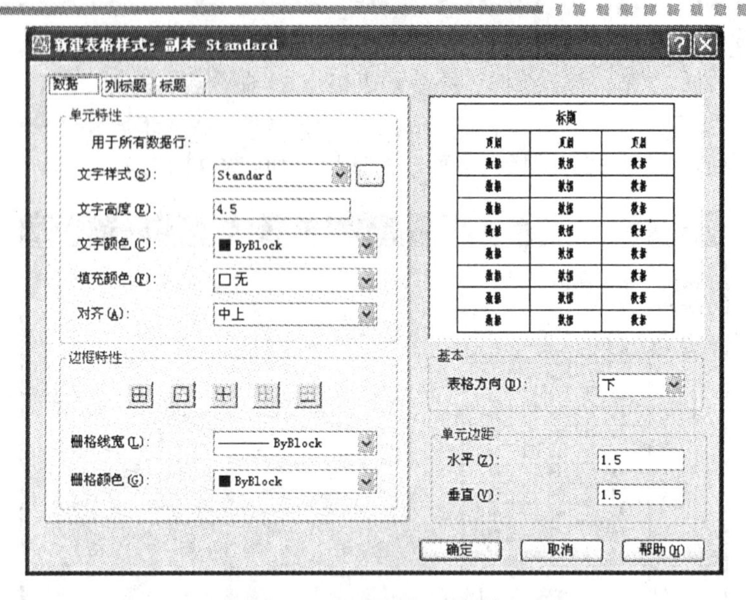

图 6-13 “新建表格样式”对话框

图 6-13 所示的对话框有“数据”、“列标题”和“标题”三个标签页，分别用于设置不同的表格内容，但三个标签页的内容是一样的，下面就其中一个标签页的内容作简要介绍：

“单元特性”——用于设置表格中文字的样式、字高、文字颜色、填充颜色和文字对齐方式等内容。

“边框特性”——用于设置表格中栅格线的颜色与线宽。

“基本”——用于设置表格的书写方向，由上向下书写或由下向上书写。

“单元边距”——用于设置表格中数据书写位置与单元格之间在水平和竖直两个方向上的距离。

● 插入方式　用于指定列表的位置。

“指定插入点”——指定表格左上角的位置。如果表格样式设置为表格的书写方向由下而上，则插入点位于表格的左下角。

“指定窗口”——指定表格的大小和位置。使用“窗口”方式确定表格的大小，选定此选项时，行数、列数、列宽和行高取决于窗口的大小以及列和行设置。

● 列和行设置　用于设置列和行的数量和大小。

“列”——指定列数。选定“指定窗口”选项并指定列宽时，则选定了“自动”选项，且列数由表格的宽度控制。

“列宽”——指定列的宽度。选定“指定窗口”选项并指定列数时，则选定了“自动”选项，且列宽由表格的宽度控制。最小列宽为一个字符。

“数据行”指定行数。选定“指定窗口”选项并指定行高时，则选定了“自动”选项，且行数由表格的高度控制。带有标题行和表格头行的表格样式最少应有三行。最小行高为一行。

“行高”——按照文字行高指定表格的行高。文字行高基于文字高度和单元边距，这两项均在表格样式中设置。选定“指定窗口”选项并指定行数时，则选定了“自动”选项，且行高由表格的高度控制。

3）命令举例

插入如图 6-14 所示的表格。

齿轮参数		
压力角	α	20°
精度等级		级8-Dc
轴向齿距偏差	$\frac{\Delta st}{\Delta xt}$	
齿形公差	S_j	0.036
螺牙径向跳动公差	Se	0.028
齿台蜗轮号		7006

图 6–14　插入表格举例

命令：　TABLE ↵

激活命令后，将打开图 6-11 所示的对话框。在此对话框中选择所需要的表格样式（如没有建立，应建立表格样式），“插入方式”选择“指定窗口”，列和行分别为 3 和 5。因为表格第一行为页眉，如果没有页眉，可以直接把这一行当作数据行使用，所以行数为 5。

指定第一角点：　拾取点　　　（在屏幕上指定表格的第一角点位置。）

指定第二角点：@100,32　　　（输入表格的外框大小，从而确定每个分格的尺寸。尺寸确定后，将直接打开“文字格式”工具栏，如图 6-9 所示，接下来就是依次按表格的内容输入文字，结束表格的制作。如果表格内容输入有错误，或者需要改动，可以直接双击鼠标左键，再次打开“文字格式”工具栏进行修改）

6.4　特殊符号的输入

在实际绘图过程中，往往需要标注一些特殊符号，如表示圆孔直径的符号、角度符号、公差正负号及百分号等。这些特殊符号不能直接从键盘上输入。AutoCAD 为输入这些特殊符号提供了简捷的控制码，用户可以通过这些控制码直接从键盘上输入所需要的特殊符号，具体的操作方法如表 6-1 所示。

表 6–1　特殊符号控制码

控　制　码	相　应　的　特　殊　符　号
%%O	文字上划线功能
%%U	文字下划线功能
%%D	角度符号（°）
%%P	正负号、尺寸公差符号（±）
%%C	直径符号
%%%	百分比符号（%）

6.5 文本内容的编辑与修改

文本输入完成后，往往需要进行局部修改、补充，或检查文本的正确性。用户可以使用 DDEDIT、QTEXT、SPELL 等命令来完成上述操作。

6.5.1 文本编辑命令（DDEDIT）

1）激活方式

“文字”工具栏：　　命令行：DDEDIT

快捷菜单：选择需要编辑的文字对象，在绘图区域中单击右键，然后根据所选文字对象的种类，选择“编辑多行文字”或“编辑文字”。

2）命令举例

修改图 6-15（a）中的文字，结果如图 6-15（b）所示。

工程图例是工程界地共同语言　　工程图样是工程界的共同语言

(a)　　(b)

图 6-15　文字修改

命令：DDEDIT↵

选择注释对象或 [放弃(U)]：选择需要编辑的文字，单击右键，在弹出的“文字编辑器”中编辑

选择注释对象或 [放弃(U)]：↵　　（直接回车，完成编辑）

6.5.2 快速显示文本命令（QTEXT）

QTEXT 命令用于控制文字和属性对象的显示方式。如果打开了 QTEXT，则 AutoCAD 将每一个文字和属性对象都显示为文字对象周围的边框。如果图形包含有大量文字对象，打开 QTEXT 模式可减少 AutoCAD 重画和重生成图形的时间。

1）激活方式

命令行：QTEXT

2）命令举例

快速显示图 6-16 所示的文本。

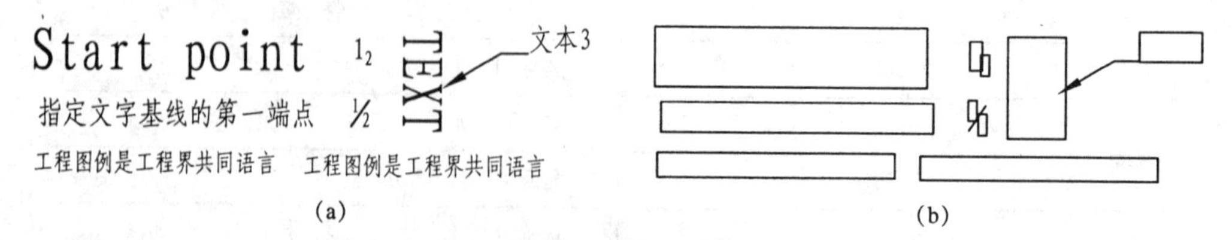

图 6-16　快速显示文本

命令：QTEXT↵

输入模式 [开(ON) / 关(OFF)] <开>：ON↲　　（打开快速显示模式）

命令：REGEN↲　　（重生成模型，完成操作，加快图形显示速度）

6.5.3　拼写检查命令（SPELL）

SPELL 命令用于更正由 TEXT、MTEXT、LEADER 和 ATTDEF 创建的文字对象中的拼写错误。只有当 AutoCAD 在指定的文本中发现书写错误或未知的词语时，才自动显示“拼写检查”对话框。

1）**激活方式**

“工具”菜单：拼写检查　　命令行：SPELL

2）**选项说明**

用户选择了需要检查的文字后，将弹出图 6-17（a）所示的对话框。

- 当前词典　显示正用于拼写检查的词典。
- 当前词语　显示用户所选择的需要检查的词语。
- 建议　显示当前词典中建议的或用户自行输入的替换词的列表。
- “忽略”/“全部忽略”　跳过当前词语或所有与当前词语相同的词语。
- “修改”/“全部修改”　用“建议”框中的词语替换当前词语或替换选定文本对象中所有与当前词语相同的词语。
- “添加”　将当前词语添加到当前自定义词典中。词语的最大长度为 63 个字符。
- “查找”　列出与在“建议”中选定的词相类似的词语。
- 上下文　显示所选文字在整个文本中所处的位置。
- “修改词典”　单击此按钮后，将弹出图 6-17（b）所示的对话框。其中：

主词典——显示一系列不同语言的词典，从中可以选择不同的主词典。该词典与自定义辞典一起使用。

自定义词典——显示当前自定义词典名。用户可单击“浏览”按钮打开“自定义词典”对话框，在对话框中选择需要的词典。

“添加”——将输入框中的词语添加到当前自定义词典。最大长度为 63 个字符。

“删除”——删除输入该框内的或从自定义词典中选定的词语。

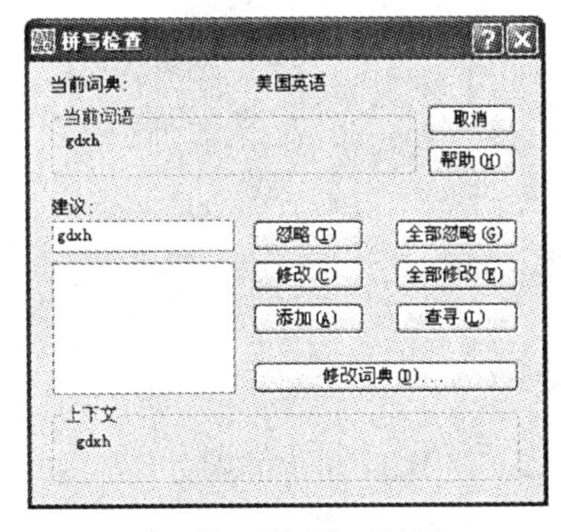

（a）“拼写检查”对话框

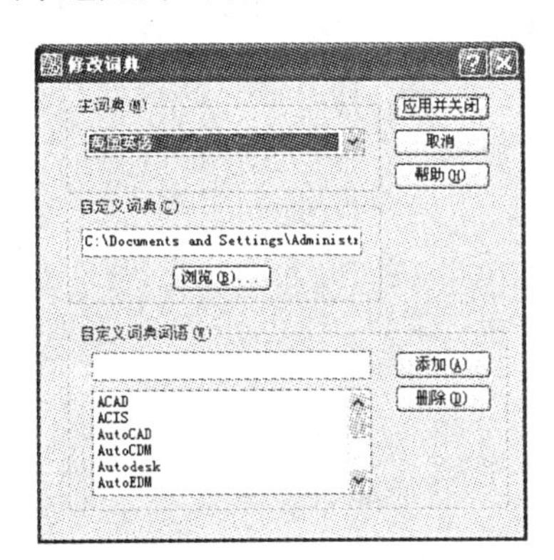

（b）修改词典对话框

图 6-17　拼写检查和修改词典

6.5.4　缩放文字（SCALETEXT）

SCALETEXT 命令用于放大或缩小文字对象，但不改变它们的位置。

1）激活方式

“文字”工具栏：[A]　　“修改”菜单：对象/文字/比例　　命令行：SCALETEXT

2）选项说明

当用户选择了需要缩放的文字对象后，命令行将提示：“输入缩放的基点选项[现有(E)/左(L)/中心(C)/中间(M)/右(R)/左上(TL)/中上(TC)/右上(TR)/左中(ML)/正中(MC)/右中(MR)/左下(BL)/中下(BC)/右下(BR)] <左>”（此方式在 TEXT 命令的对正方式中有详细介绍，请参阅前面的内容），缩放基点确定后，将继续提示：“指定新高度或 [匹配对象(M)/缩放比例(S)] <3>”，其中“匹配对象”是指缩放最初选定的文字对象以便使选定的文字对象大小一致。

习　　题

6-1　怎样设置符合要求的文字样式?

6-2　简述各种文字对齐方式的使用方法。

6-3　简述单行文本输入与多行文本输入的异同点。

6-4　简述“字段”命令的使用方法。

6-5　简述怎样运用“插入表格”命令创建一个表格。

第 7 章　图块与属性

在一幅图中常常会有许多同类型的图形符号。例如，建筑户型图中，客厅有沙发、电视、茶几等图形符号；卫生间有浴缸、洗面盆、坐便器等图形符号。由于每种图形符号均由若干线段对象构成，我们可以预先画出构成该图形符号的若干对象，然后将它们定义成一个图块，并取名保存，在以后的绘图过程中我们可以根据图块名随时调用这个图块，并对其进行整体性的操作。

一个图块除自身的几何形状外，还包含很多参数和相关的文字说明信息，例如，一个零件有规格、型号、材料等参数，一个表面粗糙度符号有具体的粗糙度值。系统将图块所含的附加信息称为属性，如规格属性、型号属性；而具体的信息内容则称为属性值。如粗糙度为 3.2，则 3.2 就是具体的属性值。属性是图块的附属物，它必须依赖于图块而存在，没有图块就没有属性。

图块的运用是 AutoCAD 的一项重要功能。图形中出现频率比较高的图形符号，我们只需要绘制一次，将其定义成图块后就一劳永逸，以后在图形中出现同类图形符号则直接插入即可，这样既提高了绘图效率，又使图形统一规范；而且当图形中的某一类符号需要统一修改时，还可以利用图块的重定义功能快速实现。

将常用的图形符号定义成图块，并分类保存在同一文件夹下的不同的子文件夹里，例如，将建筑图中常用的符号绘制并定义成图块保存在一个子文件夹中；将机械图中常用的符号绘制并定义成图块保存在另一子文件夹中，这样就形成了不同的图库。在 AutoCAD2006 中也分类提供了一些常用的图块。

本章主要学习图块和属性的定义、调用和编辑。

7.1　图块的定义

图块的定义就是将图形中的一个或多个独立的实体定义为一个整体，并定名保存。在以后的图形绘制和编辑过程中，系统将其视为一个特殊的实体在图形中进行调用和整体性编辑（如选择其中任意一个组成实体，则图块的所有组成实体都被选取）。图块分为内部块和外部块两类。

本节学习如何运用 BLOCK/BMAKE、WBLOCK 命令定义内部块和外部块。

7.1.1　内部块（BLOCK）

1）激活方式

“绘图”菜单：▶块▶创建…　　工具栏：　　命令行：BLOCK/BMAKE（B）

2）命令说明

命令 BLOCK/BMAKE 定义的图块只能在定义图块的图形文件中调用，而不能被其它图形文件调用，因此用命令 BLOCK/BMAKE 定义的图块被称为内部块。激活命令 BLOCK/BMAKE 后，系统将弹出如图 7-1 所示的对话框。

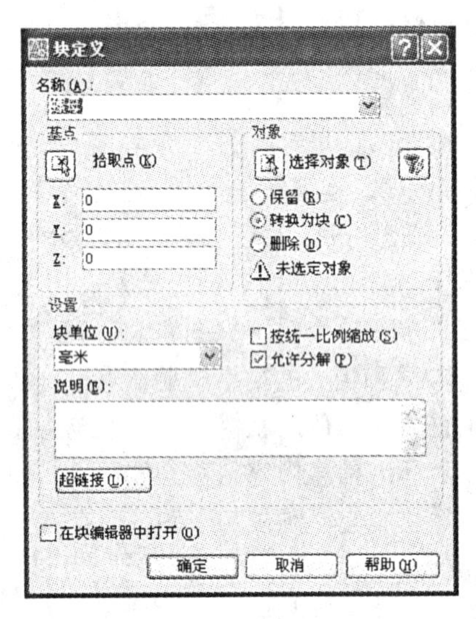

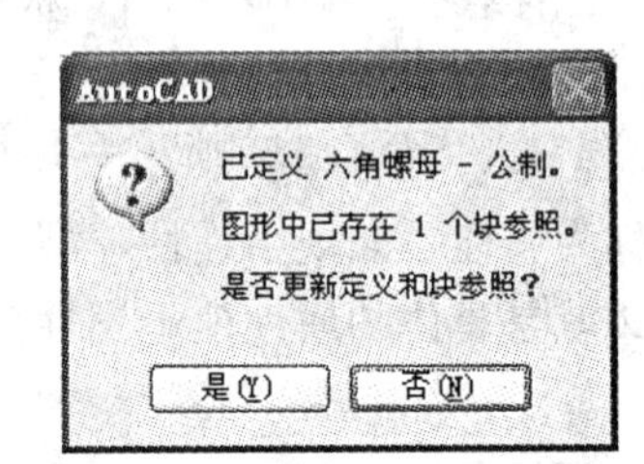

图 7–1　“块定义”对话框

● 名称　该框用于输入欲定义的图块名。该下拉列表框中列出了图形中已存在的所有图块的名称。如果用户输入的图块名是列表框中已有的块名，则用户单击“确定”按钮时，系统将提示“该图块已定义，是否重新定义它”。块名最长可达 255 个字符，可以包括字母、数字、空格以及 Windows 和 AutoCAD 没有用作其他用途的特殊字符。

● 基点　用于指定图块的插入基点，也就是插入图块时的定位参考点。有两种方式：

（拾取点按钮）—— 该方式指定采用鼠标在绘图屏幕上拾取一点作为图块的插入基点。点取该按钮后，对话框暂时消失，显示绘图区，此时用户可在屏幕上拾取一点作为插入基点。拾取操作结束后，对话框重新弹出。

X、Y、Z（坐标）—— 该方式直接在对应的输入框中输入插入基点的坐标。若用户采用鼠标点取方式确定基点，则 X、Y、Z 框中将显示该基点的 X、Y、Z 坐标值。

● 对象　该区域用于确定组成图块的实体。包括如下内容：

（选取对象按钮）——该按钮用于选取组成块的实体，点取该按钮后对话框暂时消失，等待用户在屏幕上用目标选取方式选取欲组成块的实体。实体选取操作结束后，系统自动回到对话框状态。

（快速选取按钮）——该按钮用于显示快速选取对话框，该对话框可定义选择集。

保留——点取该单选项，生成块后原选取实体仍保留为相互独立的单个实体。

转换为块——点取该项，生成块后原选取实体转变成块。选择该选项，原来图形中选择的实体具有整体性，不能对其组成目标用普通命令编辑。

删除——点取该单选项，生成块后原选取实体被消除。

● 设置　该区域决定是否设置一个随块定义保存的预览图标。预览图标由图块的几何形状组成。其选项如下：

块单位 ——该框用于确定当块插入时 AutoCAD 采用的单位制式。单击该框右边的按钮，系统将列出可选用的单位制式，包括无单位、毫米、厘米、米、千米、英寸等。

按统一比列缩放 ——该复选项指定图块在插入时 X、Y、Z 轴按统一比列缩放。

允许分解 ——该复选项指定图块插入后能否用分解命令（EXPLODE）分解。

说明 ——该输入框输入对图块进行相关说明的文字。这些说明文字与预览图标一样是随着块定义保存的，用以区分不同图块的特性、功能等。当用户在名称框中指定一个已存在的图块，就出现相应的预览图标和说明文字。

超级链接按钮 ——打开“插入超级链接”对话框，可用它将超级链接与块定义相关联。

- 在块编辑器中打开 当单击“确定”按钮后，在块编辑器中将打开当前的块定义。

3）命令举例

用命令 BLOCK 将图 7-2 所示的卫生间洗面盆定义为内部块“MP”。其操作步骤如下：

命令：BLOCK ↵　　（在块定义对话框的“名称”输入框中输入“MP”，然后单击“拾取点”按钮）

指定插入基点：MID↵

于：用鼠标拾取如图 7-2 中所示 P 点　　（单击对话框中“选取对象”按钮，在屏幕上选取组成块的实体）

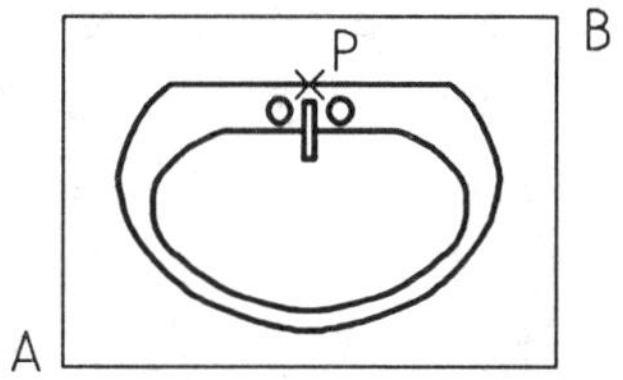

选择对象：W↵

指定第一个角点：拾取 A 点　　（指定窗口左下角点）

指定对角点：拾取 B 点　　（指定窗口右上角点）

找到 7 个…

选择对象：↵　　（回车结束实体选取，返回对话框。选取对话框中的“保留”复选框，将原来的各独立实体保留下来，单击“确定”按钮，完成内部块的定义）

图 7–2　定义内部块

7.1.2　外部块（WBLOCK）

WBLOCK 命令可将用户在图形文件中指定的内部块或某些实体，甚至整个图形写入一个新的图形文件，并定名储存，其它图形文件均可以将该文件作为图块调用，外部块名就是其文件名。WBLOCK 命令定义的图块其实就是一个独立存在的 DWG 图形文件，相对于 BLOCK/BMAKE 命令定义的内部块，它被称作外部块。使用 SAVE 方法保存的一个普通的图形文件，也可以作为外部块插入到任何其它图形文件中，默认情况下，该块的插入基点是坐标原点（0，0，0）。如果要更改插入基点，可以打开原图形，使用 BASE 命令指定新的插入基点，下次插入此块时将使用新基点。

1）激活方式

命令行：WBLOCK

2）命令说明

激活 WBLOCK 命令后，系统将弹出如图 7-3 所示的对话框。其主要内容如下：

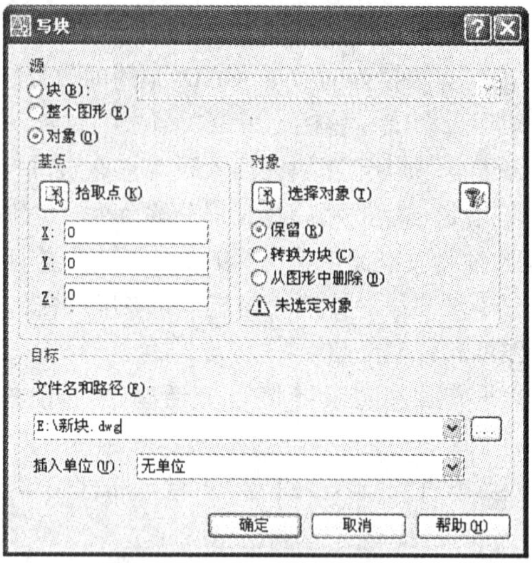

图 7–3 “写块”对话框

● 源　指定欲定义成外部块的块和对象。它包括：

块 ——指定要存为文件的现有的块。从列表中选择名称。 如果当前图形文件中还未曾创建图块，则该单选项呈灰色状态，不可选。

整个图形 ——指定将当前图形中所有对象定义成一个外部块。

对象 ——指定将图形中某些对象定义成一个外部块。

● 基点、对象　同 BLOCK 命令。

● 目标　指定外部块文件的名称和存放位置以及插入块时所用的测量单位。

3）命令举例

将 7.1.1 节定义的内部块“MP”定义成一个外部块。其操作步骤如下：

命令：WBLOCK↲

在“写块”对话框“源”区中选取“块”单选项，并从右边的下拉列表框中选择“MP”，指定将内部块“MP”存为外部块。

在“目标”区的“文件名和路径”输入框中输入外部块文件名为“面盆.DWG”，可以单击右边的按钮打开“浏览图形文件”对话框，将其存放在预先建立的文件夹“D：\图块”文件夹中。

在“插入单位”下拉列表框中选择单位，单击“确定”按钮，完成外部块的定义。

7.1.3　动态块（BEDIT）

动态块的定义和编辑是 AntoCAD 2006 新增的一个强大功能，动态块具有灵活性和智能性。我们在使用图块的时候，经常会遇到这样一些情况：同一构造的物品，具有不同的规格，例如一组桌子，款式不变，却可能有不同的长度和宽度尺寸；一组螺母，构造相同，却有着不同的公称直径；还有一些图块，在插入时需要将块的部分构成元素移动、旋转或者镜像。在以前的操作中，我们只能将图块分解，然后进行相应修改，现在通过动态块的定义，我们可以预先设定一些可能发生的动作附着在图块上，如拉伸、旋转、移动、缩放、镜像、阵列等，在插入图块后就可以根据具体情况轻松地更改图块。例如，我们先绘制一张 60×60 桌子，然后在该桌子的长度方向上添加一个距离参数，并关联一个拉伸动作，以后我们就可以根据需要对桌子的长度进行拉伸，而不需要先把它分解开再修改。

动态块必须包含一个参数以及一个与该参数相关联的动作。参数定义了自定义特性，并为块中的几何图形指定了位置、距离和角度；动作定义了在修改块时动态块的几何图形如何移动和改变。将动作添加到块中时，必须将它们与参数和几何图形关联。

创建动态块是在块编辑器中进行的， 块编辑器是一个专门的编写区域，用于添加能够使块成为动态块的元素。我们可以创建一个新块，也可以向现有的块定义中添加动态行为。

1）激活方式

“工具”菜单： ▶块编辑器　　工具栏：　　命令行：BEDIT

2）命令说明

执行 BEDIT 命令后，系统将弹出如图 7-4 所示的“编辑块定义”对话框。

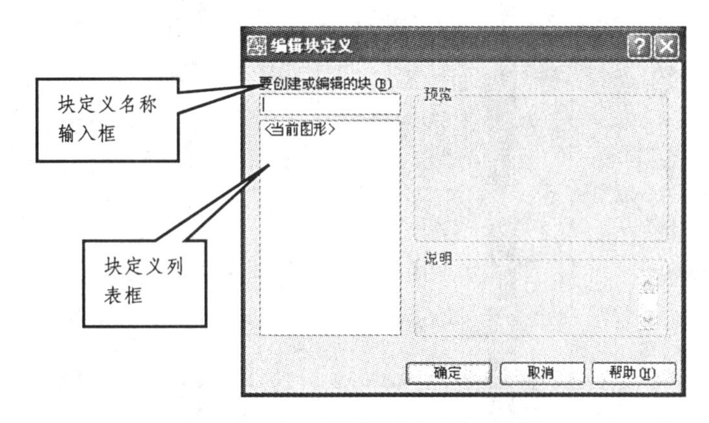

图 7-4　“编辑块定义”对话框

在“编辑块定义”对话框中，可以在块定义名称输入框中输入要在块编辑器中创建的新图块的名称，也可以从块定义列表框中选择需要在块编辑器中编辑的已存在的图块。

单击“确定”按钮后，将关闭“编辑块定义”对话框，并显示一个类似于绘图区的块编辑区域，在该区域的上方有一个如图 7-5 所示的“块编辑器”工具栏。如果在“编辑块定义”对话框中选择的是已存在的某个图块，那么该图块将显示在块编辑器中并且处于可编辑状态。

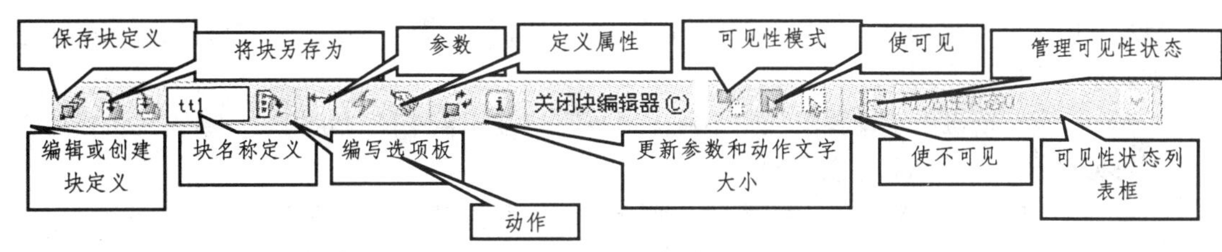

图 7-5　“块编辑器”工具栏

“块编辑器”工具栏中主要按钮的功能如下：

- 　指定打开块编辑器。

● 单击该按钮可以打开或关闭如图 7-6 所示的“块编写”选项板。块编写选项板由三个标签页组成，用于向图块添加参数和相关联的动作。参数用于指定几何图形在块参照中的位置、距离和角度，将参数添加到动态块定义中时，该参数将定义块的一个或多个自定义特性，在“参数”标签页中包括的参数有点参数、线性参数、旋转参数、翻转参数、可见性参数等；动作定义了在图形中操作块参照的自定义特性时，动态块参照的几何图形将如何移动或变化（应将动作与参数相关联），在“动作”标签页中包括了移动、拉伸、缩放、旋转、翻转、阵列、查寻表等动作；“参数集”标签页提供用于在块编辑器中向动态块定义中添加一个参数和至少一个动作的工具，将参数集添加到动态块中时，动作将自动与参数相关联，将参数集添加到动态块中后，双击黄色警示图标，然后按照命令行上的提示将动作与几何图形选择集相关联。

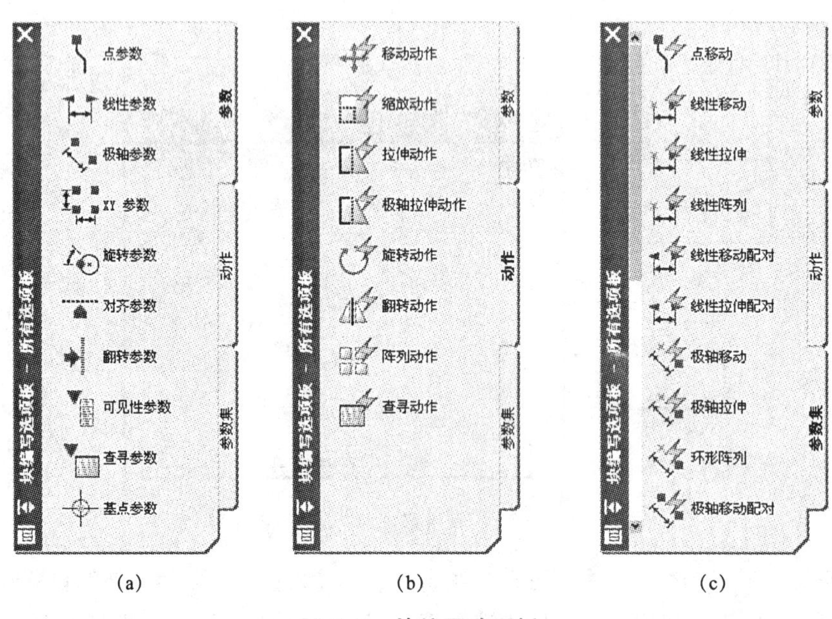

图 7-6　块编写选项板

● 该按钮以命令行的激活方式向图块添加参数。功能等同于块编写选项板中的参数页。

● 该按钮以命令行的激活方式向图块添加动作。功能等同于块编写选项板中的动作页。

● 该按钮用于为图块定义属性，属性的定义将在 7.4 节中讲解。

● 、 这两个按钮用于设置构成图块的各图形对象是否可见，通过该设置可以控制只显示图块的部分内容。如果在块编辑器中没有为图块添加可见性参数时，该区域呈灰色显示，不能设置图形对象的可见性。

● 该按钮用于设置图块中不可见对象在块编辑器中的显示模式，单击该按钮可以让不可见对象在不显示和呈灰色显示之间切换。

● 单击该按钮将弹出如图 7-7 所示的“可见性状态”对话框，在对话框中可以新建多个可见性状态，并为其重命名。在按钮右边的下拉列表框中也列出相应的可见性状态名，用户可以从中选择一个状态置为当前状态，然后按需要对图块中的图形对象进行可见性设置。在插入图块后，当选择某一种可见性状态，图块即按设定好的可见性显示相应的内容。例如，一个图块由桌、椅、电脑和电话构成，如果我们选择桌子，则图块只显示桌子部分。

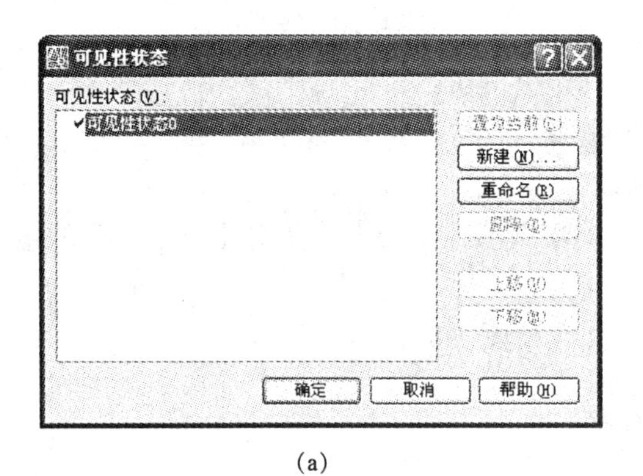

(a)

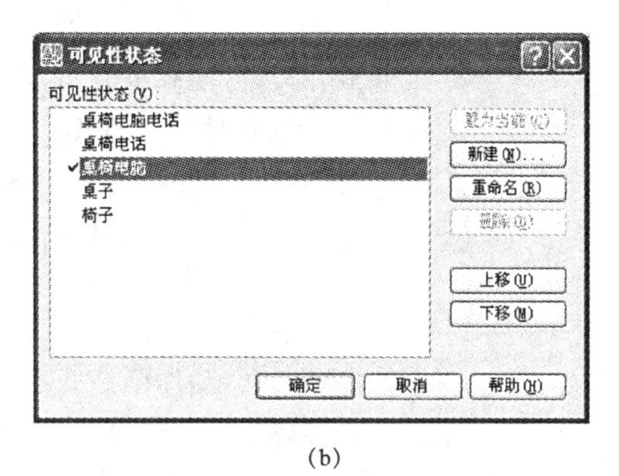

(b)

图 7–7　“可见性状态”对话框

当完成动态块的参数和动作设置后，单击“块编辑器”工具栏上的“保存块定义”按钮，再单击“关闭块编辑器”按钮，即可完成动态块的定义，返回到常规的绘图状态。该方式定义的动态块也是一个内部块，要想在其它图形文件中也能调用该块，必须用 WBLOCK 命令将其定义为外部块。

3）命令举例

① 定义一个可以局部移动和旋转的动态块。如图 7-8（a）所示，定义一个名叫“电脑桌椅”的图块，它由桌子、椅子、电脑和电话几个要素构成，我们希望图块插入后，椅子可以移动，电脑可以旋转，这就需要给椅子附加一个点参数和一个关联的移动动作，电脑附加一个旋转参数和关联的旋转动作。具体操作如下：

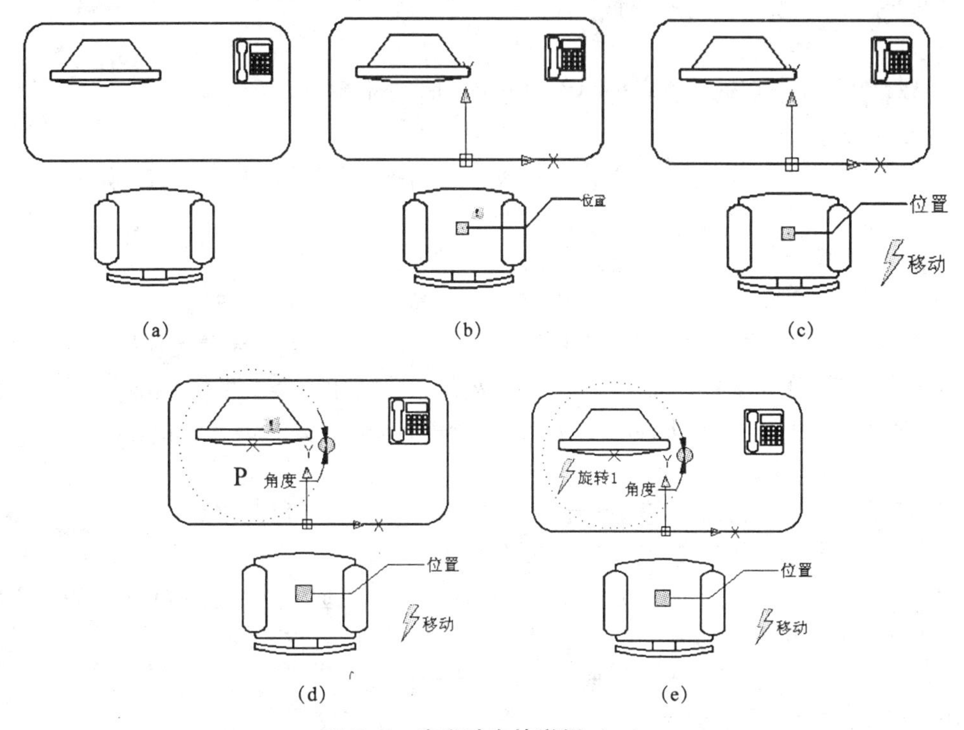

图 7–8　定义动态块举例（一）

命令： BEDIT↵

在块名输入框中输入“电脑桌椅”，并单击“确定”按钮。

在“块编辑器”中绘制如图 7-8（a）所示图形。

单击“块编写选项板”参数标签页中的点参数。

指定参数位置或 [名称(N)/标签(L)/链(C)/说明(D)/选项板(P)]： 在屏幕上拾取椅子的中心位置

指定标签位置： 在参数附近的空白处拾取一点，如图 7-8（b）所示

单击“块编写选项板”动作标签页中的移动动作。

选择参数： 在屏幕上拾取前面所添加的点参数

指定动作的选择集

选择对象： 用窗口选取方式选中构成椅子的图形对象

选择对象： ↵

指定动作位置或 [乘数(M)/偏移(O)]： 在关联的参数附近的空白处拾取一点，如图 7-8（c）所示

单击“块编写选项板”参数标签页中的旋转参数。

指定基点或 [名称(N)/标签(L)/链(C)/说明(D)/选项板(P)/值集(V)]： 在屏幕上拾取电脑的中间点(P 点所示)

指定参数半径： 在屏幕上拖动鼠标至适当位置，然后单击鼠标左键确定

指定默认旋转角度或 [基准角度(B)] <0>： ↵ 如图 7-8（d）所示

单击“块编写选项板”动作标签页中的旋转动作。

选择参数： 在屏幕上拾取前面所添加的旋转参数

指定动作的选择集。

选择对象： 用窗口选取方式选中构成电脑的图形对象

选择对象： ↵

指定动作位置或 [基点类型(B)]：在关联的参数附近的空白处拾取一点，如图 7-8（e）所示

单击“块编辑器”工具栏中“保存块定义”按钮。

单击“块编辑器”工具栏中“关闭块编辑器”按钮。

② 定义一个可以局部拉伸的动态块。在例①的基础上，我们希望图块插入后，桌子可以根据具体需要改变长度和宽度尺寸，这就需要给桌子附加一个线性参数和一个关联的拉伸动作。具体操作如下：(为了更清晰地表达，例图中省略了已定义的移动和旋转动作)

命令： BEDIT↵

在块定义列表框中输入“电脑桌椅”，并单击“确定”按钮。

单击“块编写选项板”参数标签页中的线性参数。

指定起点或 [名称(N)/标签(L)/链(C)/说明(D)/基点(B)/选项板(P)/值集(V)]： 用端点捕捉方式拾取桌子左下方一点

指定端点： 用端点捕捉方式拾取桌子右下方一点

指定标签位置： 在参数附近的空白处拾取一点，如图 7-9（a）所示

单击鼠标左键选中该线性参数，然后单击鼠标右键，在弹出的快捷菜单中选择“夹点显

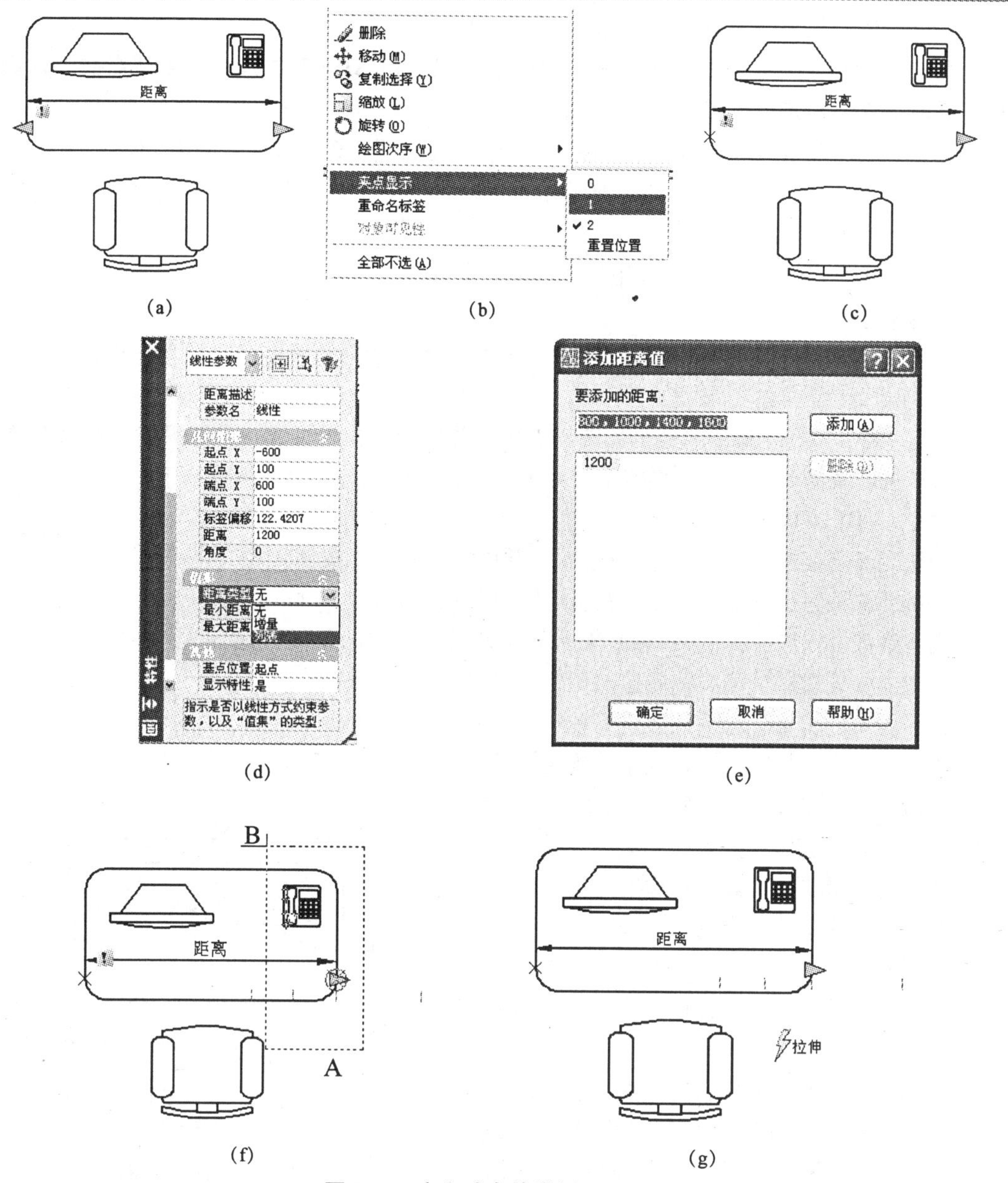

(a)　(b)　(c)

(d)　(e)

(f)　(g)

图 7–9　定义动态块举例（二）

示”下的“1”选项，如图 7-9（b）所示，结果如图 7-9（c）所示。

单击鼠标左键选中该线性参数，然后单击鼠标右键，在弹出的快捷菜单中选择“特性”选项。

在图 7-9（d）所示的特性对话框中，将“值集”区域的“距离类型”设置成“列表”方式。

单击“距离类型”下方的“距离值列表”右边的按钮。

在“添加距离值”列表框中输入一系列距离值，单击“添加”按钮，然后单击“确定”按钮，如图 7-9（e）所示。

单击“块编写选项板”动作标签页中的拉伸动作。

选择参数：用鼠标左键单击添加的线性参数

指定要与动作关联的参数点或输入 [起点(T)/第二点(S)] <第二点>： 用节点捕捉方式拾取桌子右下方的自定义夹点(蓝色小三角)

指定拉伸框架的第一个角点或 [圈交(CP)]： 拾取图 7-9（f）所示的 A 点

指定对角点： 拾取图 7-9（f）所示的 B 点

指定要拉伸的对象：

选择对象： 选择构成桌子和电话的图形对象

选择对象： ↵

指定动作位置或 [乘数(M)/偏移(O)]： 在关联的参数附近的空白处拾取一点，结果如图 7-9（g）所示

③ 定义一个控制部分内容可见的动态块。为“电脑桌椅”图块添加几种可见性状态，如全部可见、桌椅电脑可见、桌椅电话可见、仅桌子可见等。具体操作如下：

命令： BEDIT↵

在块定义列表框中输入“电脑桌椅”，并单击“确定”按钮。

单击“块编写选项板”参数标签页中的可见性参数。

指定参数位置或 [名称(N)/标签(L)/说明(D)/选项板(P)]：在图形附近的空白处拾取一点

单击“块编辑器”工具栏右边的“管理可见性状态”按钮。

在“可见性状态”对话框新建 5 种状态，并更名 ，如图 7-9（b）所示。

单击“可见性状态”对话框中“确定”按钮，结果如图 7-10 所示。

单击图 7-5 所示的“块编辑器”工具栏右边的“可见性模式”按钮。

在“块编辑器”工具栏右边的“可见性状态”下拉列表框中选择“桌椅电脑”。

在屏幕中用窗口选取方式选中电话部分。

单击“块编辑器”工具栏右边的“使不可见”按钮。

按同样的步骤完成其余可见性状态的设置。

单击“块编辑器”工具栏中的“关闭块编辑器”。

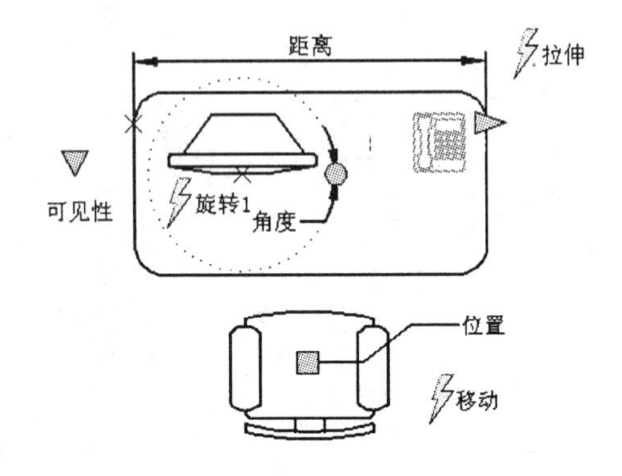

图 7–10 定义动态块举例（三）

④ 为动态块添加查寻表。在查寻表中可以为动态块定义特性并为其指定相应的特性值。使用查寻表可以将动态块的参数值与用户指定的其他数据（如产品型号）相关联。完成查寻表的设置后，查寻表会根据动态块在图形中的操作自动添加新的特性值；反之，用户也可以通过查寻夹点或“特性”选项板来修改块的特性值，从而改变块在图形中的显示。下面我们为前面定义的“电脑桌椅”动态块添加一个查寻表，在查寻表中为图块添加两个查寻特性：一个是桌子的长度距离，一个是电脑的旋转角度。具体操作如下：

命令： BEDIT↵

在块定义列表框中输入“电脑桌椅”，并单击“确定”按钮。

单击“块编写选项板”参数标签页中的查寻参数。

指定参数位置或 [名称(N)/标签(L)/说明(D)/选项板(P)]： 在图块附近的空白处拾取一点

单击“块编写选项板”动作标签页中的查寻动作。

选择参数：用鼠标左键单击添加的查寻参数

指定动作位置：　在查寻参数附近空白处拾取一点

在弹出的图 7-11（a）所示的“特性查寻表”对话框中单击“添加特性”按钮。

在弹出的图 7-11（b）所示的“添加参数特性”对话框的列表中选择两个参数：旋转参数和线性参数。

单击“添加参数特性”对话框中的“确定”按钮。

在“特性查寻表”对话框的左边的输入特性栏将显示两列特性：对应线性参数的距离特性和对应旋转参数的角度尺寸。在输入特性栏下边对应输入两列特性的一系列特性值（其中距离值只能从前面已经设置好的值集中选择），在右边的查寻特性栏输入一系列对应的查寻参数标签（如产品型号）。

单击对话框右边查寻特性栏下方的“只读”选项，在弹出的下拉列表中选择“允许反向查寻”选项，如图 7-11（c）所示。

单击“确定”按钮。

单击“块编辑器”工具栏中的“关闭块编辑器”。

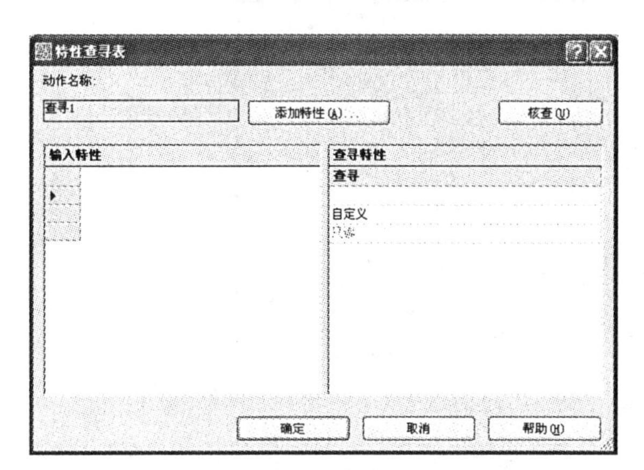

（a）“特性查寻”对话框

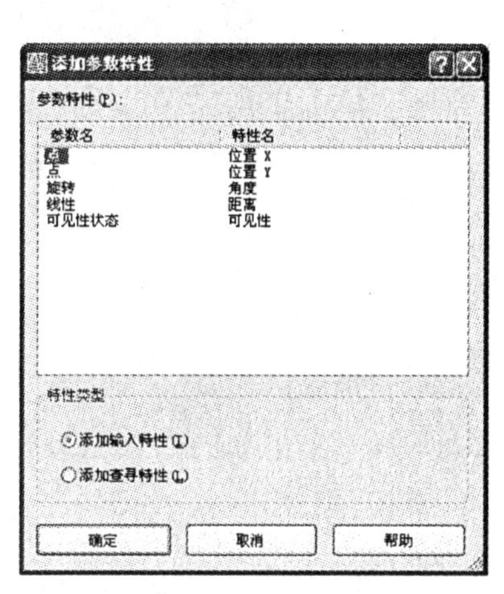

（b）“添加参数特性”对话框

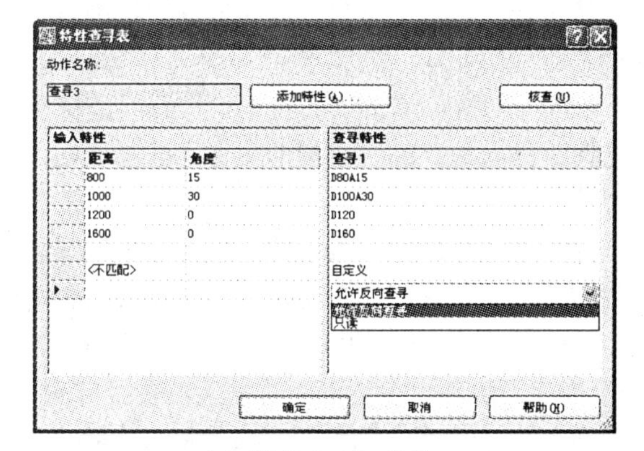

（c）“特性查寻”对话框

图 7–11　为动态块添加查寻表

7.2 图块的插入

本节主要介绍如何将已定义好的图块插入至当前所绘制的图形。图块插入调用命令包括单图块插入（INSERT)、阵列插入图块（MINSERT)、等分插入图块（DIVIDE）和等距插入图块（MEASURE)。

7.2.1 单图块插入（INSERT）

用命令 INSERT 插入图块，每激活一次命令只能在图形中插入一个图块。

1）激活方式

“插入”菜单：块…　　工具栏：　　命令行：INSERT/DDINSERT（I）

2）命令说明

激活命令 INSERT 后，系统将弹出如图 7-12 所示的对话框。其主要内容如下：

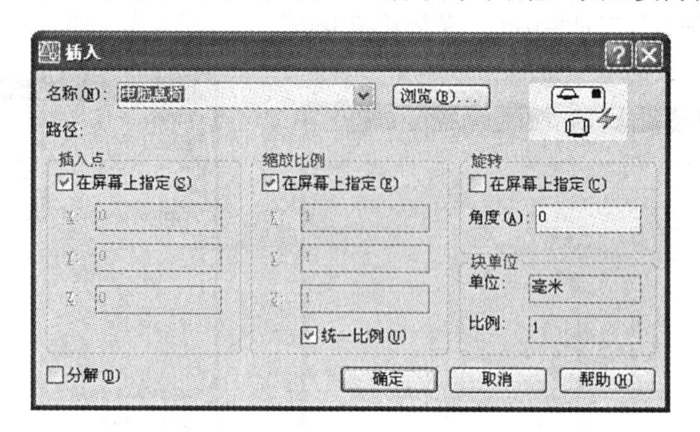

图 7-12　“插入”对话框

● 名称　单击该输入框右边的下拉按钮，将弹出一列表框，列出当前文件中的所有已定义的图块名，用户可从中选取插入。用户也可在该输入框中直接输入欲插入的外部块所储存的盘符、路径和文件名。

● 浏览　该按钮用于插入外部块。单击该按钮，将打开“选择图形文件”对话框，用户可在该对话框中浏览并选择欲插入的外部块或图形文件。外部块插入后，系统将自动在当前图形中复制一个同名内部块定义。

当选定好要插入的图块后，在“浏览”按钮的右边会显示该图块的预览图标，如果预览图标中带有一个金色的闪电符号，就表明该图块是一个动态块，否则就是一个普通的图块。

● 路径　用于显示当前选定的外部块的盘符、路径和文件名。

● 插入点　该栏用于指定图块基点在图形中的插入位置。有两种指定方式：

在屏幕上指定——选取该复选框后，图块插入时的插入点将由用户在绘图区域中指定，该复选框下 X、Y、Z 三项参数的输入框均呈灰色显示，不可输入内容。若不选该项，则各参数项的值在下面相应的输入框中输入。

X、Y、Z 输入框——用于输入坐标值确定图块在图形中的插入点。

● 缩放比例　图块在插入图形中时可任意改变其大小及纵横比，在“缩放比例”栏可分别指定 X、Y、Z 三个方向上的缩放比例。也可选择“统一比例”选项，此时 Y、Z 输入框变灰，自动采用与 X 方向相同的缩放比例。

如果将比例因子设置为负值，则图块插入后沿基线旋转 180° 后缩放与其绝对值相同的比例。

● 旋转　图块在插入图形中时可任意改变其角度，在“旋转”栏指定图块的旋转角度。

● 分解　该复选框用于指定是否在插入图块时将其组成实体拆散（分解）成原有的独立状态，而不再作为一个整体。关于图块的分解请参见相关章节。

3）命令举例

① 一般图块的插入。将前面定义的外部图块“D：\图块\面盆.DWG”插入到图 7-13（a）所示的图形中所指定的位置。操作步骤如下：

命令：INSERT ↵

激活 INSERT 命令，弹出“插入”对话框，单击“浏览”按钮，在弹出的对话框选中选择图块，文件路径为“D：\图块\面盆.DWG”。

在“插入点”栏选取“在屏幕上指定”复选框，在图形中用鼠标拾取插入点。

在“缩放比例”栏选择“统一比例”，在本例采用默认值。

在“旋转”栏输入旋转角度，在本例采用默认值。

单击对话框的“确定”按钮，对话框消失，命令行提示：

指定插入点或 [基点(B)/比例(S)/旋转(R)/预览比例(PS)/预览旋转(PR)]：单击图 7-13（a）所示 P 点　　（图块“面盆”的插入基点与 P 点重合）

命令：TRIM ↵　　[激活剪切命令，将与面盆重合的线条删除，结果如图 7-13（b）所示]

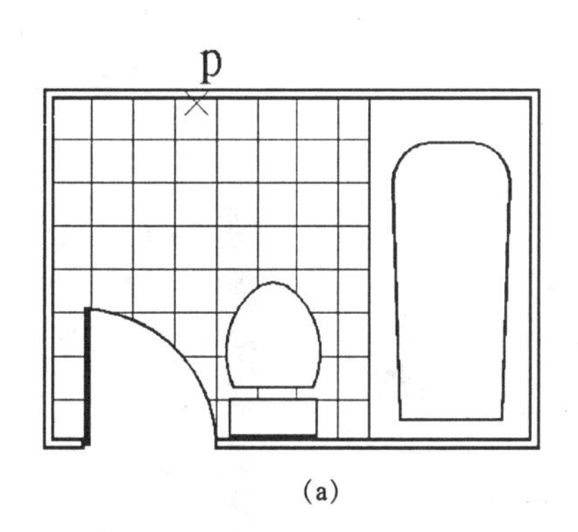

(a)

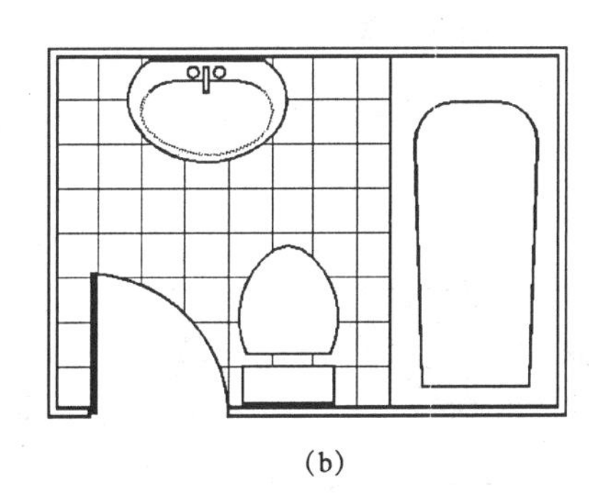

(b)

图 7-13　用 INSERT 命令插入图块

② 动态图块的插入。用与例①相同的方式在图形中插入图块“电脑桌椅”，插入后，用鼠标左键单击该图块将其选中，结果如图 7-14 所示，图中除了显示插入基点这一夹点外（一般图块被选中后只显示这一个夹点，夹点为深蓝色小方块），还将显示若干自定义夹点，包括：线性夹点、旋转夹点、查寻夹点和移动夹点。这些都是我们在前面 7.1.3 节的例子中自定义的。

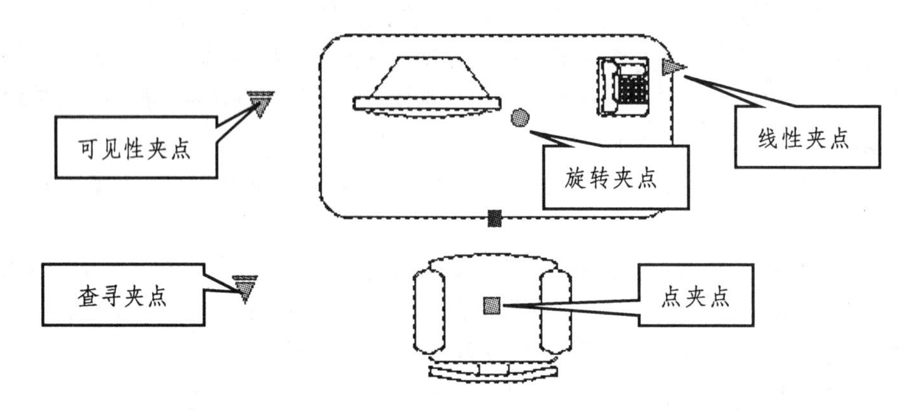

图 7-14　动态图块的插入举例（一）

图 7-15（a）是激活线性夹点后，拉伸桌子的效果；图（b）是激活旋转夹点后，旋转电脑的效果；图（c）是激活点夹点后，移动椅子的效果；图（d）所示的是激活查寻夹点后，用户可以选择已经定义好的参数特性值来修改图形；图（e）所示的是激活查寻夹点后，用户可以选择已经定义好的可见性状态来设置图块的部分内容显示。

除了通过夹点对插入的动态块进行的编辑修改外，还可以通过“特性”对话框的自定义区域对其进行修改，如图 7-15（f）所示。

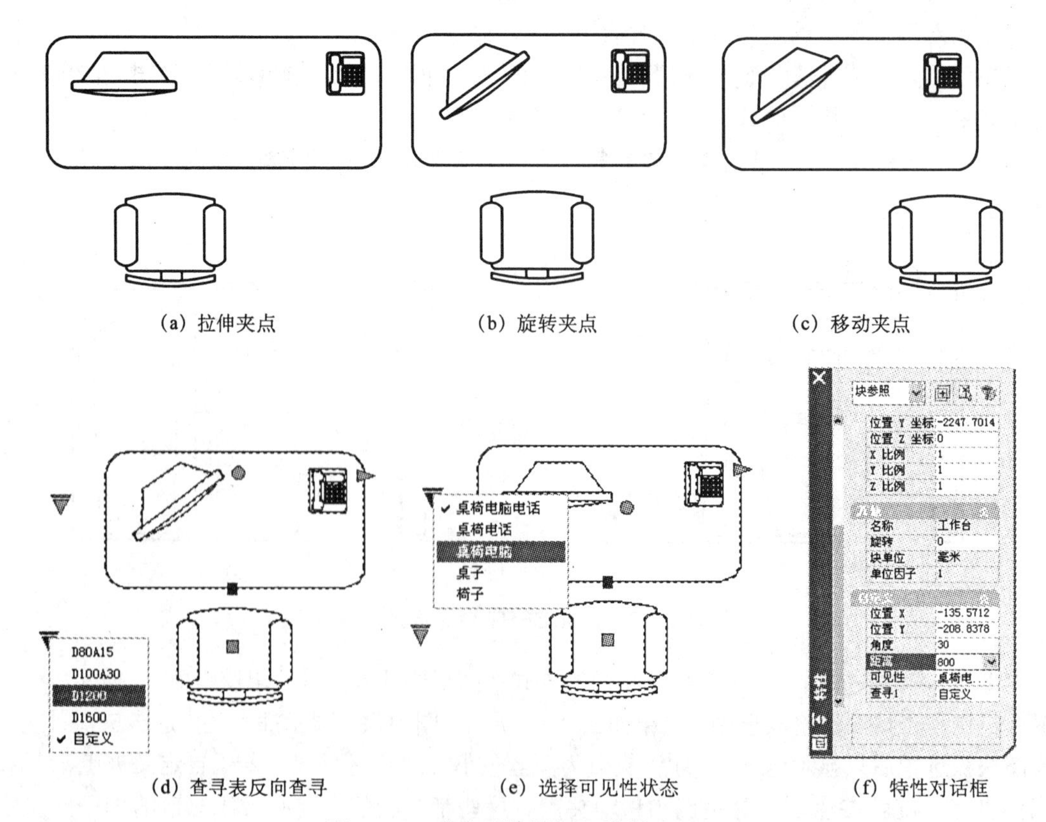

（a）拉伸夹点　（b）旋转夹点　（c）移动夹点

（d）查寻表反向查寻　（e）选择可见性状态　（f）特性对话框

图 7-15　动态图块的插入举例（二）

7.2.2　阵列插入图块（MINSERT）

命令 MINSERT 将图块以矩阵排列方式复制插入，并将以图块为单元的矩阵视为一个实体。它类似于命令 ARRAY，但命令 ARRAY 生成的矩阵中的各个实体是相对独立的。而 MINSERT 命令生成的矩阵则是一个整体，它更节约储存空间。注意：使用 MINSERT 命令插入的块不能被分解。

1）激活方式

命令行：MINSERT

2）命令说明

激活 MINSERT 命令后，系统提示输入块名，然后继续提示“指定插入点或 [基点(B)/比例(S)/X/Y/Z/旋转(R)/预览比例(PS)/PX/PY/PZ/预览旋转(PR)]:”，即系统提示输入插入点、插入比例，然后系统提示指定插入行数、列数、行间距和列间距等参数。其中：

- 比例(S)/X/Y/Z　指定 X、Y 和 Z 的比例。
- 旋转(R)　指定旋转角度。系统继续提示“输入 X 比例因子，指定对角点，或 [角点(C)/XYZ] <1>:”，即输入一个比例值；如果输入 “C”，则将指定角点，指定的角点和块插入点将确定 X 和 Y 的比例因子。
- 预览比例(PS)/PX/PY/PZ　设置 X、Y 和 Z 的比例因子，以控制块被拖动到位时的显示。
- 预览旋转(PR)　设置块在被拖动到位时的旋转角度。

3）命令举例

用 MINSERT 命令调用 7.1.2 节定义的“面盆.DWG”图块，生成一个三行四列、倾斜 45° 的阵列，结果如图 7-16 所示。其操作步骤如下：

命令：MINSERT↵

输入块名或 [?] <MP>：~↵　（输入“~”，打开“选择图形文件”对话框，选择外部块“D: \图块\面盆.DWG”）

单位：毫米　转换：

指定插入点或 [基点(B)/比例(S)/X/Y/Z/旋转(R)/预览比例(PS)/PX/PY/PZ/预览旋转(PR)]:在屏幕上拾取一点

输入 X 比例因子，指定对角点，或 [角点(C)/XYZ] <1>：↵

图 7.16　用 MINSERT 命令插入图块

输入 Y 比例因子或 <使用 X 比例因子>：↵

指定旋转角度 <0>：　45↵

输入行数 (---) <1>：　3↵

输入列数 (|||) <1>：　4↵

输入行间距或指定单位单元 (---)：30↵

指定列间距 (|||)：　15↵

7.2.3 等分插入图块（DIVIDE）

1）***激活方式***

“绘图”菜单：点▶定数等分　　命令行：DIVIDE（DIV）

2）***命令说明***

激活 DIVIDE 命令后，AutoCAD 提示选择要定数等分的对象，可选择直线、弧线、圆、多义线、椭圆和光滑曲线（Spline 曲线）等实体；然后系统提示“输入线段数目或 [块(B)]:”，可以直接键入等分数目，在等分点处插入各种样式的点（Point）。注意：在激活该命令之前，必须先改变点的样式（参看相关章节），否则采用默认的小圆点，插入后将与线条重合，看不出结果。用户也可在提示后输入 B 选项，在等分点处插入图块。选择该选项后，系统接着提示“输入要插入的块名:”。

系统提示“是否对齐块和对象？[是(Y)/否(N)] <Y>:”，用于选择是否每个图块在插入时都旋转至与被等分对象平行。如果选择 Y，则插入图块以插入点为轴旋转至与被等分对象平行，如果选择 N，则图块以原始角度插入。如图 7-17（a）所示即为选择 Y 的结果；图（b）所示即为选择 N 的结果。最后系统提示输入等分段数。

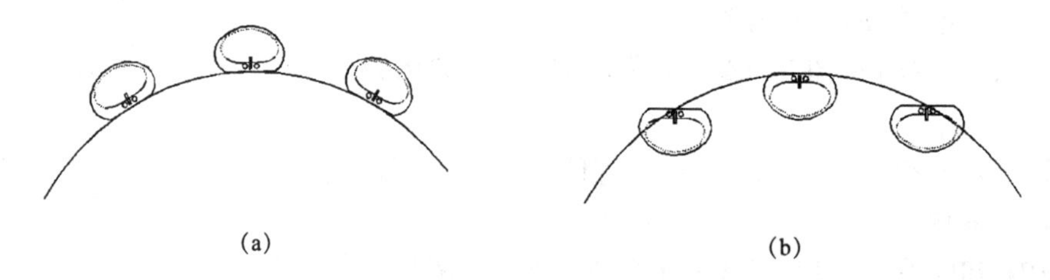

图 7–17　用 DIVIDE 命令插入图块

命令举例

用命令 DIVIDE 将圆弧曲线 4 等分，如图 7-18 所示。其操作步骤如下：

命令：DIVIDE↵

选择要定数等分的对象：点选图中圆弧曲线

输入线段数目或 [块(B)]：B↵

输入要插入的块名：MP↵

是否对齐块和对象？[是(Y)/否(N)] <Y>：↵

输入线段数目：4↵

7.2.4 等距插入图块（MEASURE）

命令 MEASURE 可测量所选取的对象，并按用户给定的长度在对象上等距地插入一点或一个图块符号。其激活对象包括直线、弧线、圆、多义线、椭圆和光滑曲线（Spline 曲线）等。

1）***激活方式***

“绘图”菜单：点▶定距等分　　命令行：MEASURE（ME）

2）***命令说明***

激活 MEASURE 命令后，AutoCAD 提示选择要定距等分的对象；然后系统继续提示“指

定线段长度或 [块(B)]:"，输入测量长度（即欲插入两点间的距离），回车后，在各测量点处插入一点，该命令结束。用户也可在提示后输入 B，选择 Block 选项，在测量点处插入图块；回车后系统继续提示输入欲插入的图块名、是否对齐块和对象（与 DIVIDE 命令相同）。

3）命令举例

用命令 MEASURE 在圆弧曲线上等间距地插入图块，如图 7-18 所示。操作步骤如下：

命令：MEASURE↵

选择要定距等分的对象：选取圆弧曲线

指定线段长度或 [块(B)]：B↵

输入要插入的块名：MP↵　　（输入前面定义的图块名 MP）

是否对齐块和对象？[是(Y)/否(N)] <Y>：↵

指定线段长度：20↵

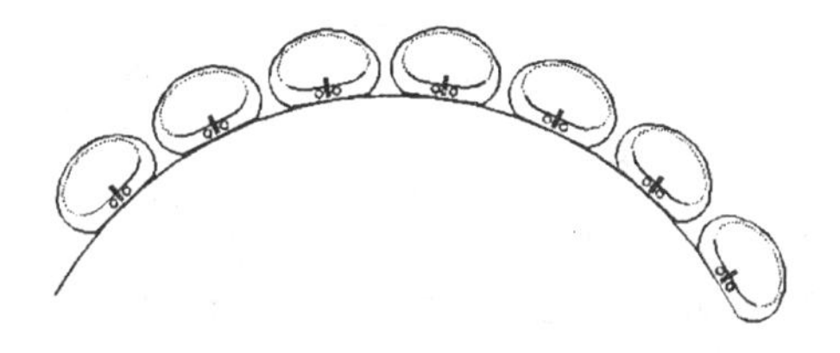

图 7–18　用 MEASURE 命令插入图块

命令 MEASURE 将测量点的起始位置放在离拾取对象最近的端点处，从此端点开始，以指定的距离在各个等距测量点处插入图块或点。命令 MEASURE 与命令 DIVIDE 都只能将图块以 1∶1 的比例插入，插入的图块可以单个地进行分解和编辑（如复制、移动、旋转等）。修改被测量（等分）对象后，插入的图块或点不会随之改变。这两个命令都不会在线段的起点处插入图块或点。

7.3　编辑图块

图块是一个特殊的实体，它是由一个或多个实体组成的一个整体。在编辑时它与一般的实体不同，有着自身的一些特性。COPY、ROTATE、SCALE、MOVE、ARRAY 等命令可以对它进行整体性的编辑，而 TRIM、EXTEND、OFFSET、STRETCH、CHAMFER、FILLET 等命令则不能对它进行操作。本节主要学习图块的特性、图块的分解、图块的编辑以及图块的重新定义。

7.3.1　图块的特性

1）BYLAYER 块特性

如果在某个层将具有"随层（颜色和线型）"特性的实体组成一个内部块，这个层的颜色、线型等特性将设置并储存在图块中，以后不管在该图形文件的哪一层插入该图块，图块都将保持定义时的特性。

如果在当前图形中插入一个具有"随层（颜色和线型）"设置的外部块，当外部块所在的图层在当前图形中没有与之相同的定义（包括图层名称和特性），则 AutoCAD 自动建立相应的图层来放置块，块的特性与块定义时一致。例如，某图块是在某个文件的 Layer1 图层上定义的，该图层特性为蓝色虚线，而在图块插入的图形文件中不存在与之相同定义的图层，则系统将在该图形文件中建立一个 Layer1 图层（蓝色虚线）来放置图块；如果当前被插入图形中存在与之同名而特性不同的图层，当前图形中该层的特性将覆盖图块原有层特性。

0 层上建立的块具有特殊性，将在下面单独进行说明。

2）0 层上随层块的特性

如果组成图块的实体都是在 0 层上绘制的，并具有随层特性，则该块无论插入到哪一层，其特性都采用当前插入层的设置。例如，当前层为 Layer1 层，Layer1 层的特性为红色虚线（Red、Dashed），而 0 层的特性为蓝色实线（Blue、Continue），则插入当前层的 0 层随层块的特性同样采用当前层的特性（红色虚线），它的特性为随当前层。也就是说，0 层上随层块的特性随其插入层的特性的改变而改变。

3）随块特性

如果组成块的实体采用“随块”设置，则块在插入前没有任何层、颜色、线型、线宽设置，被视为白色连续线。当块插入当前图形中时，块的特性按当前绘图环境的层、颜色、线型和线宽设置。例如，当前绘图环境为 0 层、颜色为蓝色（Blue）、线型为虚线（Dashed），则此时插入随块的特性同样为 0 层、蓝色、Dashed 线型。也就是说，随块的特性是随不同的绘图环境而变化的。

4）指定颜色和线型的块的特性

如果组成块的实体特性有具体的颜色和线型，则块的特性也是固定的，在插入时不受当前图形设置的影响。

5）关闭或冻结层上的块的显示

当非 0 层块在某一层插入时，插入块实际上仍处于建立该块的层中（0 层块除外），因此，不管它的特性怎样随插入层或绘图环境变化，当关闭该层时，图块仍然显示，只有将建立该块的层关闭或将插入层冻结，图块才不再显示。

而 0 层上建立的块，无论它的特性怎样随插入层或绘图环境变化，当关闭插入层时，插入的 0 层块随着关闭。也就是说，0 层上建立的块是随各插入层浮动的，插入哪层，0 层块就置于哪层上。

因此，在定义图块时，最好是在 0 层上进行，并将其特性设置为“随层”，这样，不论该图块被插入哪个文件、哪一层，其特性都采用当前层的特性，在打开或关闭图层时也不会造成显示的混乱。

7.3.2　图块的分解

图块是一个整体，我们不能对其中的单个实体进行编辑，但有时候我们需要对图块的某个组成实体进行编辑，这时，可用命令 EXPLODE/XPLODE 将被选定的图块分解还原成单个的实体，使其而不再作为一个整体。

1）激活方式

“修改”菜单：分解　　工具栏：　　命令行：EXPLODE（X）/ XPLODE（XP）

2）命令说明

用命令 EXPLODE 分解图块，分解后的各组成实体，其特性将恢复为其定义成图块之前的特性。用 XPLODE 命令可为分解后的各组成实体另行设置图层、颜色、线型等特性，而不是直接恢复实体为原有特性。XPLODE 命令比 EXPLODE 命令更灵活，同时也更复杂，激活该命令系统提示选取要分解的图块，并继续提示“输入选项[全部(A)/颜色(C)/图层(LA)/线型

(LT)/线宽(LW)/从父块继承(I)/分解(E)] <分解>:”，其中：

● 全部（A）　该项用于设置分解后实体的所有特性，选择该项将依次改变颜色、层、线型、图层等。

● 颜色（C）　设置分解后实体的颜色。

● 图层（LA）　设置分解后实体放置的层，输入任意一个已定义的层名。

● 线型（LT）　设置分解后实体的线型，可设置为任何一个已加载的线型。

● 从父块继承（I）　如果块是在 0 层，其颜色、线型和线宽为“随层”，选用该项，分解后的实体将保持在块所插入的图层，并保持插入后的特性状态。如果没选择该项，则分解后的对象回到 0 层，并具有 0 层的颜色、线型和线宽。

● 分解（E）　该选项以与 EXPLODE 命令相同的方式分解块。

如果用户一次性选取了多个块进行分解，则 XPLODE 命令提示“输入选项 [单个(I)/全局(G)] <全局>:”，其中：

● 单个（I）　该选项指定将所选取的图块逐个进行分解。

● 全局（G）　该选项指定将所选取的图块全部一次性分解。

3）命令举例

将图 7-19（a）所示图块用 XPLODE 命令分解，并将分解后实体的线型设为点划线（CENTER 线型），结果如图 7-19（b）所示。其操作步骤如下：

命令：XPLODE ↵

选择对象：选取图 7-19（a）所示的块

找到 1 个…

选择对象：↵　　（回车结束对象选择）

输入选项 [全部(A)/颜色(C)/图层(LA)/线型(LT)/从父块继承(I)/分解(E)]<分解>：LT↵

输入分解对象的新线型名 <BYLAYER>：DASHED↵　　（将线型改为 DASHED）

对象分解后线型为 DASHED…

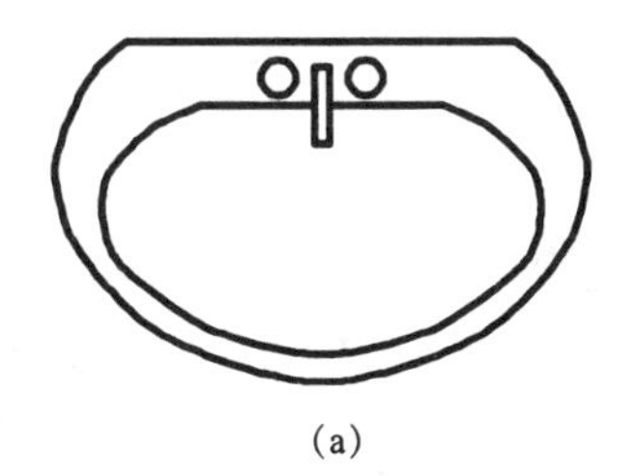

(a)

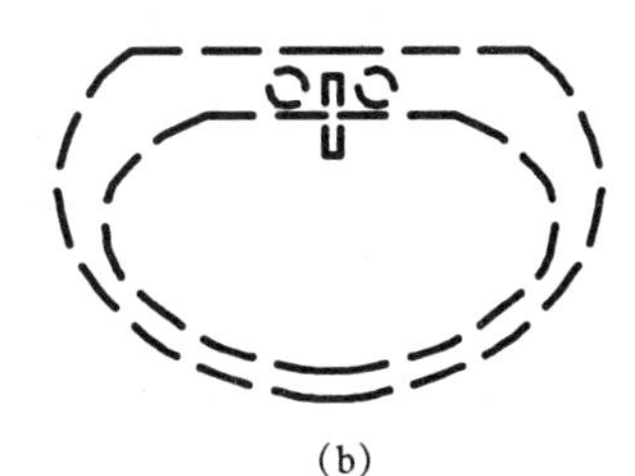

(b)

图 7–19　分解图块

7.3.3　重定义块

图块的运用省去许多重复的绘图操作。此外，当一幅图形中插入了多个相同的图块，而在今后的图形更新设计中，这些相同的块可能需要统一做一些修改或改换成另一种标准，这时，用户可以运用块的重新定义功能，快速、准确地完成修改任务。

1）重新定义图块的方法

方法一：重新定义块的方法一般是将其中一个插入块分解后，加以修改编辑；或者重新绘制组成块的实体，然后用 BLOCK/BMAKE 命令将其定义为与原有块同名的块，将原有的块定义覆盖，图形中引用的相同块将全部自动更正。

方法二：采用块的替换也可以对图形中所有相同块进行同时修改。块的替换是用外部块（文件）替换图形中的某一种图块。它的操作方法是：在命令行输入－INSERT 命令激活插入操作的行命令，系统提示"－INSERT 输入块名或 [?] <XX>:"，用户输入"原有块=外部替换块（文件）"；接着系统提示：

块"XX"已存在。是否重定义？[是(Y)/否(N)] <N>：输入 Y

如果用于更新的块文件不存在，则系统系统弹出一个对话框提示该块文件不存在。如果用于更新的块文件存在，则回车之后，系统自动将当前图形文件中所有指定的原有块替换为新指定的块文件。原有块被重新定义，但块名不变。

块定义更新后，系统将继续在图形中进行插入块操作，系统将提示"指定插入点或 [比例(S)/X/Y/Z/旋转(R)/预览比例(PS)/PX/PY/PZ/预览旋转(PR)]："，如果用户不想再插入更多的块则按 ESC 键。

注意：此方法只能用图块插入的行命令，而不能用对话框方式进行。

2）操作实例

定义一个如图 7-20（a）所示的一字螺钉（LD），将其插入一方框，如图 7-20（b）所示，然后用重定义图块的方法将图 7-20（b）中的一字螺钉统一修改为十字螺钉，结果如图 7-20（c）所示。其操作步骤如下：

方法一：在绘图区内绘制一个如图 7-20（a）所示的十字螺钉，然后将新绘制的十字螺钉定义为与原图块名相同（即定义为图块名为 LD）。

命令：BLOCK↵

在块定义对话框中的"名称"栏中选择已存在的块名"LD"。

指定插入基点：拾取十字螺钉的中心点

选择对象：C↵

指定第一个角点：拾取十字螺钉的左下角点

指定对角点：拾取十字螺钉的右上角点

选择对象：↵　　（回车结束选取操作）

单击块定义对话框中的"确定"按钮，系统弹出提示框提示是否更新块定义，单击"是"按钮更新图块（图形重新生成后，图中所有以前插入的块均被重新定义的块代替）。

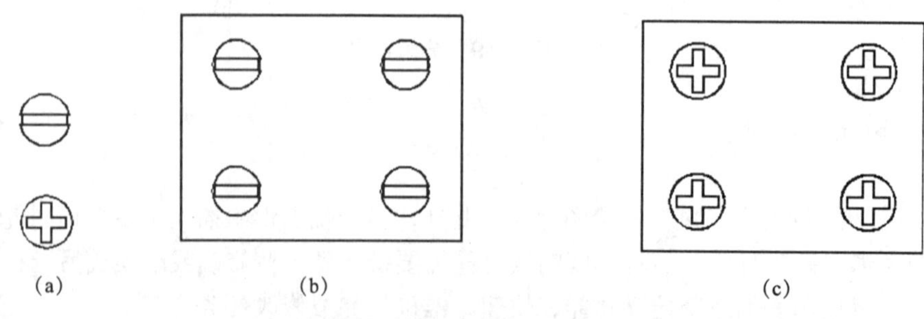

图 7-20　重定义块（方法一）

方法二：将十字螺钉定义为一个外部块，图块名为 SZLD，保存路径为 D：\TK。在插入命令（行命令方式）—INSERT 的“输入块名或 [?]”提示后输入：原有块=（路径）外部替换块（文件）。

命令：－INSERT↵　　（激活图块插入行命令）

输入块名或 [?] <MP>：　LD=D：\TK\SZLD↵

块“LD”已存在。是否重定义？[是(Y)/否(N)] <N>：　Y↵

块“LD”已重定义…

指定插入点或 [基点(B)/比例(S)/X/Y/Z/旋转(R)/预览比例(PS)/PX/PY/PZ/预览旋转(PR)]：单击“ESC”键　（结束命令，不再插入更多的块）

用块的重新定义方法，不管是已插入或是将要插入的同名块都将被替换，其插入的基点也随着替代的块而改变，因此重新定义块时要特别注意其插入点与原图块的插入点一致，以免替换后发生错位的情况。注意：块的替换操作中，不能用一个内部块替换另一个内部块。

7.3.4　在位参照编辑图块（REFEDIT）

每个图形文件都具有一个称为块定义表的不可见数据区域。块定义表存储全部的块定义，包括块的全部关联信息。在图形中插入块时，所参照的就是这些块定义。在插入块的同时也就插入了块参照，因为 AutoCAD 并不是简单地将信息从块定义复制到绘图区域，而是建立了块参照与块定义间的链接，因此，如果修改块定义，所有的块参照也自动更新。

在位参照编辑图块命令 REFEDIT 提示用户从当前图形中选择要编辑的块参照。用户可对图块做少量的修改而不必分解和重定义图块。

注意：动态图块经过在位参照编辑后，其动态特性将丢失。

1）激活方式

“工具”菜单：外部参照和块在位编辑▶在位参照编辑　　工具栏：

命令行：REFDEIT

2）命令说明

激活命令 REFEDIT 后，系统提示选择参照，用户只要选取需要进行修改的图块即可，系统将弹出如图 7-21 所示的对话框。其中：

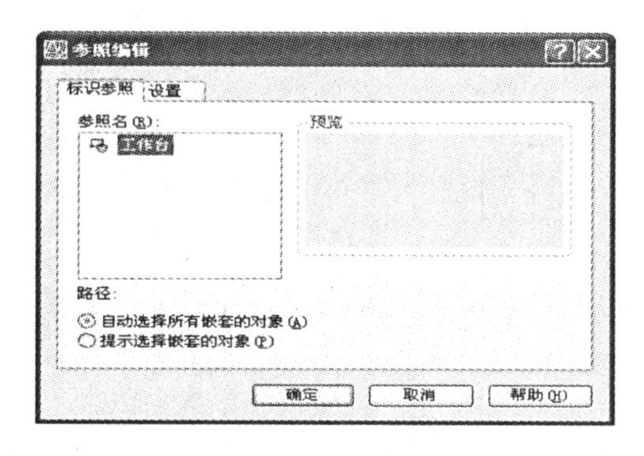

图 7-21　“参照编辑”对话框

● 自动选择所有嵌套的对象（A）　该选项可将构成图块的所有对象选中构成一个工作集，以进行编辑。

● 提示选择嵌套的对象（P） 该选项可使用户按需要选择图块中欲进行编辑的嵌套对象并构成一个工作集。

单击“确定”按钮之后，将显示和激活如图 7-22 所示“参照编辑”工具条。

图 7-22 “参照编辑”工具条

利用“参照编辑”工具栏，用户可向工作集添加对象或从工作集内删除对象。工作集是一组对象集合，集合中的对象都提取于可被修改的参照，修改之后，保存这些参照即可在当前图形中直接更新块定义。作为工作集组成部分的对象与当前图形中的其他对象明显不同，工作集以外的所有对象都将被褪色显示。

在选定要进行编辑的参照之后，“参照编辑”工具栏将被激活，在保存或放弃对参照所作的修改之后，该工具栏将被关闭。

3）命令举例

将图 7-23（a）中的一字螺钉头图块改为十字螺钉头。其操作如下：

命令：REFEDIT↵

选择参照：用鼠标点选 7-23（b）图中的任意一个插入块，在弹出的参照编辑对话框中选择“提示选择嵌套的对象”单选项，然后单击“确定”按钮

选择嵌套的对象： 由 A 点拖动鼠标至 B 点　　（局部选取图块中需要修改的部分）

已添加 4 个图元[添加选中的部分到工作集，不属于工作集的对象，都褪色显示，如图 7-23（c）所示]。

选择嵌套的对象： ↵

已选择 4 项（弹出参照编辑工具栏）。

将选中的对象复制并旋转 90°，如图 7-23（d）所示。继续下面的操作：

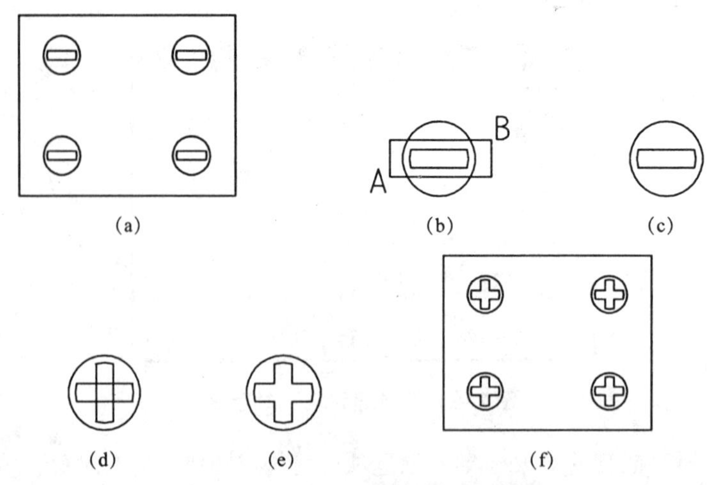

图 7-23 在位参照编辑图块举例

命令：TRIM ↵　　（激活修剪命令，剪去中间交叉部分）

命令：REFCLOSE ↵　　（激活保存参照编辑命令，也可直接单击“参照编辑”工具栏中的“将修改保存到参照”按钮）

输入选项 [保存(S)/放弃参照修改(D)] <保存>：↵　　（在弹出的对话框中单击“确定”按钮，将修改保存，“参照编辑“工具栏自动关闭）

正在重生成模型…

4 个块实例已更新（图形重新生成后，图中所有以前插入的块均自动修改）。

LD 已重定义。

7.4　属性的定义与显示

属性依附于图块存在，可以理解为图块所代表的符号的描述或某种量的值。带属性的图块就是带参数的图块，这种参数在插入时是可变的，而且是可编辑的。它可以满足某种结构相同而参数可以不同的图形重用，从而提高绘图效率。

7.4.1　定义属性（ATTDEF）

命令 ATTDEF/DDATTDEF 用于定义属性。将定义好的属性连同相关图形一起，用 BLOCK/BMAKE 命令定义成图块（即生成带属性的图块），在以后的绘图过程中可随时调用它，其调用方式跟一般的图块相同。属性值采用的字型应先进行设置（参见文字标注的相关章节）。

1）激活方式

“绘图”菜单：块►定义属性...　　　命令行：ATTDEF / DDATTEDEF(ATT)

2）命令说明

激活命令 ATTDEF 后，系统将弹出如图 7-24 所示的“属性定义”对话框。其主要内容如下：

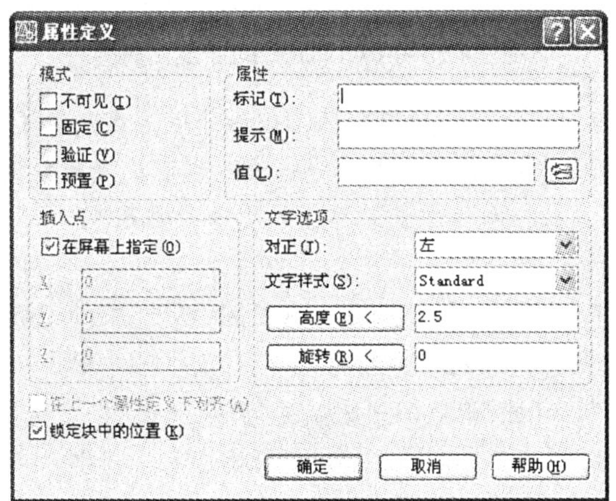

图 7-24　“属性定义”对话框

①“模式”组框用于设置属性的四种模式。其中：

● 不可见　该复选项用于设置属性的可见性。选取该项，属性在屏幕上将不可见。

● 固定　该复选项用于设置属性值是否为常量。选取该项，属性值设置为常量。

● 验证　选择该复选项，插入属性块时，系统将提醒用户核对输入的属性值是否正确。

● 预置　该复选框用于预设置属性值。它将用户在“值（L）”编辑框中输入的属性值作为预设值，在以后的属性块插入过程中，不再提示用户输入属性值。

②“属性”组框用于设定属性标志、提示内容以及默认属性值。其中：

● 标记　该输入框用于输入定义属性的标志。

● 提示　该输入框用于输入在插入属性块时将提示的内容。

● 值　该输入框用于设置属性的默认值。

③“插入点”组框用于设置属性块的插入点，其含义与图块定义相似（略）。

④“文字选项”组框用于设置属性文本的字体、对齐方式、字高及旋转角度。其中：

● 对正　该下拉列表框中列出了所有的文本对齐方式，用户可任选一种。

● 文字样式　该下拉列表中列出了所有用户已定义的文本字型，用户可任选一种（参见文本标注章节的相关内容）。

● 高度　单击该按钮可在绘图区指定或在右边的输入框中输入文本的高度值。

● 旋转　该按钮用于在绘图区指定或在右边的输入框中输入文本的旋转角度。

● 在上一个属性定义下对齐　该复选框用于设置将当前定义的属性自动放置于前一个属性定义的正下方。如果当前定义的属性是第一个定义的属性，则该选项无效。

3）命令举例

如图 7-25 所示，用命令 ATTDEF 定义一个带两个属性的简化的标题栏（属性分别为零件名称和制图人姓名），然后将其定义为一个属性块 BTL，并将其插入到图形中。其操作步骤如下：

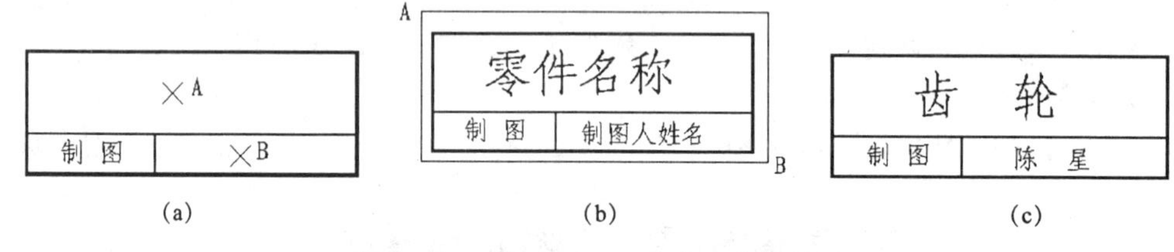

图 7-25　用 ATTDEF 命令定义属性

命令：RECTANGLE ↵　　（绘制标题栏的矩形外框，线宽设置为 0.5）

命令：LINE ↵　　（绘制标题栏内部的分隔线，线宽设置为默认宽度）

命令：TEXT ↵　　（在标题栏左下方格输入文本“制图”）

命令：ATTDEF ↵

在“模式”组框下选取“验证”复选框，在“属性”组框的“标记”框中输入“零件名称”，在“提示”框中输入“请输入零件名称”，在“值”框中输入“齿轮”。单击“拾取点”按钮拾取属性的插入点 A，如图 7-25（a）所示。在“文字样式”框中选择已定义的字型 ST（宋体）。最后单击“确定”按钮。

命令：↵　　（再次激活命令 ATTDEF 定义属性）

在“标记”框中输入“制图人姓名”，在“提示”框中输入“请输入制图者姓名”，在“值”

框中输入“陈星”。单击“拾取点”按钮拾取属性的插入点 B，如图 7-25（a）所示。最后单击“确定”按钮。

命令：BLOCK↵

在“名称”输入框中输入欲定义的属性块名 BTL，单击“拾取点”按钮在绘图区拾取图块基点，将属性块的插入基点指定为标题栏右下角点，单击对象栏的“选择对象”按钮在绘图区单击 A 点并拖动至 B 点，窗选组成属性块的实体，包括标题栏线框、文本和两个属性，如图 7-25（b）所示。

命令：INSERT↵

在弹出的插入对话框中选择插入 BTL 图块，输入或选择插入块的块名，单击“确定”按钮关闭对话框，在命令行继续执行下面的操作。

指定插入点或 [基点(B)/比例(S)/旋转(R)/预览比例(PS)/预览旋转(PR)]：在绘图区拾取插入点　（输入属性值）

请输入所绘制的零件名称 <齿轮>：↵　（直接回车，采用默认值，下同）

请输入制图人姓名<陈星>：↵

请输入所绘制的零件名称 <齿轮>：↵（验证属性值）

请输入制图人姓名 <陈星>：↵

7.4.2　属性显示控制（ATTDISP）

属性的可见性在定义属性时已由“不可见”模式设置好，但图形中插入的属性块可用命令 ATTDISP 重新设置其可见性。

1）激活方式

“视图”菜单：显示▶属性显示　　命令行：ATTDISP

2）命令说明

激活 ATTDISP 命令后，系统将提示“输入属性的可见性设置 [普通(N)/开(ON)/关(OFF)] <普通>:”，其中：

- 普通(N)　该选项用于将属性的可见性恢复为定义属性时的设置，也就是说，在定义属性时如果选用了 Invisible 模式设置，则恢复为不可见；否则恢复为可见。
- 开(ON)/关(OFF)　输入 ON，设置属性可见；输入 OFF，图形中插入的所有属性块的属性值都将隐藏，变为不可见。

7.5　编辑属性

用户插入带属性的图块后，在 AutoCAD 中还可以编辑修改图块中的属性。

7.5.1　改变属性定义（DDEDIT）

当用户定义好属性后，有时可能需要更改属性标志（属性名）、提示信息或默认值，这时可用命令 DDEDIT 加以修改。用户也可用特性编辑工具按钮（命令 DDMODIFY）属性标志（属性名）、提示信息或默认值的修改。

注意：命令 DDEDIT 针对尚未定义成块的属性和已插入到图形中的属性块将有不同的操作，会弹出不同的对话框。

1）激活方式

“修改”菜单：对象►文字►编辑…　　工具栏：　　命令行：DDEDIT（ED）

2）命令说明

激活命令 DDEDIT 后，系统提示“选择注释对象或[放弃(U)]:”，当用户拾取的是尚未定义成块的某一属性标记后，系统将弹出如图 7-26 所示的对话框。其主要内容如下：

- 标记　在该输入框中输入欲修改的属性标志。
- 提示　在该输入框中输入欲修改的提示内容。
- 默认　在该输入框中输入欲修改的默认属性值。

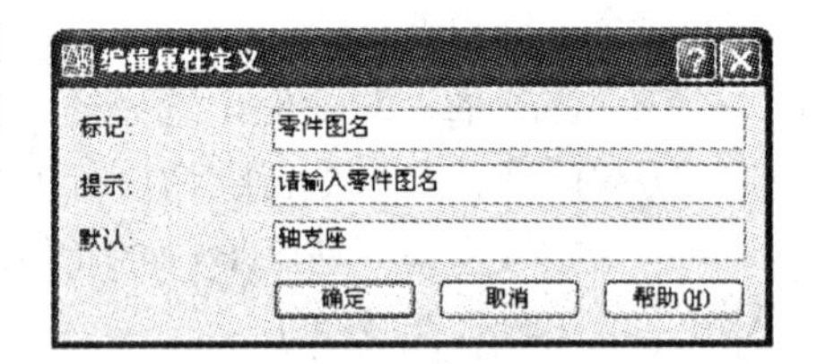

图 7-26 “编辑属性定义”对话框

完成一个属性的修改后，单击“确定”按钮退出对话框，系统再次重复提示“选择注释对象或 [放弃(U)]:”，选择下一个属性进行编辑，直至回车结束命令。

当用户在提示下拾取的是带属性的图块，则该命令等同于 EATTEDIT，具体操作参见 7.5.4 节。

7.5.2 改变属性值（ATTEDIT）

命令 ATTEDIT 用于修改图形中已插入的属性块的属性值。但此命令不能修改“常量”模式的属性值。

1）激活方式

命令行： ATTEDIT

2）命令说明

激活命令 ATTEDIT 后，系统提示“选择块参照:”，用户选取图块后，系统将弹出如图 7-27 所示的“编辑属性”对话框。其主要内容如下：

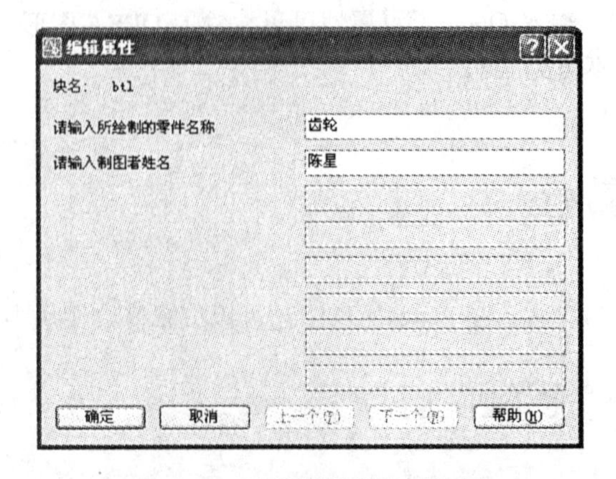

图 7-27 “编辑属性”对话框

● 块名　显示所选择的属性块的块名。

在块名下面的各行文本用于显示该属性块所包含的所有属性，左边显示各属性的提示内容，右边的文本编辑框内显示相应的属性值。修改文本编辑框中的内容即可更改相应属性的属性值。

3）命令举例

用命令 ATTEDIT 对图 7-28（a）中插入的属性块的值进行修改，结果如图 7-28（b）所示。其操作步骤如下：

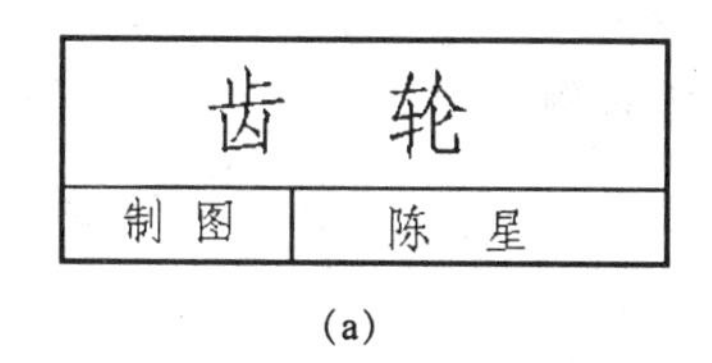

(a)

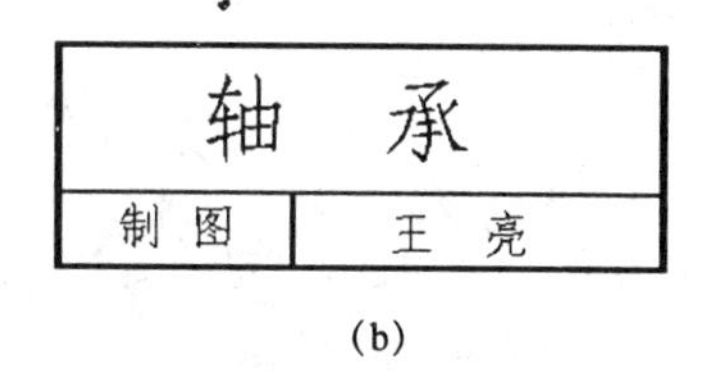

(b)

图 7–28　命令 ATTEDIT 修改属性

命令：　ATTEDIT↵

选择块参照：拾取图 7-28（a）的属性块

系统弹出如图 7-27 所示的“编辑属性”对话框。在第二个属性输入框中，将"齿轮"改为"轴承"，同时将姓名由“陈星”修改为“王亮”。单击“确定”按钮结束命令 ATTEDIT，结果如图 7-28（b）所示。

7.5.3　编辑属性全局（ATTEDIT）

命令 ATTEDIT 可以对图形中的所有属性块进行全局性编辑。它可以一次性对多个属性块同时进行编辑，也可对每个属性块进行多方面的编辑，如修改属性值、属性位置、属性文本高度、角度、字体、图层、颜色等。

1）激活方式

“修改”菜单：对象▶属性▶全局　　命令行：ATTEDIT

2）命令说明

激活命令－ATTEDIT 后，系统提示“是否一次编辑一个属性？[是(Y)/否(N)] <Y>:”。键入“Y”则逐个编辑属性；如果键入“N”，则同时编辑全部被选取属性的属性值。然后系统依次提示：“是否仅编辑屏幕可见的属性？[是(Y)/否(N)] <Y>”、“输入块名定义 <*>”、“输入属性标记定义 <*>”、“输入属性值定义 <*>”、“选择属性”、“输入要修改的字符串”、“输入新字符串”等。

当对属性进行逐个编辑时，系统将提示：“输入选项 [值(V)/位置(P)/高度(H)/角度(A)/样式(S)/图层(L)/颜色(C)/下一个(N)] <下一个>:”，用户可从列出的选项中选择一项对属性进行编辑。

3）命令举例

建立一个如图 7-29（a）所示的属性标志名为 BH 的属性块，并将其插入图中，如图 7-29（b）所示，然后将所有属性值中的“A”字符全部替换为“B”，结果如图 7-29（c）所示。其操作步骤如下：

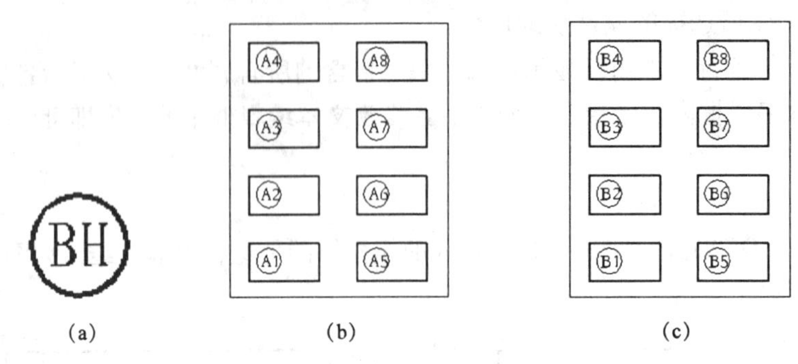

图 7-29　编辑属性全局举例

命令：　ATTEDIT↵

是否一次编辑一个属性？[是(Y)/否(N)] <Y>：N↵

正在激活属性值的全局编辑…

是否仅编辑屏幕可见的属性？[是(Y)/否(N)] <Y>：↵

输入块名定义 <*>：↵　　(接受默认方式编辑所有的图块)

输入属性标记定义 <*>：↵　　(接受默认方式编辑所有的属性)

输入属性值定义 <*>：↵　　(接受默认方式编辑所有的属性值)

选择属性：用窗选方式选取要编辑的属性块

选择属性：↵　　(回车结束选取)

已选择 8 个属性…

输入要修改的字符串：A↵　　(指定被替换的字符)

输入新字符串：B↵　　[输入新的字符，结果如图 7-29（c）所示]

在全局性编辑中，用户只能对属性值进行编辑，而不能修改其它的参数。－ATTEDIT 命令不能对常量属性值进行编辑。如果用户在选取属性时采用框选方式，则系统自动将符合条件的属性逐一进行编辑，而不符合条件的实体自动被排除。

7.5.4　增强属性编辑器

1）激活方式

“修改”菜单：对象▶属性▶单个…　　工具栏：　　命令行：EATTEDIT

2）命令说明

激活命令 EATTEDIT 后，系统将弹出图 7-30 所示的对话框，该对话框包含三个标签页：属性、文字选项和特性。

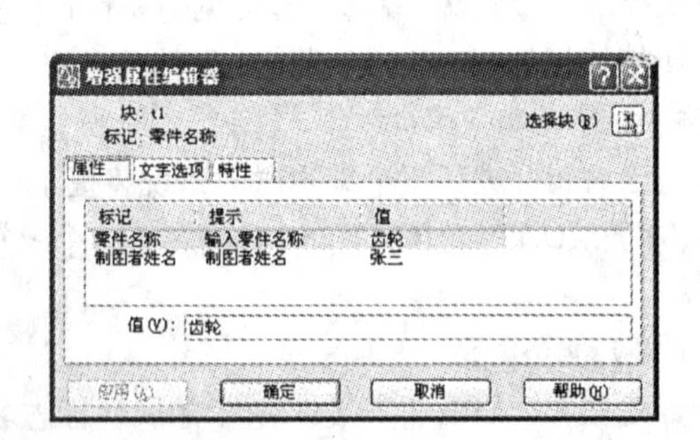

图 7-30　“增强属性编辑器”的属性标签页

在“属性”标签页中可以修改各属性的属性值。在如图 7-31 所示的“文字选项”标签页中可以修改所选属性文字的样式、高度、对齐方式等。在“特性”标签页中可以修改属性文字的图层、线型、颜色、线宽等选项，如图 7-32 所示。

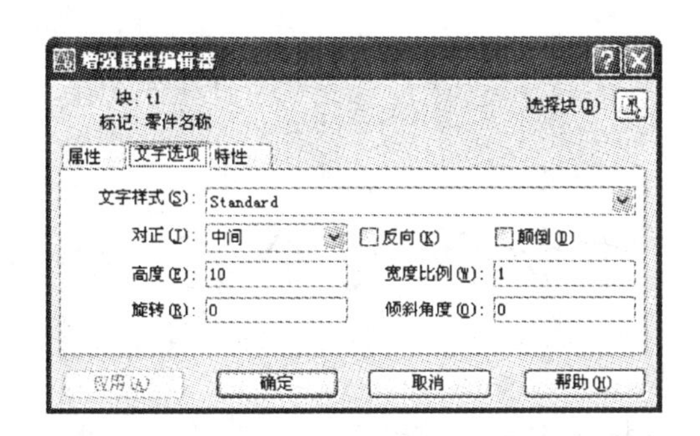

图 7-31 “增强属性编辑器”的文字选项标签页

图 7-32 “增强属性编辑器”的特性标签页

习　　题

7-1　将表面粗糙度符号及粗糙度（RA）值定义为带属性的图块，并将其插入用户自己所绘制的图中。

7-2　绘制一个 A3 幅面的图框，并绘制出标题栏，将图框与标题栏一起定义为带属性的图块，图块名为 TK，如题 7-2 图所示。

注意：① 标题栏中的汉字用文本标注命令输入。标题栏中的字母表示各种属性，其中：A 为制图者姓名属性；B 为校核者姓名属性；C 为制图单位属性；D 为零件名称属性；E 为零件材料属性；F 为比例值属性；G 为零件件数属性。

② 图中的尺寸标注是作图时的参考尺寸，在图上不用标出。

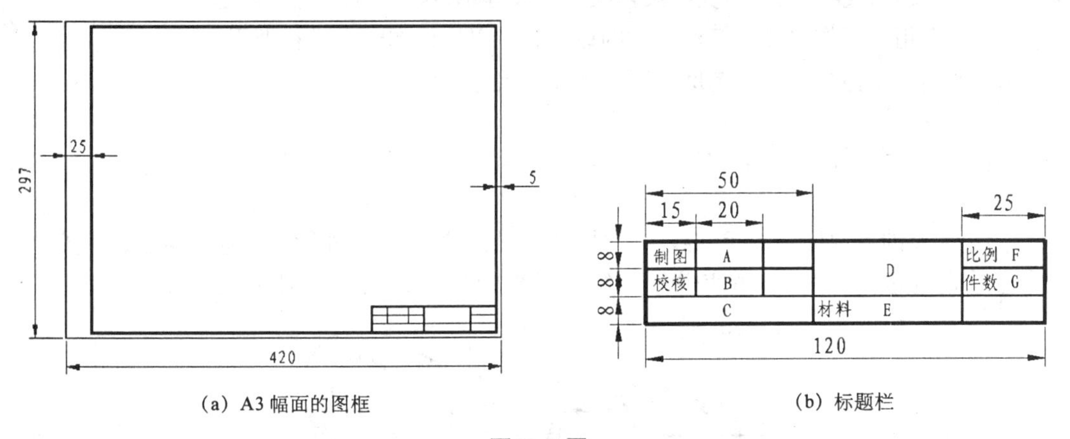

(a) A3 幅面的图框　　(b) 标题栏

题 7-2 图

第 8 章 尺寸标注与公差

尺寸与公差是工程制图的一项重要内容，它用来表达机械或建筑构件各部位的大小、形状、位置，以及所允许的加工和制造误差，是产品设计、制造和装配的主要依据。AutoCAD 为用户提供了详细的尺寸与公差标注命令，利用这些命令，用户可以方便、简洁地标注图形的各种尺寸。用 AutoCAD 标注尺寸时，系统可以自动测量所要标注线段或角度的尺寸，因此，用户在绘图时应尽量准确，在标注时灵活运用对象捕捉、正交等辅助定位工具，提高标注的准确性和工作效率。

8.1 尺寸标注基础

用 AutoCAD 对工程图样进行标注时，一般可以按照下面的步骤进行：

① 建立一个新图层，专门用于尺寸标注。

② 创建专门的尺寸标注所需的文本类型。

③ 通过“标注样式管理器”对话框及其子对话框设置符合国标要求的尺寸标注形式，如尺寸线、尺寸界线、尺寸箭头、尺寸文本、尺寸单位、尺寸精度、公差等。

④ 保存用户所作的尺寸标注样式的设置，在以后作图时可进行调用。

⑤ 使用对象捕捉方式等辅助绘图方法进行尺寸标注。

8.1.1 尺寸标注的组成

一个完整的尺寸标注由尺寸线、尺寸界线、尺寸文本、尺寸箭头等部分组成；另外，尺寸标注有时还包括公差、单位和说明内容。图 8-1 是一个典型的尺寸标注的例子。

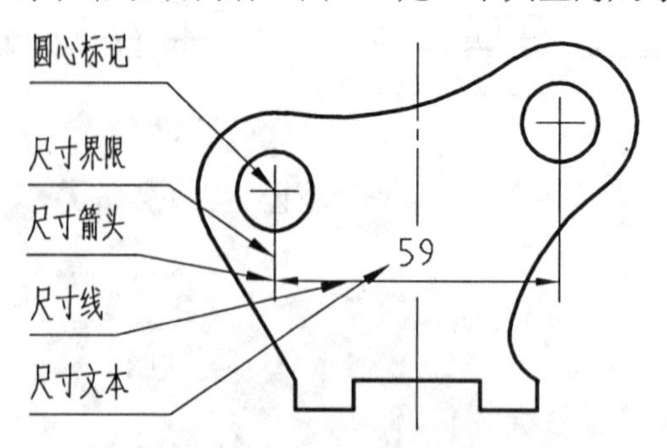

图 8–1 典型的尺寸标注例子

● 尺寸线　通常与所标注对象平行，放在两尺寸界线之间；尺寸线不能用图形中已有图线代替，必须单独画出。

● 尺寸界线　从图形的轮廓线、轴线或对称中心线引出，有时也可以利用轮廓线代替，用以表示尺寸的起始位置。

● 尺寸箭头　在尺寸线两端，用以表明某个尺寸的具体起始位置。

● 尺寸文本　写在尺寸线上方或中断处，用以表示所选定图形的具体大小。AutoCAD 自动生成所要标注对象的尺寸数值，用户可以默认、添加或修改此尺寸数值。

● 引出线标注　用多重线段（折线或曲线)、箭头和注释文本对一些特殊结构或不清楚的内容进行补充说明的一种标注方式。

● 中心标记　指示圆或圆弧的中心。

另外，在进行尺寸标注时应遵循机械或建筑制图中国家标准对有关尺寸标注的规定，这里不再赘述。

8.1.2 尺寸标注的类型

AutoCAD 为用户提供了 8 种基本的尺寸标注形式，即线性尺寸标注、径向尺寸标注、角度尺寸标注、坐标尺寸标注、折弯标注、弧长标注、引出线尺寸标注、公差标注和中心标注。其中线性尺寸标注又包括线性标注、对齐标注、基线标注和连续线标注。径向尺寸标注包括半径标注和直径标注。角度尺寸标注包括角度标注、基线标注和连续线标注。各种标注的形式如图 8-2 所示，具体使用方法将在下面的内容中详细介绍，请仔细阅读。

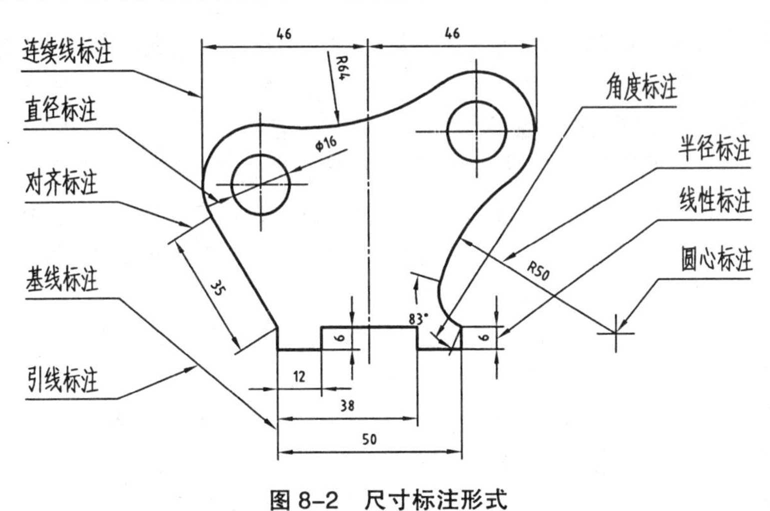

图 8-2　尺寸标注形式

8.2 尺寸标注样式

用户在进行尺寸标注前，应首先设置尺寸标注样式，然后再按这种样式进行标注，才能获得满意的效果。

● 激活方式

“标注”菜单：标注样式　　“标注”工具栏：　　命令行：DIMSTYLE

用户执行 DIMSTYLE 命令后，将出现如图 8-3 所示的对话框。在这个对话框中，用户可以按照国家标准的规定以及具体使用要求设置标注样式；同时，用户也可以对已有的标注样式进行局部修改，以满足当前的使用要求。下面就详细介绍此对话框的使用方法。

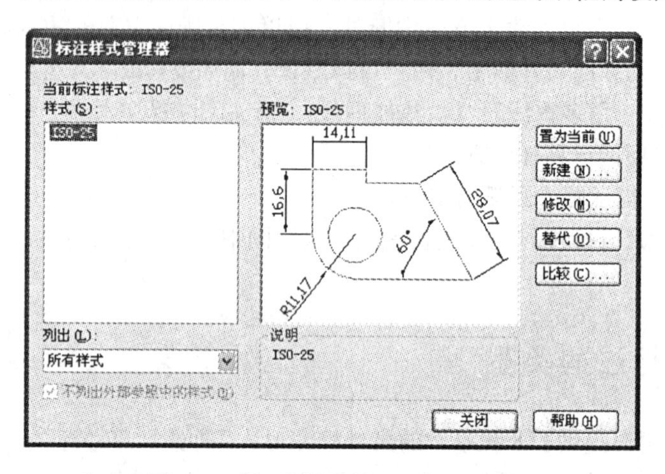

图 8-3　“标注样式管理器”对话框

8.2.1　标注样式管理

在图 8-3 所示的“标注样式管理器”对话框中，用户可以新建、修改、替换和编辑尺寸标注样式。

● 样式（S）　在此列表框中显示全部标注样式的名称。

● 列出（L）　在此下拉式列表框中，用户可控制样式列表框中显示文件的类型。

● 预览　在此列表框中将预显示用所选的标注样式标注图形所能达到的效果。

● 置为当前（U）　此按钮用于设置当前标注样式。用户在样式列表框中选择一种标注样式，然后单击此按钮，即将它设置为当前标注样式。

● 新建（N）　此按钮用于确定新标注样式的名称及使用范围。单击新建按钮后，将打开如图 8-4 所示对话框，该对话框的使用方法如下：

新样式名（N）——在此编辑框中输入所要建立的新标注样式名称。

基础样式（S）——在此下拉式列表框选择一种已有的标注样式，新的标注样式将继承此标注样式的所有特点。用户可以在此标注样式的基础上修改不符合要求的部分，从而提高工作效率。

用于（U）——限定新标注样式的应用范围。此下拉式列表框共有 7 个选项：所有尺寸标注、线性标注、角度标注、半径标注、直径标注、坐标标注、引线和公差标注。例如，如果用户在标注直径时，想改变尺寸文本的书写方式，就可以在此选择直径标注项，然后再进

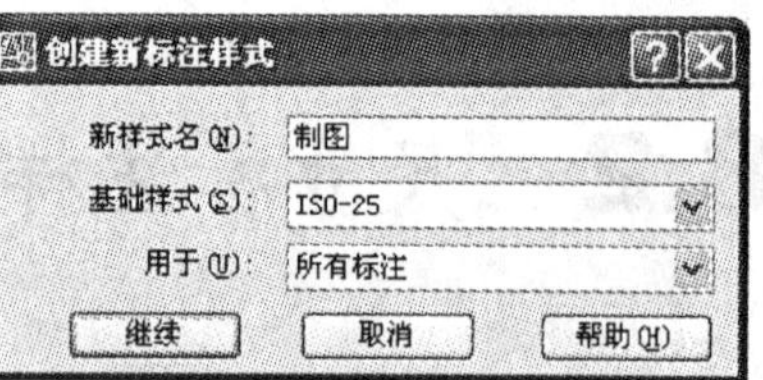

图 8-4　“创建新标注样式”对话框

行具体的设置。注意：只有在标注直径尺寸时，这种新方式才被应用，其它类型的标注样式维持原有的标注方式。

继续 ——此按钮用于标注样式的具体内容设置，在下一节中将详细介绍标注样式的设置方法。

● 修改（M）　此按钮用于对现在选用的样式进行修改。

● 替代（O）　此按钮用于设置标注样式的临时替代值。如果用户使用替代标注进行尺寸标注，在标注完成后，如果结果不符合要求，这种样式可以被取消。

● 比较（C）　此按钮用于比较两种标注样式的不同点。单击此按钮后，将出现如图 8-5 所示的对话框，在此对话框中 AutoCAD 发现 8 个区别，并在列表框中显示当前所选择的两种标注样式在设置上有差别。该对话框各项的意义是：

比较（C）——选择要比较的标注样式。用户可在下拉式列表框中选择一种要比较的标注样式名称。

与（Y）——选择一种用于比较的标注样式。

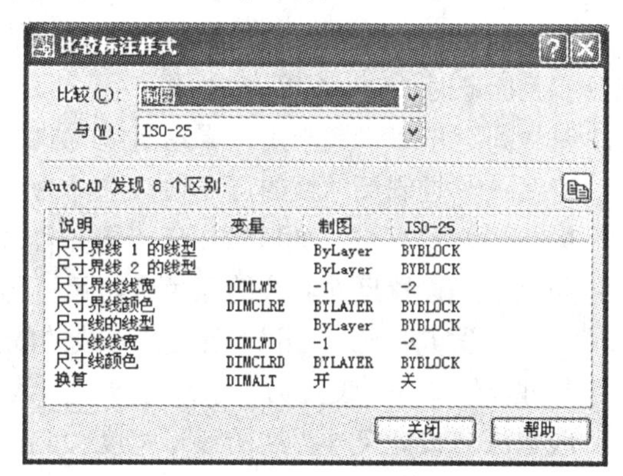

图 8-5　“比较标注样式”对话框

8.2.2　设置尺寸标注样式

用户在单击图 8-3 中的“修改（M）”或“替代（O）”按钮以及图 8-4 中的“继续”按钮后，都会打开如图 8-6 所示的对话框，以这三种方式打开的对话框内容完全一致，但对话框的名称不同。在这个对话框中，用户可以进行具体的尺寸样式设置。

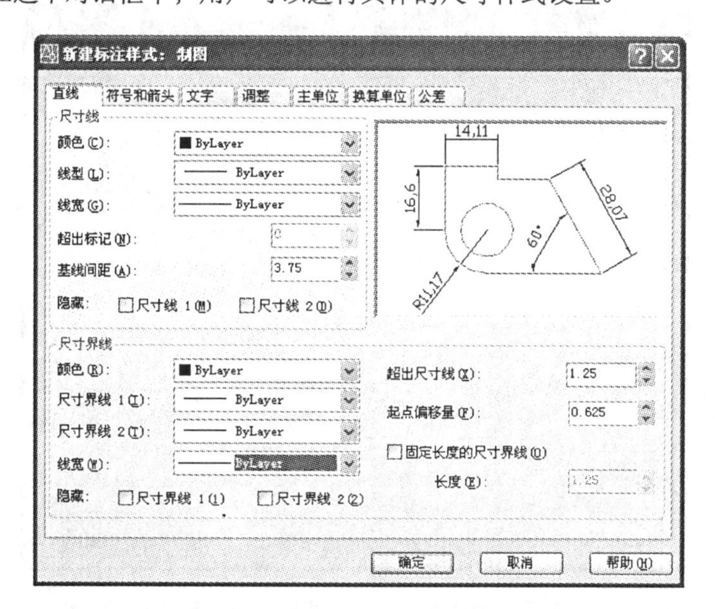

图 8-6　“新建标注样式”对话框中的“直线”标签页

1）“直线”标签页

该标签页用于设置和修改尺寸标注中尺寸线、尺寸界线的属性，如图 8-6 所示。各项的意义如下：

● 尺寸线区域　此区域用于设置和修改尺寸线的属性。

颜色 ——设置尺寸线的颜色，用户可以在下拉式列表框中直接选择一种颜色。

线型 ——设置尺寸线的线型，一般应使用细实线。

线宽 ——设置尺寸线的宽度，可在下拉式列表框中直接选择，一般应使用细实线。

超出标记 ——设置尺寸线超出尺寸界线的距离。用户只有在箭头使用倾斜、建筑标记、积分和无标记时，这一编辑框才能使用。

基线间距 ——设置当用户采用基线方式标注图形尺寸时，尺寸线之间的间距。

隐藏 ——控制尺寸线的可见性，选择为不可见，缺省为可见。

● 尺寸界线区域　此区域用于设置和修改尺寸界线的属性。

颜色 ——设置尺寸界线的颜色，与尺寸界线颜色设置方法相同。

尺寸界线 1 ——设置第一条尺寸界线的线型，一般应使用细实线。

尺寸界线 2 ——设置第二条尺寸界线的线型，一般应使用细实线。

线宽 ——设置尺寸界线的线形宽度，可在下拉式列表框中直接选择，一般应使用细实线。

隐藏 ——控制尺寸界线的可见性。缺省为可见，选择为不可见。

超出尺寸线 ——设置尺寸界线超出尺寸线的距离。

起点偏移量 ——设置尺寸界线的起点与被标注对象间的距离。

固定长度的尺寸界线 ——设置尺寸界线从尺寸线开始到标注结束点的总长度。

2）“符号和箭头”标签页

该标签页用于设置箭头、圆心标记、弧长符号和折弯半径标注的样式和位置，如图 8-7 所示，各项意义如下：

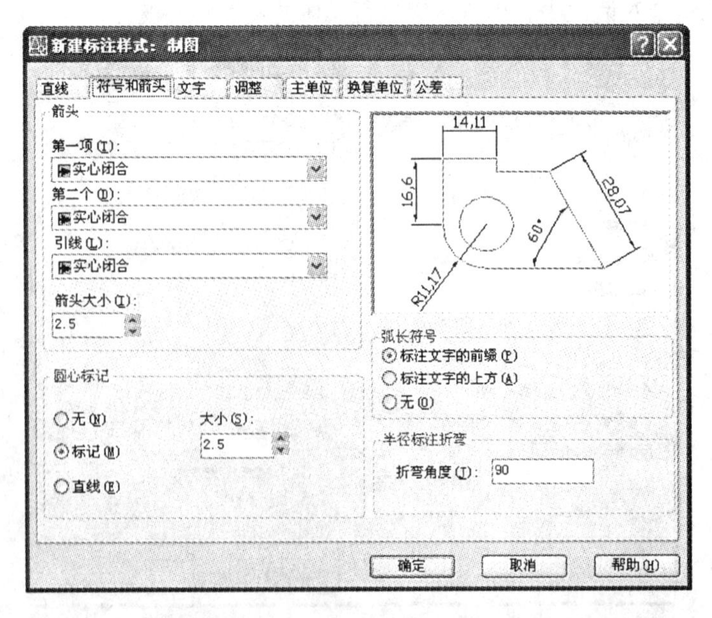

图 8-7 “新建标注样式”对话框中的“符号和箭头”标签页

● 箭头　此区域用于控制标注箭头的外观。

第一个/第二个 ——选择第一、第二尺寸箭头的类型。用户可以从下拉式列表框中选取所需的箭头种类。与第一尺寸界线相连的，即第一尺寸箭头；反之则为第二尺寸箭头。用户也可以设计自己的箭头形式，并存储为块文件，以供使用。

引线 ——选择旁注线箭头样式，一般为实心闭合箭头。

箭头大小 ——设置尺寸箭头的尺寸。

● 圆心标记　此区域用于设置直径或半径标注时圆心标记和中心线的外观。

类型 ——设置中心标记的类型，共有三种：无（不创建圆心标记或中心线）、标记（创建新的圆心标记）、直线（创建中心线圆心标记）。

大小 ——显示和设置圆心标记或中心线的长度。

● 弧长符号　此区域用于控制弧长标注中圆弧符号的显示。

标注文字的前面 ——将弧长符号放在标注文字的前面。

标注文字的上方 ——将弧长符号放在标注文字的上方。

无 ——不显示弧长符号。

● 半径标注折弯　此区域用于控制折弯（Z 字型）半径标注的显示，此标注通常在中心点位于绘图界面外部时使用。

折弯角度 ——确定用于连接半径标注的尺寸界线和尺寸线的横向直线的角度。

3）“文字”标签页

该标签页用于设置标注文字的样式、放置和对齐方式，如图 8-8 所示，各项意义如下：

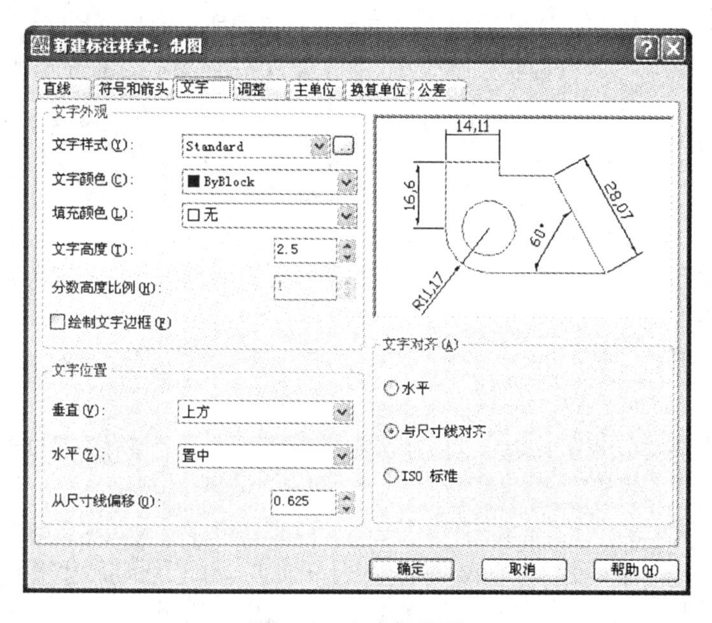

图 8–8　文字标签页

● 文本外观区域　该区域用于设置尺寸文本的类型、颜色及字体高度等内容。

文字样式 ——显示和设置当前标注文字样式。要创建和修改标注文字样式，请单击列表旁边的 [...] 按钮，从列表中选择一种样式。

文字颜色 ——设置标注文字的颜色。如果选择“其它”（在“颜色”列表底部），将显示

“选择颜色”对话框，也可以在文本框里输入颜色名或颜色号。

填充颜色——设置标注中文字背景的颜色，即底色。

文字高度——设置当前标注文字样式的高度。如果在“文字样式”中将文字高度设置为固定值（即文字样式高度大于 0），则该高度将替代此处设置的文字高度。如果要使用在“文字”标签页上设置的高度，请确保“文字样式”中的文字高度设置为 0。

分数高度比例——设置相对于标注文字的分数比例。仅当在“主单位”标签页上选择“分数”作为“单位样式”时，此选项才可用。在此处输入的值乘以文字高度，可确定标注分数相对于标注文字的高度。

绘制文字边框——在标注文字的周围绘制一个边框。

● 文字位置区域　该区域用于设置尺寸文本相对于尺寸线、尺寸界线的位置。

垂直——控制标注文字相对尺寸线的垂直位置。共有四种：置中（将标注文字放在尺寸线的两部分中间），上方（将标注文字放在尺寸线上方），置外（将标注文字放在尺寸线上远离定义点的一边），JIS[按照日本工业标准（JIS）放置标注文字]。

水平——控制标注文字相对于尺寸线和尺寸界线的水平位置。共有五种：置中（把标注文字沿尺寸线放在两条尺寸界线的中间），第一条尺寸界线（沿尺寸线与第一条尺寸界线左对正），第二条尺寸界线（沿尺寸线与第二条尺寸界线右对正），第一条尺寸界线上方（沿着第一条尺寸界线放置标注文字或把标注文字放在第一条尺寸界线之上），第二条尺寸界线上方（沿着第二条尺寸界线放置标注文字或把标注文字放在第二条尺寸界线之上）。

从尺寸线偏移——设置当前文字间距，文字间距是指当尺寸线断开以容纳标注文字时标注文字周围的距离。AutoCAD 也将该值用作尺寸线线段所需的最小长度。

● 文字对齐区域　控制标注文字放在尺寸界线外边或里边时的方向是保持水平还是与尺寸界线平行。

水平——尺寸文本始终水平书写。

与尺寸线对齐——尺寸文本始终与尺寸线保持平行。

ISO 标准——尺寸文本按国际标准的要求书写。

● 屏幕预显示区域　从该区域可以了解用上述设置进行标注可得到的效果。

4）“调整”标签页

该标签页用于控制标注文字、箭头、引线和尺寸线的放置，如图 8-9 所示，各项的意义如下：

● 调整选项区域　控制基于尺寸界线之间可用空间的文字和箭头的位置。共有五种方式可供用户进行选择。

● 文字位置区域　设置当标注文字不在默认位置（由标注样式定义的位置）时，标注文字所放置的位置。共有三种：尺寸线旁边、尺寸线上方，加引线、尺寸线上方，不加引线。

● 标注特征比例区域　设置全局标注比例或图纸空间比例。

使用全局比例——指定大小、距离或包含文字和箭头大小的间距的所有标注样式设置的比例。

按布局（图纸空间）缩放标注——根据当前模型空间视口和图纸空间之间的比例确定比例因子。

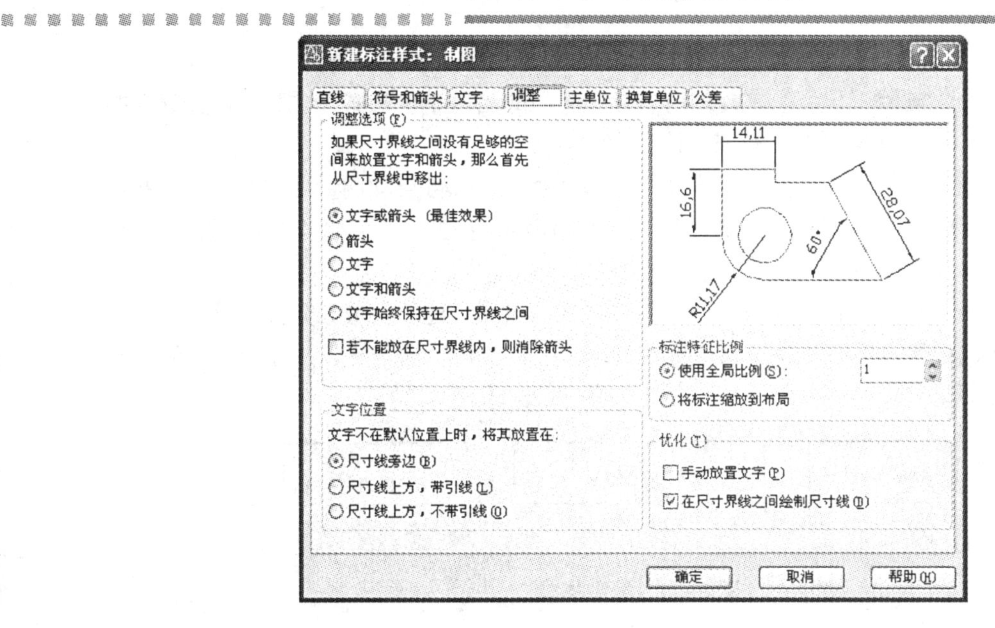

图 8–9　调整标签页

● 调整区域　该区域用于更好地调节尺寸文本的位置。

标注时手动放置文字——在标注尺寸时，如果上述选项都无法满足使用要求，则可以选择此项，用手动方式调节尺寸文本的摆放位置。

始终在尺寸界线之间绘制尺寸线——始终在测量点之间绘制尺寸线，即使 AutoCAD 将箭头放在测量点之外。

5）“主单位”标签页

该标签页用于设置主标注单位的样式和精度，并设置标注文字的前缀和后缀，如图 8-10 所示，各项的意义如下：

新建标注样式：制图
直线
符号和箭头
文字
调整
主单位
换算单位
公差
线性标注
单位格式(U)：小数
精度(P)：0.00
分数格式(M)：水平
小数分隔符(C)：'，'（逗点）
舍入(R)：0
前缀(X)：
后缀(S)：
测量单位比例
比例因子(E)：1
仅应用到布局标注
消零
前导(L)
后续(T)
0 英尺(F)
0 英寸(I)
14,11
16,6
28,07
60°
R11,17
角度标注
单位格式(A)：十进制度数
精度(O)：0
消零
前导(D)
后续(N)
确定
取消
帮助(H)

图 8–10　主单位标签页

● 线性标注区域　设置线性标注的样式和精度。

单位样式 ——设置除“角度”之外的所有标注类型的当前单位样式。注意：堆叠分数中数字的相对大小取决于 DIMTFAC 系统变量。

精度 ——设置尺寸标注的精度。用户在标注尺寸时，系统可自动测量形体的尺寸，并可达到很高的精度，但实际工作中对尺寸精度有一定的限制。因此，用户应根据需要选择一个适合的精度等级，以供使用（一般情况下，选择 0）。

分数样式 ——选择分数样式，只有当“单位样式”选择“建筑”或“分数”时，此项才可以使用。在下拉式列表框中，有三项可供选择：水平、对角、非堆叠。这三种方式的布置形式如图 8-11 所示。

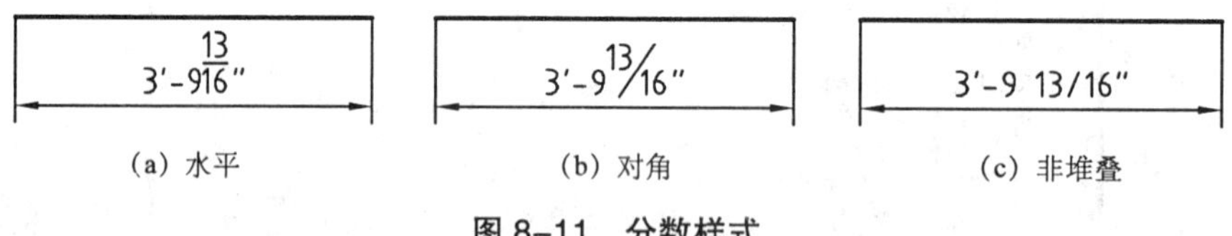

（a）水平　（b）对角　（c）非堆叠

图 8–11　分数样式

小数分隔符 ——设置十进制样式的分隔符。下拉式列表框提供了三种小数点形式：句点、逗点、空样。

舍入 ——为除“角度”之外的所有标注类型设置标注测量值的舍入规则。如果输入 0.5，则所有标注距离都以 0.5 为单位进行舍入。

前缀/后缀 ——用户可通过此选项给标注文字指示一个前缀或后缀。如果用户使用了这两个编辑框，则所有的尺寸文本都将显示编辑框中添加的前缀或后缀，但实际上并不是所有的尺寸文本都需要相同的前缀或后缀。因此，一般情况下，不要使用这两个编辑框。当需要为尺寸文本添加前缀或后缀时，可在具体标注时加入。

● 测量单位比例　该区域用于设置测量线性尺寸时所采用的比例。

比例因子 ——设置线性标注测量值的比例因子。AutoCAD 按照此处输入的数值放大标注测量值。例如，如果测量尺寸为 12.0，比例因子设置为 5，则最后所标注的尺寸为 60.0。

仅应用到布局标注　仅对在布局中创建的标注应用线性比例值。因此，长度比例因子可以反映模型空间视口中的对象的缩放比例因子。

● 消零　该区域用于控制不输出前导零和后续零以及具有值为零的尺寸。

前导/后续 ——不输出所有十进制标注中的前导零或后续零。

0 英尺 ——当距离小于一英尺时，不输出英尺-英寸型标注中的英尺部分。

0 英寸 ——当距离是整数英尺时，不输出英尺-英寸型标注中的英寸部分。

● 角度标注　该区域用于设置角度标注的当前角度样式。

单位样式 ——选择角度测量单位的样式。

精度 ——选择角度测量精度。

消零 ——不输出十进制角度标注中的前导零/后续零。

6）“换算单位”标签页

该标签页用于指定标注测量值中换算单位的显示并设置其样式和精度，如图 8-12 所示，即同时显示在两种不同的测量单位中同一对象的不同数值。各项的意义如下。

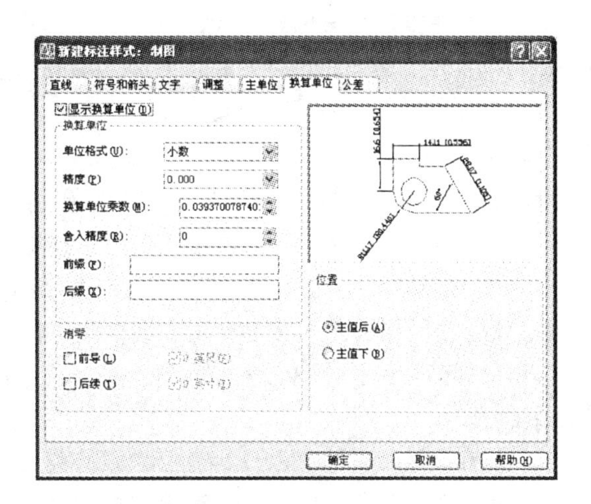

图 8-12 “换算单位”标签页

● 显示换算单位区域　为标注文字添加换算测量单位。只有选择此项后，该对话框的其它选项才能被执行。

● 换算单位区域　设置除“角度”之外的所有标注类型的当前换算单位样式。

单位样式 ——设置换算单位样式。

精度 ——设置换算单位中的小数位数。

换算单位乘数 ——指定一个乘数，作为主单位和换算单位之间的换算因子。

舍入精度 ——设置除“角度”之外的所有标注类型的换算单位的舍入规则。

前缀或后缀 ——给换算后所标注的文字指定一个前缀或后辍。

● 消零区域　控制不输出前导零和后续零以及具有值为零的英尺和英寸。

● 位置区域　控制换算单位的位置。

主值后 ——将换算单位放在主单位之后。

主值下 ——将换算单位放在主单位下面。

7）公差标签页

该标签页用于控制标注文字中公差的显示与样式，如图 8-13 所示，各项的意义如下：

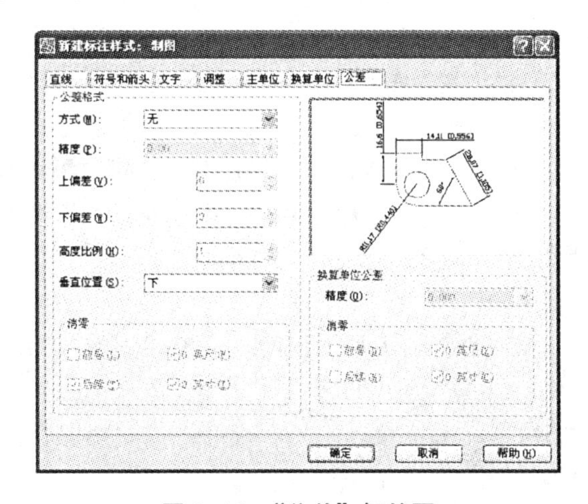

图 8-13 “公差”标签页

- 公差样式区域　该区域用于设置公差标注样式。

方式 ——通过此选项，用户可以选择尺寸公差标注类型。AutoCAD 提供了五种尺寸公差标注类型。

精度 ——设置小数位数。

上偏差/下偏差 ——设置最大公差或上偏差/最小公差或下偏差。

高度比例 ——设置公差数字高度的比例因子。这个比例因子是相对于尺寸文本而言的。例如，尺寸文本的字高为 10.0，若比例因子设置为 0.5，则公差数字高度为 5.0。

垂直位置 ——控制对称公差和极限公差的文字对正方式，此下拉式编辑框有三个选项：上（公差文字与主标注文字的顶部对齐），中（公差文字与主标注文字的中间对齐），下（公差文字与主标注文字的底部对齐）。

- 消零区域　控制不输出前导零和后续零以及具有值为零的英尺和英寸。
- 换算单位公差区域　设置换算公差单位的精度和消零规则。

精度 ——设置小数位数。

消零 ——控制不输出前导零和后续零以及具有值为零的英尺和英寸。

上述操作完成后，用户就建立了一个新的尺寸标注样式，单击“确定”按钮完成“修改标注样式”、“替代当前样式”或“新建标注样式”对话框，回到“标注样式管理器”对话框，将此样式设置为当前标注样式，点取“关闭”按钮，结束尺寸标注样式的设置。这样，用户就可以用上面设置好的标注样式进行具体的尺寸标注了。

注意：用户在设置尺寸标注样式时，应该参照国家标准的有关要求进行，这样才能使所标注的尺寸符合要求。

8.3 标注尺寸

尺寸标注样式设置完成后，用户就可以进行具体的标注了。在标注前，用户必须确定所要标注的对象属于哪种形式，然后再选择适当的命令进行标注。下面详细介绍每个标注命令的使用方法及运用范围。

8.3.1 线性标注（DIMLINEAR）

此命令可用于标注水平和垂直的线性尺寸，用户可以通过直接指定两个尺寸界线端点，或直接选取对象的方法进行标注。一旦所标注对象选择确定后，系统将自动测量所选对象两端点之间的距离，并按照用户所设置的标注样式自动标注。

1）*激活方式*

“标注”菜单：线性　　“标注”工具栏：⊢⊣　　命令行：DIMLINEAR

2）*命令举例*

标注如图 8-14 所示的尺寸。

命令：　DIMLINEAR↵

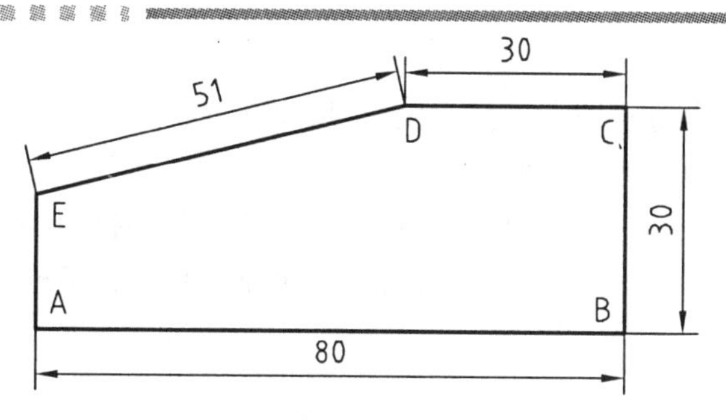

图 8–14 线性标注

指定第一条尺寸界线原点或 <选择对象>：拾取 A 点

指定第二条尺寸界线原点：拾取 B 点

指定尺寸线位置或[多行文字(M)/文字(T)/角度(A)/水平(H)/垂直(V)/旋转(R)]：拖动鼠标确定尺寸线位置或输入距离值确定尺寸线的位置

命令：DIMLINEAR↵

指定第一条尺寸界线原点或 <选择对象>：↵

选择标注对象：选择线段 BC

指定尺寸线位置或[多行文字(M)/文字(T)/角度(A)/水平(H)/垂直(V)/旋转(R)]：拖动鼠标确定尺寸线位置或输入距离值确定尺寸线位置

3）命令说明

- 指定尺寸线位置 指定一个点，从而确定尺寸线的位置和尺寸界线的方向；另外，用户也可以直接输入尺寸线与所标注对象的距离。
- 多行文字/文字 如果用户需要标注的文本与系统自动测量的数据有差别，可以使用多行文字(M)/文字(T)选项对尺寸文本进行编辑，编辑方法与文本输入方法一致。
- 角度 修改尺寸文本的书写角度。
- 水平/垂直 强制进行水平或垂直方向的尺寸标注。
- 旋转 强制标注指定角度方向上两点之间的尺寸，即斜向尺寸。

8.3.2 对齐标注（DIMALIGNED）

此命令可用于标注水平、垂直和倾斜的线性尺寸，标注尺寸线始终和所标注的对象平行。如果标注对象为圆弧，则尺寸线与弧线两端点的连线平行。

1）激活方式

“标注”菜单：基线 “标注”工具栏： 命令行：DIMALIGNED

2）命令举例

标注如图 8-14 所示的尺寸。

命令： DIMALIGNED↵

指定第一条尺寸界线原点或 <选择对象>：拾取 C 点

指定第二条尺寸界线原点：拾取 D 点

指定尺寸线位置或[多行文字(M)/文字(T)/角度(A)]：确定标注位置

命令：DIMALIGNED↵

指定第一条尺寸界线原点或 <选择对象>：拾取 E 点

指定第二条尺寸界线原点：拾取 D 点

指定尺寸线位置或[多行文字(M)/文字(T)/角度(A)]：确定标注位置

注意："对齐标注"与"线性标注"的标注对象基本相同，不过"对齐标注"在标注倾斜对象时，使用更方便。

8.3.3 基准线尺寸标注（DIMBASELINE）

此命令是从上一个标注或选定标注的基线处创建线性标注、角度标注或坐标标注。该命令可创建以相同基准点测量的一系列相关标注。

1）***激活方式***

"标注"菜单：基线　　"标注"工具栏：　　命令行：DIMBASELINE

2）***命令举例***

标注如图 8-15 所示的尺寸。

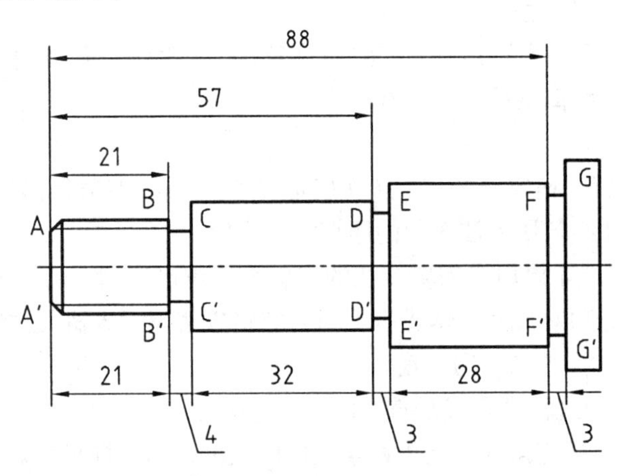

图 8–15　基线、连续线标注

命令：　DIMLINEAR↵

指定第一条尺寸界线原点或 <选择对象>：拾取 A 点

指定第二条尺寸界线原点：　拾取 B 点

指定尺寸线位置或[多行文字(M)/文字(T)/角度(A)/水平(H)/垂直(V)/旋转(R)]：　确定标注位置

命令：DIMBASELINE↵

指定第二条尺寸界线原点或 [放弃(U)/选择(S)] <选择>：拾取 D 点

指定第二条尺寸界线原点或 [放弃(U)/选择(S)] <选择>：拾取 F 点

指定第二条尺寸界线原点或 [放弃(U)/选择(S)] <选择>：直接回车结束基线标注

注意：使用基线标注时，尺寸线之间的距离在"标注样式"对话框的"直线"标签页中进行设置，标注时不能修改；同时，所标注的尺寸数字也不能修改。

8.3.4　连续尺寸标注（DIMCONTINUE）

此命令是从上一个标注或选定标注的第二条尺寸界线处创建线性标注、角度标注或坐标标注。此命令用于绘制系列相关的尺寸标注，如添加到整个尺寸标注系统中的一些短尺寸标注。连续标注也称为链式标注。

1）激活方式

“标注”菜单：连续　　“标注”工具栏：　　命令行：DIMCONTINUE

2）命令举例

标注如图 8-15 所示的尺寸。

命令：DIMLINEAR↵

指定第一条尺寸界线原点或 <选择对象>：拾取 A′点

指定第二条尺寸界线原点：拾取 B′点

指定尺寸线位置或[多行文字(M)/文字(T)/角度(A)/水平(H)/垂直(V)/旋转(R)]：确定标注位置

命令：DIMCONTINUE↵

指定第二条尺寸界线原点或 [放弃(U)/选择(S)] <选择>：拾取 C′点

指定第二条尺寸界线原点或 [放弃(U)/选择(S)] <选择>：拾取 D′点

指定第二条尺寸界线原点或 [放弃(U)/选择(S)] <选择>：拾取 E′点

指定第二条尺寸界线原点或 [放弃(U)/选择(S)] <选择>：拾取 F′点

指定第二条尺寸界线原点或 [放弃(U)/选择(S)] <选择>：拾取 G′点

指定第二条尺寸界线原点或 [放弃(U)/选择(S)] <选择>：直接回车结束基线标注

注意：使用连续尺寸标注时，尺寸线的位置与前一次标注的尺寸线平齐，标注时不能进行修改；同时，所标注的尺寸数字也不能修改。

8.3.5　半径/直径尺寸标注（DIMRADIUS/DIMDIAMETER）

这两个命令只能用于标注圆或圆弧的半径/直径，它们的使用方法基本相同。当用户选定对象后，系统自动测量所选圆或圆弧的半径/直径及圆心位置，并自动在标注文本前加上“R”和“ϕ”符号。

1）激活方式

“标注”菜单：半径/直径　　“标注”工具栏：　/

命令行：DIMRADIUS/DIMDIAMETER

2）命令举例

标注如图 8-16（a）所示的尺寸。

命令：DIMRADIUS↵

选择圆弧或圆：选择倒角圆弧

指定尺寸线位置或 [多行文字(M)/文字(T)/角度(A)]：确定标注位置

命令：DIMRADIUS↵

选择圆弧或圆：选择中间半圆弧

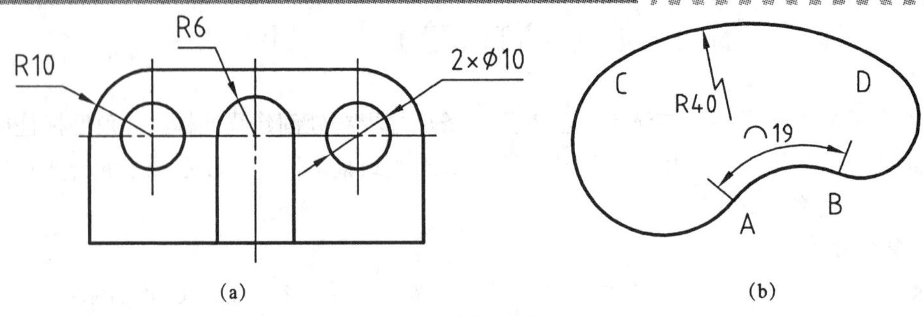

(a)　　(b)

图 8–16　半径/直径标准

指定尺寸线位置或 [多行文字(M)/文字(T)/角度(A)]：确定标注位置

命令：DIMDIAMETER↵

选择圆弧或圆：选择任意圆

指定尺寸线位置或 [多行文字(M)/文字(T)/角度(A)]：M↵　(在打开的多行文本编辑器中输入 2 × ϕ12)

指定尺寸线位置或 [多行文字(M)/文字(T)/角度(A)]：确定标注位置

8.3.6　折弯半径标注（DIMJOGGED）

此命令用于标注圆、圆弧或多段线弧线段的圆心不在图纸幅面内或圆心无法标注时，圆、圆弧或多段线弧线段对象的半径标注。

1）激活方式

“标注”菜单：折弯　　“标注”工具栏：　　命令行：DIMJOGGED

2）命令举例

标注如图 8-16（b）所示的尺寸。

命令：DIMJOGGED↵

选择圆弧或圆：选择 CD 圆弧

指定中心位置替代：任意拾取一个点，替代原来的圆心

指定尺寸线位置或 [多行文字(M)/文字(T)/角度(A)]：确定标注位置

指定折弯位置：任意拾取一个点，作为转折位置，命令结束，完成标注

8.3.7　弧长标注（DIMARC）

此命令用于标注圆弧或多段线弧线段的弧线长度。

1）激活方式

“标注”菜单：弧长　　“标注”工具栏：　　命令行：DIMARC

2）命令举例

标注如图 8-16（b）所示的尺寸。

命令：DIMARC↵

选择弧线段或多段线弧线段：选择 AB 圆弧

指定弧长标注位置或 [多行文字(M)/文字(T)/角度(A)/部分(P)/]：确定标注位置

8.3.8　角度尺寸标注（DIMANGULAR）

此命令用于标注圆或圆弧的部分圆心角、非平行二直线之间的夹角、任何不共线三点之间的夹角。当用户选定对象之后，系统能够精确地生成并测量所选对象之间的夹角。

1）激活方式

“标注”菜单：角度　　“标注”工具栏：　　命令行：DIMANGULAR

2）命令举例

标注如图 8-17 所示的尺寸。

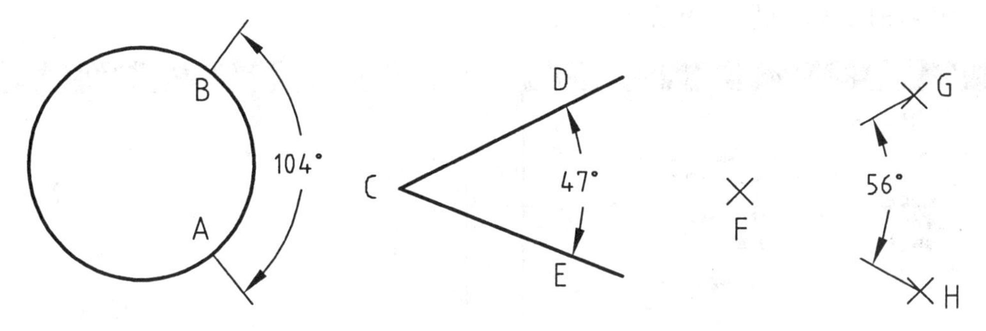

图 8-17　角度尺寸标注

命令：DIMANGULAR↵

选择圆弧、圆、直线或 <指定顶点>：拾取圆

指定角的第二个端点：拾取 B 点

指定标注弧线位置或 [多行文字(M)/文字(T)/角度(A)]：确定标注位置

标注文字 =114

命令：DIMANGULAR↵

选择圆弧、圆、直线或 <指定顶点>：选择线段 CD

选择第二条直线：选择线段 CE

指定标注弧线位置或 [多行文字(M)/文字(T)/角度(A)]：确定标注位置

标注文字 =47

命令：DIMANGULAR↵

选择圆弧、圆、直线或 <指定顶点>：↵

指定角的顶点：拾取 F 点

指定角的第一个端点：拾取 G 点

指定角的第二个端点：拾取 H 点

指定标注弧线位置或 [多行文字(M)/文字(T)/角度(A)]：确定标注位置

标注文字 =56

8.3.9　快速引线标注（QLEADER）

此命令可以对需要标注解释的图形对象快速创建引线和引线注释，从而提高图形的可读性。引线和引线注释的具体形式，用户必须在“引线设置”对话框中确定。

1）*激活方式*

“标注”菜单：引线　　“标注”工具栏：　　命令行：QLEADER

2）*命令说明*

激活此命令后，系统将出现提示：“指定第一个引线点或 [设置(S)] <设置>:”，回车后将出现图 8-18 所示的对话框，其各项的含义为：

● “注释”标签页　在此标签页中，用户可以设置引线注释类型，指定多行文字输入时的文本宽度、位置和是否有边框，并指明是否需要重复使用注释，如图 8-18 所示。

● “引线和箭头”标签页　在此标签页中，用户可以设置引线的形式、分段数、箭头的形式及引线的角度，如图 8-19 所示。

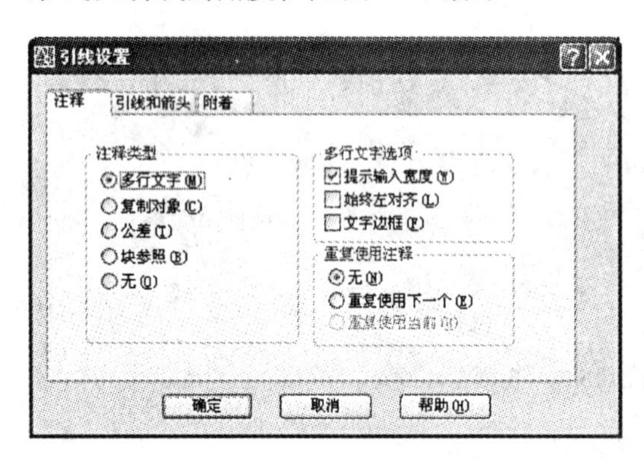

图 8–18 “引线设置”对话框

图 8–19 “引线和箭头”标签页

● “附着”标签页　在此标签页中，用户可以设置引线和多行文字注释的附着位置，即放置位置。只有在“注释”标签页上选定“多行文字”时，此标签页才可用，如图 8-20 所示。

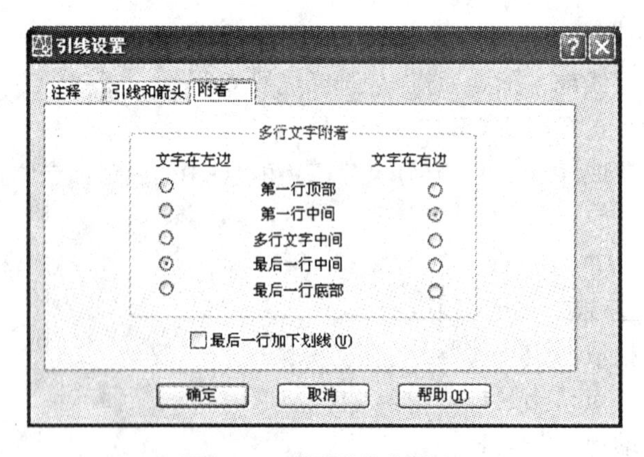

图 8–20 “附着”标签页

3）*命令举例*

标注如图 8-21 所示的说明。

命令：QLEADER↵

指定第一个引线点或 [设置(S)] <设置>：↵　按照前面图示内容设置对话框

指定第一个引线点或 [设置(S)] <设置>：拾取 A 点

指定下一点：拾取 C 点

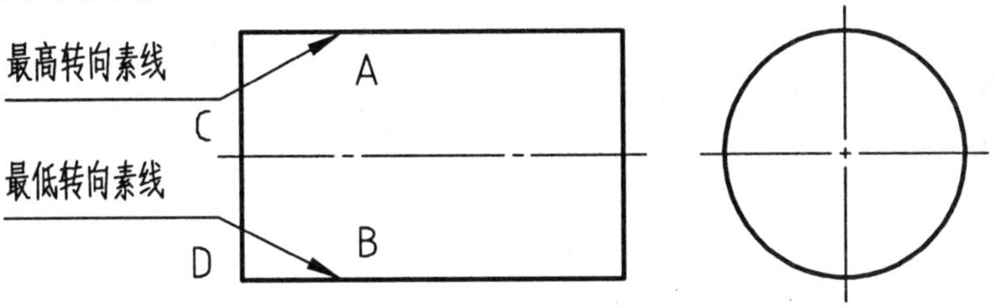

最高转向素线
A
C
最低转向素线
B
D

图 8-21　快速引线标注

指定下一点：↵
指定文字宽度<0>：↵
输入注释文字的第一行 <多行文字(M)>：在对话框中输入文本，并单击“确定”按钮
命令：QLEADER↵
指定第一个引线点或 [设置(S)] <设置>：拾取 B 点
指定下一点：拾取 D 点
指定下一点：↵
指定文字宽度<0>：↵
输入注释文字的第一行 <多行文字(M)>：在对话框中输入文本，并单击“确定”按钮

8.3.10　快速标注（QDIM）

此命令可以同时标注一些具有相同属性的尺寸。如创建系列基线或连续标注，或者为一系列圆或圆弧创建标注，从而使标注工作简化，提高作图效率。

1）**激活方式**

“标注”菜单：连续　　“标注”工具栏：　　命令行：QDIM

2）命令举例

标注如图 8-22 所示的尺寸。

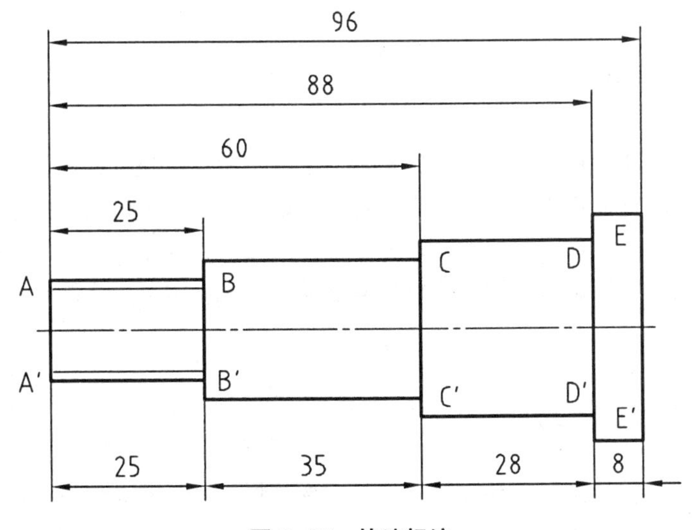

图 8-22　快速标注

命令： QDIM

关联标注优先级 = 端点

选择要标注的几何图形： 拾取线段 AB

选择要标注的几何图形： 拾取线段 BC

选择要标注的几何图形： 拾取线段 CD

选择要标注的几何图形： 拾取线段 DE

选择要标注的几何图形： ↵　　(结束对象选择)

指定尺寸线位置或 [连续(C)/并列(S)/基线(B)/坐标(O)/半径(R)/直径(D)/基准点(P)/编辑(E)/设置(T)] <基线>：B↵　　(选择基线标注方式)

指定尺寸线位置或 [连续(C)/并列(S)/基线(B)/坐标(O)/半径(R)/直径(D)/基准点(P)/编辑(E)/设置(T)] <基线>：P↵　　(指定基准点)

选择新的基准点： 使用目标捕捉方式，拾取 A 点

指定尺寸线位置或 [连续(C)/并列(S)/基线(B)/坐标(O)/半径(R)/直径(D)/基准点(P)/编辑(E)/设置(T)] <基线>：确定尺寸线位置，完成标注

命令：QDIM↵

关联标注优先级 = 端点

选择要标注的几何图形：拾取线段 A′B′

选择要标注的几何图形：拾取线段 B′C′

选择要标注的几何图形：拾取线段 C′D′

选择要标注的几何图形：拾取线段 D′E′

选择要标注的几何图形：↵　　(结束对象选择)

指定尺寸线位置或 [连续(C)/并列(S)/基线(B)/坐标(O)/半径(R)/直径(D)/基准点(P)/编辑(E)] <连续>：C↵　　(选择连续线标注)

指定尺寸线位置或 [连续(C)/并列(S)/基线(B)/坐标(O)/半径(R)/直径(D)/基准点(P)/编辑(E)] <基线>：确定尺寸线位置，完成标注

8.4 公　差

在机械加工过程中，由于各种因素的影响，所加工零件的尺寸、形状及位置总会存在一些误差。为了保证零件的正常使用，就必须对这些误差规定一个最大变动量，即公差。公差是零件图和装配图中的一项重要技术指标，是检验产品质量的依据。它们的应用几乎涉及国民经济的各个部门，特别是对机械工业更具有重要的意义。本节将详细介绍尺寸公差、形位公差的标注方法。

8.4.1 标注尺寸公差

尺寸公差是指零件加工时所允许的尺寸最大变动量。公差的大小将直接影响零件的使用性能，是零件的一个重要技术参数。

1）激活方式

用户如果需要标注尺寸公差，必须首先在“标注样式”对话框的“公差”标签页中进行设置，如图 8-23 所示；然后再使用相应的命令进行标注。

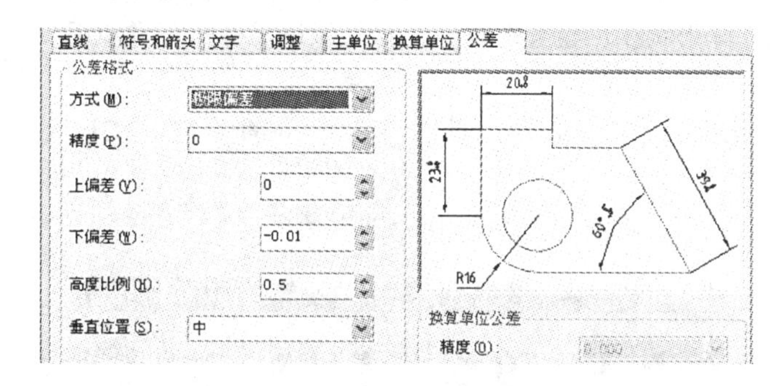

图 8-23　公差设置

用户在进行公差设置时，必须建立一种新的尺寸样式或选择替代样式，不同的公差值必须由不同的样式与之对应。

2）命令举例

标注如图 8-24 所示的图形。

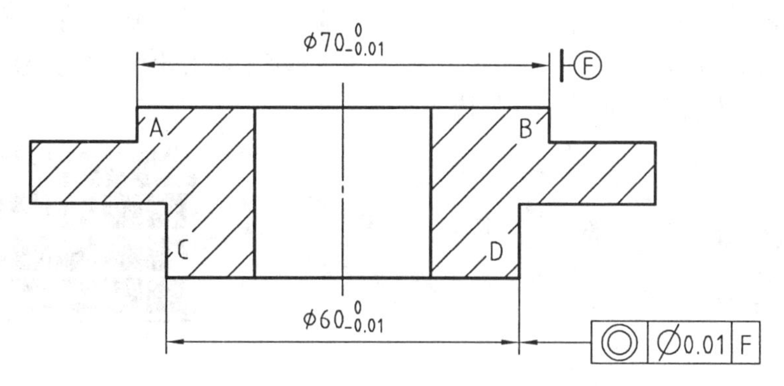

图 8-24　标注公差

命令：DIMSTYLE↵　（激活设置公差值命令）

命令：DIMLINEAR↵

指定第一条尺寸界线原点或 <选择对象>：拾取 A 点

指定第二条尺寸界线原点：拾取 B 点

指定尺寸线位置或[多行文字(M)/文字(T)/角度(A)/水平(H)/垂直(V)/旋转(R)]：确定尺寸线位置

命令：DIMSTYLE↵　(在标注样式对话框中设置公差值，设置方法参阅前面内容进行)

命令：DIMLINEAR↵

指定第一条尺寸界线原点或 <选择对象>：拾取 C 点

指定第二条尺寸界线原点：拾取 D 点

指定尺寸线位置或[多行文字(M)/文字(T)/角度(A)/水平(H)/垂直(V)/旋转(R)]：确定尺寸线位置

8.4.2 标注形位公差

对于一些精度要求高的零件，除了保证它的尺寸公差外，还必须确定其实际形状与理想形状的允许变动量，即形状和位置公差，这样才能保证零件的正常使用。

1）激活方式

“标注”菜单：公差　　“标注”工具栏：　　命令行：TOLERANCE

2）命令说明

激活公差标注方式后，将出现图 8-25 所示的对话框。

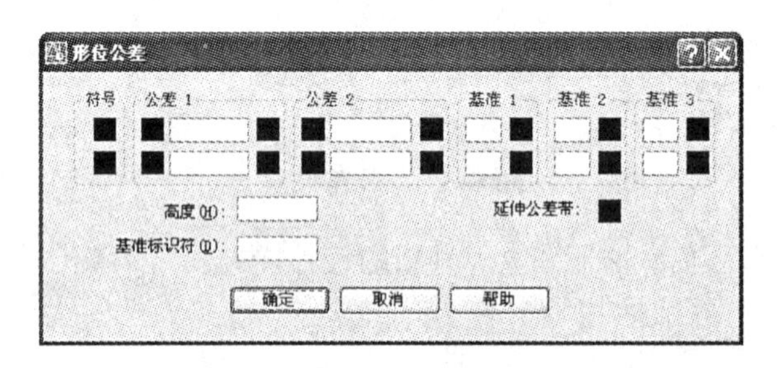

图 8-25 “形位公差”对话框

用户可以在此对话框中根据标注要求，设置形位公差的符号、数值、投影公差带及所参照的基准，如图 8-26（a）所示。当单击“符号”小黑框后，将弹出图 8-26（b）所示对话框，用户可以在此对话框中选择所需的几何特征符号。

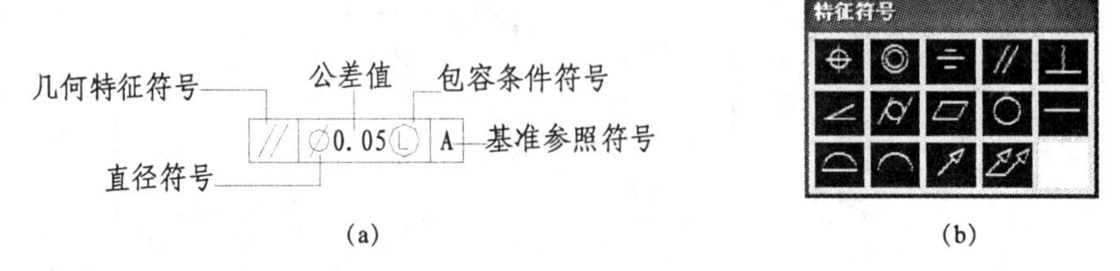

图 8-26 形位公差的符号

3）命令举例

命令：QLEADER↵

指定第一个引线点或 [设置(S)] <设置>：↵　　（直接回车，将弹出“引线设置”对话框，在“注释”标签页的“注释类型”区域中选择“公差”项，完成对话框设置）

指定第一个引线点或 [设置(S)] <设置>：在尺寸界线上任意拾取一个点，如图 8-24 所示

指定下一点：拾取任意点

指定下一点：↵　　（在弹出的“形位公差”对话框中设置公差，完成标注）

8.5 编辑尺寸标注

尺寸标注完成后，如果出现错误或者位置不符合国家标准的要求，用户可以使用本节所

介绍的命令进行单独的修改或调整。

8.5.1　编辑标注（DIMEDIT）

编辑标注命令可以用来修改标注文本的内容和书写方向以及尺寸界线的方向。

1）激活方式

“标注”工具栏：　　命令行：DIMEDIT

2）命令说明

激活编辑标注命令后，将出现提示：“输入标注编辑类型 [默认(H)/新建(N)/旋转(R)/倾斜(O)] <默认>:”，其中：

- 默认（H）　将旋转标注文字移回默认位置，即标注样式所设定的位置。
- 新建（N）　在“在为文本编辑器”中设定一个新的标注文本值，用来替换原有的某个标注文本。
- 旋转（R）　输入一个角度，从而修改标注文本的书写方向。
- 倾斜（O）　调整线性标注尺寸界线的倾斜角度，使标注更加清晰。

8.5.2　对齐文字（DIMTEDIT）

编辑标注文字命令主要用来修改标注文本的内容和书写方向。

1）激活方式

“标注”菜单：对齐文字　　“标注”工具栏：　　命令行：DIMTEDIT

2）命令说明

激活编辑标注命令后，将出现提示：“指定标注文字的新位置或 [左(L)/右(R)/中心(C)/默认(H)/角度(A)]:”，其中：

- 左（L）/右（R）　沿尺寸线左/右对正标注文字。这两个选项只适用于线性、直径和半径标注。
- 中心（C）　将标注文字放在尺寸线的中间。
- 默认（H）　将没有在样式设定位置的标注文字移回默认位置。
- 角度（A）　修改标注文字的书写角度。

习　　题

8-1　尺寸标注的基本步骤是什么？

8-2　尺寸标注由哪些内容构成？

8-3　“标注样式管理器”对话框由哪些内容构成，简述它们的使用方法及作用。

8-4　简述“直线”选项卡的使用方法及作用。

8-5　简述“符号和箭头”选项卡的使用方法及作用。

8-6　简述“文字”选项卡的使用方法及作用。

8-7　简述“调整”选项卡的使用方法及作用。

8-8　简述“主单位”选项卡的使用方法及作用。

8-9　简述“换算单位”选项卡的使用方法及作用。

8-10　简述“公差”选项卡的使用方法及作用。

8-11　简述设置尺寸标注格式的基本方法。

8-12　标注如题 8-12 图所示的图形。

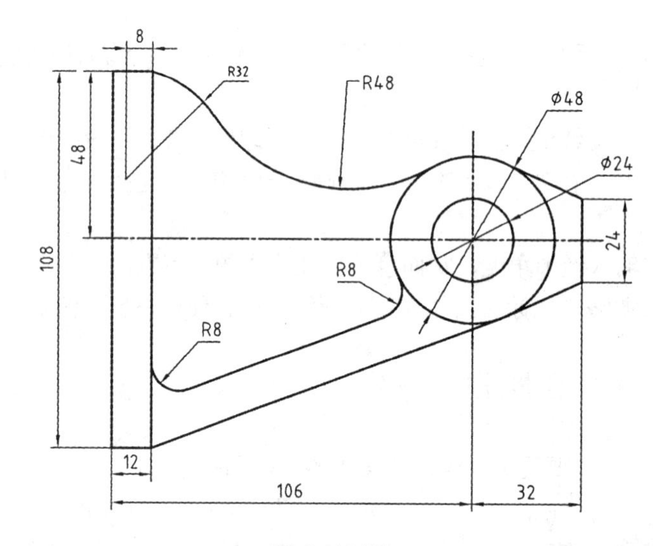

题 8-12 图

第 9 章　协同工作环境

随着计算机科学技术的发展，CAD 技术已由原来的单文档变成多文档，由原来的单机、单用户独立设计变成通过网络进行多人多任务的协同设计。为适应这种发展，AutoCAD 2006 提供了良好的多任务和多用户协同工作环境。

AutoCAD 支持协同工作环境的功能主要有：样图设置、数据的输入输出、设计中心、网络功能等。下面讲述它们的应用。

9.1　样　图

通过前面的学习知道，要正确快速绘制一个 AutoCAD 图样，必须先进行许多必要的设置（如层、线型、尺寸标注样式等），如果每次绘制新图时都重复这些工作将是非常乏味的，因此，可以使用设置样图的方式，尽量减少这些重复的设置工作。

样图是包含绘图所需环境设置的图形文件，样图文件包含标准设置。用户可以选择所提供的样板文件中的一种，或创建自定义样板图形文件。图形样板文件的扩展名为 dwt，AutoCAD 缺省的样图为 acad.dwt（英制）、acadiso.dwt（公制）。绘制一张新图时，AutoCAD 按照样图的基本设置初始化一张新图。考虑到各专业绘图的具体要求，用户自己建立一张样图时，其需要设置的内容可包括单位与精度、绘图界限、对象捕捉、栅格、图层、线型、颜色、线宽、打印样式、文字样式、尺寸标注样式、UCS 坐标系、模型空间视窗、布局、标题栏、边框、徽标和自定义系统设置，甚至一些基本的图形框架，赋名（*.dwt）存盘。这样，一张用户所需要的特定样图即完成。

新建图形时，激活命令“NEW”后，在选择样板列表框选择样图文件名，这样，新建的图形文件将与样图具有相同设置。

默认情况下，样图文件存储在易于访问的 Template 文件夹中，如果 AutoCAD 样图文件 acad.dwt 或 acadiso.dwt 中设置的原默认值被更改，可以利用“使用样图”对它重新进行设置并将图形另存为样图文件，替换 acad.dwt 或 acadiso.dwt。

9.2　CAD 系统之间的图形数据交换

AutoCAD 与其它应用程序交换数据或其它应用程序与 AutoCAD 交换数据，是通过输入、输出功能实现的，即以指定的格式文件或通过剪贴板。

AutoCAD 是基于 CAD 技术的一个应用软件，除了 AutoCAD 以外，还有很多 CAD 软件，如 3DMAX、MicroStation、LightScape 等，不同的 CAD 软件的数据格式是不同的，AutoCAD 提供了数据的输入、输出功能，支持与其它格式的 CAD 系统交换数据。

9.2.1 数据输出

1）激活方式

“文件”菜单：输出　　命令行：EXPORT

2）命令说明

激活该命令后，弹出“输出数据”对话框。在“输出数据”对话框的“文件类型”下拉列表框中选择输出文件类型，选择一个文件夹，输入文件名称，然后选择“保存”，返回绘图窗口，选择想要输出的图形，系统把选择的图形保存为其它格式的图形文件。AutoCAD 2006 支持的输出文件格式类型有以下几种：

① 位图文件（*.bmp）。使用命令 BMPOUT 在图形中创建一个与设备无关的对象的位图图像。AutoCAD 创建位图 (BMP) 文件时将其压缩。压缩文件占据较少的磁盘空间，但有些应用程序可能无法读取这些文件。

② 图元文件（*.wmf）。许多 Windows 应用程序都支持 WMF 格式。WMF（Windows 图元文件格式）文件包含了矢量图形或光栅图形格式。AutoCAD 只在矢量图形中创建 WMF 文件。矢量格式比其他格式允许更快地平移和缩放，它通常在 Microsoft Office 中调用与编辑。

③ EPS 文件（*.eps）。PostScript 封装文件。许多桌面发布应用程序使用 PostScript 文件格式，其高分辨率的打印能力使其更适用于光栅格式，例如，GIF、PCX 和 TIFF，将图形转换为 PostScript 格式后，可以使用 PostScript 字体。当用 PostScript 格式将文件输出为 EPS 文件时，一些 AutoCAD 对象将被特别渲染。

④ ACIS 文件（*.sat）。可将修剪过的 NURBS 曲面、面域和三维实体的 AutoCAD 对象输出到 ASCII（SAT）格式的 ACIS 文件中。其他一些对象，如线和圆弧将被忽略。

⑤ 3DS 文件（*.3ds）。创建 3D Studio 格式的文件。此过程保存三维几何图形、视图、光源和材质。3DSOUT 命令输出圆、多边形网格、多面网格和具有表面特征的对象。

⑥ STL 文件（*.stl）。实体对象立体印刷文件。STL 文件格式与平板印刷设备 (SLA) 的文件格式兼容。实体数据以三角形网格面的形式转换为 SLA。SLA 工作站使用这个数据定义代表部件的一系列层面。

⑦ DXX 文件（*.dxx）。格式提取文件，该文件实际上是 AutoCAD 图形交换文件格式 (*.dxf) 的子集，其中只包括块参照、属性和序列结束对象。DXF 格式提取不需要样板。通过文件扩展名 .dxx 可将这种输出文件与普通 DXF 文件区分开来。

9.2.2 数据输入

1）激活方式

命令行：IMPORT

2）命令说明

该命令是输出文件的逆过程，通过它把图元文件（*.wmf)、ACIS 文件（*.sat)、3DS 文件（*.3ds）文件输入到 AutoCAD 图形文件中。该命令激活后，弹出“输入文件”对话框，在“文件类型”下拉列表框中选择输入的文件类型，选择要输入文件名称，然后，单击“打开”，把文件输入给 AutoCAD 图形。

9.2.3　DXF 文件

DXF 文件的全称是图形数据交换（Drawing Exchange Format）文件，它是包含图形信息的文本文件，它是一个非常重要的一个文件格式，很多 CAD 系统都可以读取该图形信息。通过 DXF 文件用户可以与别人共享信息。控制 DXF 格式的浮点精度最多可达 16 个小数位，并可以 ASCⅡ格式或二进制格式保存该图形。如果不想保存整个图形，可只输出选定对象。

1）DXF 文件的输入

从“文件”菜单中选择“打开”，在“选择文件”对话框的“文件类型”框中选择“DXF (*.dxf)”，选择要输入的 DXF 文件，或者在“文件名称”处输入 DXF 文件的名称，单击“打开”，可以 DXF（图形交换格式）文件的方式输入图形。

2）DXF 文件的输出

从“文件”菜单中选择“保存”或“保存为”，在“图形另存为”对话框的“文件类型”框中选择“DXF（*.dxf)”，在“文件名称”处输入 DXF 文件的名称，单击“保存”，可以 DXF（图形交换格式）文件的方式输出图形。

9.3　AutoCAD 与其它应用程序的数据交换

AutoCAD 与其它 Windows 应用程序相互交换数据（如 Word、Powerpoint)，可以通过拷贝、粘贴、插入 OLE 等来实现。

9.3.1　拷贝、粘贴

1）激活方式

“编辑”菜单：复制　　工具栏：　　命令行：COPYCLIP

“编辑”菜单：粘贴　　工具栏：　　命令行：PASTECLIP

2）命令说明

激活复制命令（COPYCLIP)，将全部选定对象（命令行文字从 AutoCAD 图形）复制到剪贴板中.如果光标处在绘图区域中，那么 AutoCAD 将选定的对象复制到剪贴板，AutoCAD 图形对象以矢量形式复制，这些图形对象以 WMF（Windows 图元文件）格式存储在剪贴板中。如果光标处在命令行上或文字窗口中，那么 AutoCAD 将选定的文字复制到剪贴板。对象的颜色在复制到剪贴板时不会改变。例如，白色对象粘贴到白色背景时不可见。使用

WMFBKGND 和 WMFFOREGND 系统变量控制背景或前景对于粘贴到其他应用程序中的图元文件对象是否透明。剪贴板中的内容可作为 OLE 对象部分或全部粘贴到其他的 Windows 应用程序的文档或图形中。更新原始图形并不更新嵌入其他应用程序的副本。

AutoCAD 与其它 Windows 应用程序交换数据的操作过程为：在 AutoCAD 环境下用“拷贝”命令复制文字或图形对象；打开其它 Windows 应用程序，用“粘贴”命令把剪贴板的内容复制到应用程序环境下，此时图形格式为 WMF；激活命令“粘贴”（PASTECLIP），将剪贴板中的内容粘贴到 AutoCAD 图形中，此时是以 OLE 对象插入，粘贴信息转换成 AutoCAD 格式。

激活“选择性粘贴（PASTESPEC）命令”，弹出如图 9-1 所示的“选择性粘贴”对话框，将 AutoCAD 或其它 Windows 应用程序复制到剪贴板上的对象 [可以是图片（WMF）、位图（bmp）、图元（AutoCAD 格式）等内容]，从剪贴板插入到 AutoCAD 图形中。如果将粘贴的信息转换为 AutoCAD 格式，对象将作为块参照插入。将存储在剪贴板中的 Windows 图元文件转换为 AutoCAD 格式时，可能丢失一定的比例缩放精度。

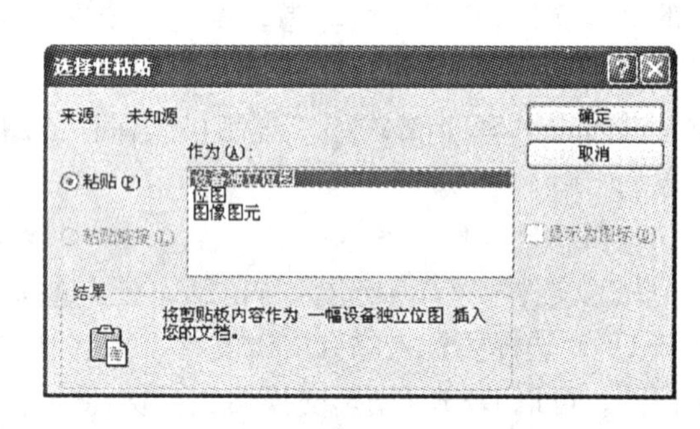

图 9-1　“选择性粘贴”对话框

其它 Windows 应用程序与 AutoCAD 交换数据的操作过程为：在其它 Windows 应用程序环境下用“拷贝”命令复制文字或图形对象；打开 AutoCAD，用“粘贴”或“选择性粘贴”命令把剪贴板的内容复制到应用程序环境下。

9.3.2　插入 OLE 对象

对象链接和嵌入（object linking and embedding，OLE）是 Windows 的一个功能，它们都是把信息从一个文档插入另一个文档中，将支持 OLE 不同应用程序的数据合并至一个文档。嵌入和链接之间的关系类似于 AutoCAD 中插入块和创建外部参照之间的关系。链接和嵌入 OLE 对象可在应用程序内编辑，由于链接和嵌入存储信息的方式不同，原文档更改时，不更新嵌入信息，只更新链接信息。例如，可以创建包含全部和部分 Microsoft Excel 电子表格或 Microsoft Word 文本的 AutoCAD 图形，在 AutoCAD 环境下，双击插入的 OLE 对象，系统自动打开 Word 或 Excel 程序，并载入该文本供用户编辑，编辑完成后关闭 Word 或 Excel 程序返回 AutoCAD 中，此时插入的 OLE 对象将被更新。关于 OLE 的术语和 OLE 的一般概念的信息，请参见 Microsoft Windows 文档介绍。

1）*激活方式*

“插入”菜单：OLE 对象　　命令行：INSERTOBJ

2）*命令说明*

激活该命令后，弹出如图 9-2（a）所示对话框，在该对话框中进行“新建”对象链接和嵌入的设置，即在“对象类型”中选定一应用程序，单击“确定”，系统将打开该应用程序，用户在该应用程序中操作，完成后关闭该应用程序返回 AutoCAD。

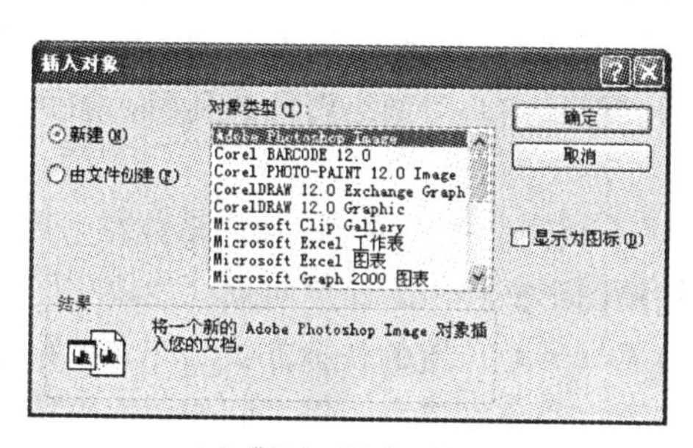

(a)“插入对象”对话框

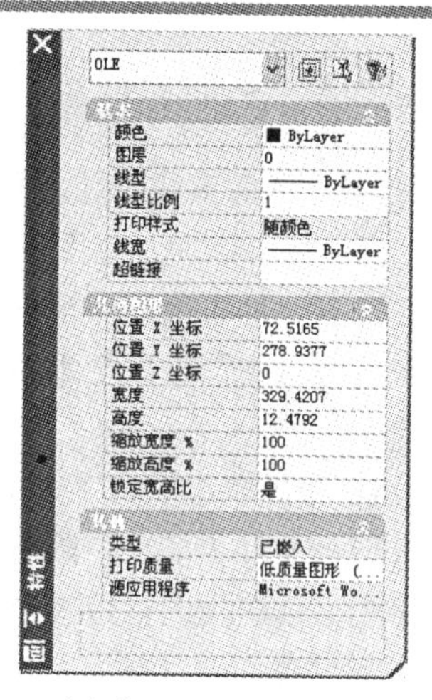

(b)“OLE 特性”对话框

图 9-2 插入 OLE 对象

如果用户插入已有的文件，在图 9-2（a）所示对话框中选择“由文件创建”，弹出如图 9-3 所示的对话框，在该对话框中选择文件，当选择“链接”后，对象是以链接的方式插入的，否则，对象则以嵌入的方式插入。单击“确定”，系统将打开该应用程序，用户在该应用程序中操作，完成后关闭该应用程序返回 AutoCAD。

当选择“选择显示为图标”，插入对象在 AutoCAD 中显示为一个图标。

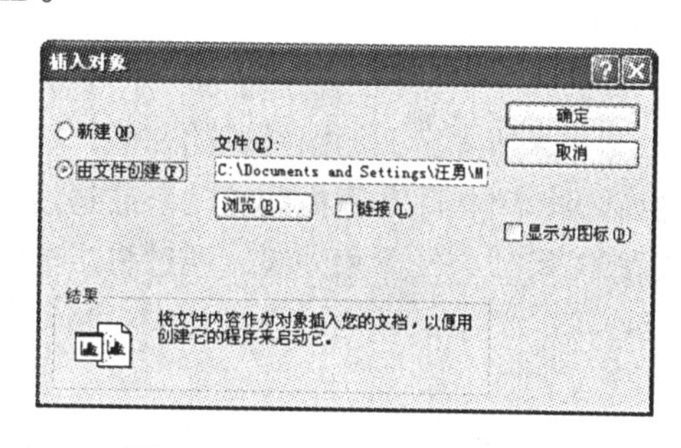

图 9-3 “插入对象”对话框

OLE 对象被插入到当前图层上的 AutoCAD 图形中。关闭或冻结图层可禁止在此图层上显示 OLE 对象。AutoCAD 的编辑命令和捕捉模式对于 OLE 对象不生效。如果要修改 OLE 对象，请使用 OLE 夹点，在 OLE 对象上单击鼠标右键，在显示的快捷菜单中采用“剪切”、“复制”、“删除”、“OLE”或“特性”等。在 AutoCAD 中编辑原图形不会影响在其中嵌入该图形的文档。例如，要缩放 OLE 对象和调整其尺寸，在 OLE 对象上单击鼠标右键，再单击“特性”，在弹出如图 9-2（b）所示的“OLE 特性”对话框中修改 OLE 对象的高度或宽度，即在“特性”选项板中的“高度”或“宽度”中输入新的值，或者在“缩放高度”或“缩放宽度”中输入百分比。注意：当“锁定宽高比”设置为“是”时，只要改变高度或宽度中的一个值，另一个将自动改变以保持两者之间的当前比例。例如，把高度改为 50%，则宽度自动变为 50%。如果仅需要修改“高度”或“宽度”，则将“锁定宽高比”设置为“否”。按 ENTER 键以应用修改。

9.4 AutoCAD 设计中心

重复利用和共享图形内容是有效管理绘图项目的基础。AutoCAD 设计中心提供一种类似于 Windows 资源管理器的用户操作界面，能在多用户、多文档协同设计的环境下管理众多的图形资源。这些图形资源包括：图形文件、图层、图块、文字样式、线型、标注样式、外部参照、布局、“个人收藏夹”等。通过简单的操作，可以方便地查询图形文件中的内容；如果打开多个图形，就可以通过在图形之间复制和粘贴其他内容（如图层定义、布局和文字样式）来简化绘图过程；可以很方便地把本地硬盘、局域网或 Internet 网站上的图形资源放入设计中心的“个人收藏夹”中以便本地计算机使用；设计中心对网络资源的利用，加强了设计者之间的交流和协作。

AutoCAD 设计中心有以下功能：可以在 Web 页浏览图形内容（如图形或符号库）；定位、查看、打开图形文件；插入、附着、复制和粘贴图形文件中的命名对象（如块和图层）定义到当前图形中；创建指向常用图形、文件夹和 Internet 位置的快捷方式；在本地和网络驱动器上查找图形内容；通过在大图标、小图标、列表和详细信息视图之间的切换来控制控制板的内容显示。

9.4.1 AutoCAD 设计中心窗口

1）*激活方式*

“工具”菜单：AutoCAD 设计中心　　工具栏：　　命令行：ADCENTER

2）*命令说明*

激活 AutoCAD 设计中心后，弹出如图 9-4 所示窗口。首次打开设计中心时，它显示在默认位置上，即固定在绘图区域的左侧，控制板显示大图标，左边的树状图显示桌面树。通过在控制板和树状图之间拖动滚动条或通过将一条边拖到需要位置，来调整 AutoCAD 设计中心窗口的尺寸、位置和外观。通过将工具栏上方的区域拖离固定区域，可使 AutoCAD 设计中心浮动，使用鼠标可以将设计中心移动到屏幕的任何位置，可以通过双击其标题栏固定设计中心窗口。

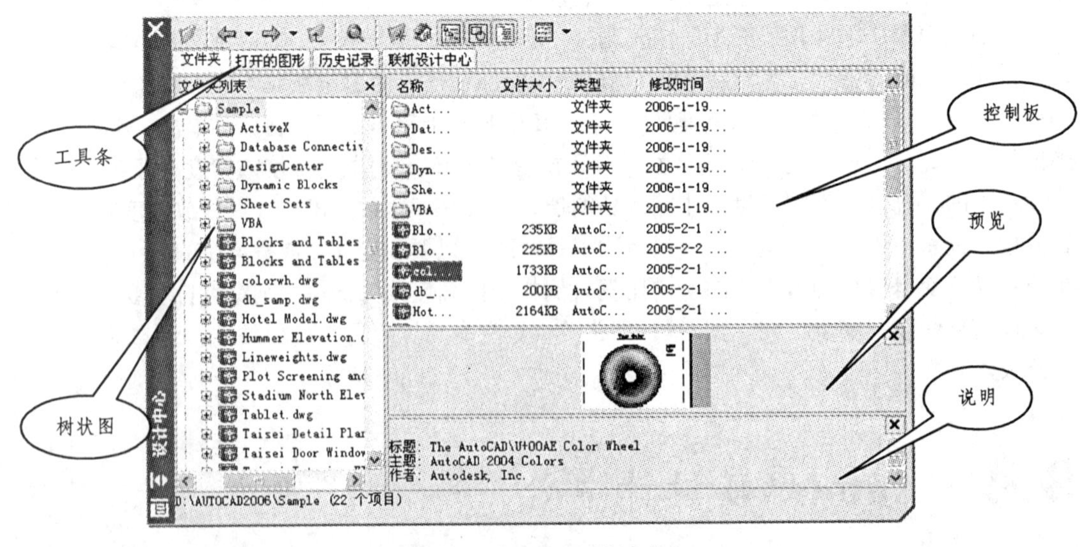

图 9-4　AutoCAD 设计中心

设计中心的查看区域包括树状图和控制板。在控制板的下面也可以显示选定的图形、块、填充图案、外部参照的预览或说明，如图 9-5 所示。

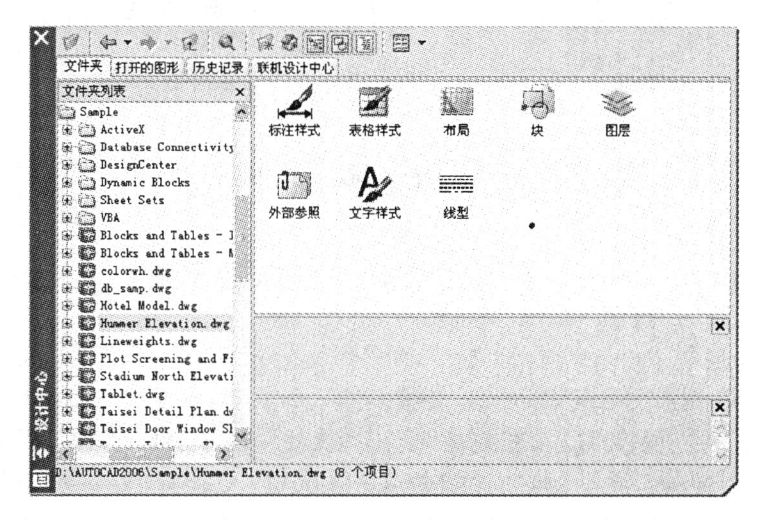

图 9–5　设计中心控制板

窗口顶部的工具栏提供以下选项和操作：

单击 按钮，加载文件，把选定文件的组成结构显示在右边控制板区域中。单击 按钮，返回上一页文件，单击 按钮，返回下一页文件。单击 按钮，返回上一级文件。单击 按钮，按设定的条件搜索文件或文件的内容。单击 按钮，该在右边控制板中显示 Autodesk 文件夹中的文件与文件夹的快捷方式。单击 按钮，打开 AutoCAD 设计中心主页，单击 按钮，打开或隐藏树状图。单击 按钮，打开或关闭预览。单击 按钮，打开或关闭显示文件说明。单击 按钮，设置图形信息的显示方式，即大图标、小图标、列表或详细信息方式。

单击 文件夹 按钮，在左边的树状图中显示 Windows 系统的整个文件系统的结构。如果在树状图区域选择一个文件夹，则该文件夹中的文件显示在右边的控制板中，如图 9-4 所示；在控制板选定一个文件，可以在预览区显示文件内容的缩略图，可以在说明区显示文件描述。

如果用户在树状图区域选择一个文件，则该文件结构显示在右边控制板区域中，如图 9-5 所示。单击 打开的图形 按钮，在树状图中显示 AutoCAD 已经打开的图形文件及组成结构。单击 历史记录 按钮，在树状图区域显示最近访问的 AutoCAD 图形文件及完整路径(即历史记录)。单击 联机设计中心 按钮，打开 AutoCAD 联机设计中心以共享资源。

9.4.2　从设计中心打开图形文件

通过 AutoCAD 设计中心，可以使用快捷菜单从控制板打开图形。图形名被添加到设计中心历史记录表中，以便在将来的任务中快速访问。在设计中心打开图形文件，在控制板选定一个文件，单击右键，弹出如图 9-6（a）所示的快捷菜单，从中选择“在窗口中打开”。

浏览(E)
搜索(S)...
添加到收藏夹(D)
组织收藏夹(Z)...
创建工具选项板
设置为主页

(a)

浏览(E)
搜索(S)...
添加到收藏夹(D)
组织收藏夹(Z)...
创建工具选项板

(b)

图 9–6　设计中心快捷菜单

9.4.3　从设计中心向当前图形文件中插入图形资源

可以直接将某个 AutoCAD 图形文件作为外部块或外部参照插入到当前文件中，也可以将某个 AutoCAD 图形文件定义的图层、线型等插入到当前文件中，从而避免在当前文件中重复定义。如图 9-4 所示窗口，在控制板选定一个文件，单击右键，弹出如图 9-6（a）所示的快捷菜单，从中选择“插入为块”，将文件以块的方式插入到当前文件中；如果选择“附着为外部参照”，则将文件以外部参照的方式插入到当前文件中。

在图 9-5 中，双击控制板上的项目可顺序显示详细信息的层次，即在控制板中显示该项目下的结构内容，例如，双击“块”图标，显示图形文件中每个块的图像。用户可通过拖放或用鼠标右键单击，在弹出的如图 9-6（b）所示的快捷菜单中选择操作，把 AutoCAD 图形文件定义的图层、线型等插入到当前文件中。

9.4.4　在设计中心查找图形资源

设计中心提供了查找（find）功能，用于在资源丰富的设计中心查找需快速访问的常见内容，快速定位所需资源。单击 🔍 按钮，弹出图 9-7 所示的“搜索”对话框，用于设置搜索条件。

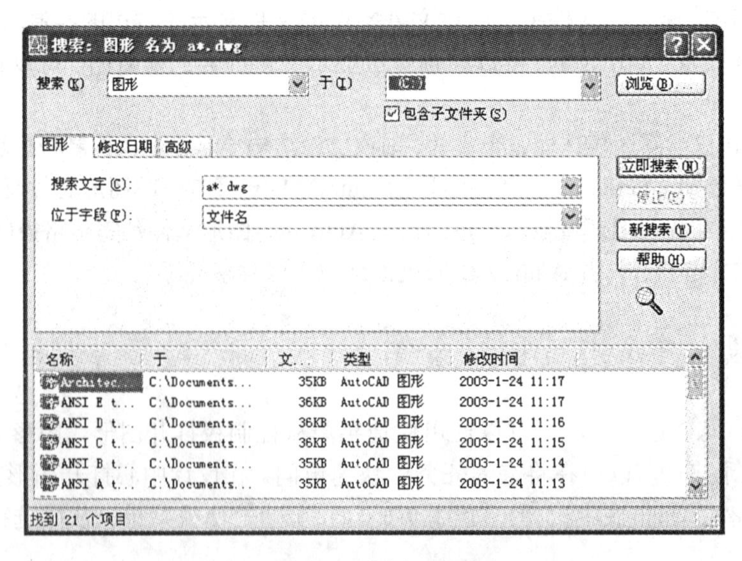

图 9–7　“搜索”对话框

查找指定要搜索的资源的内容、类型、路径名。内容类型包括图形、块、图层、线型、尺寸样式等；要输入多个路径，请用分号隔开；使用“浏览”从树状视图中选择路径。“浏览”在“浏览文件夹”对话框中显示树状视图，从中可以指定要搜索的驱动器和文件夹。“包含子文件夹”的意思是搜索范围将包括搜索路径中的子文件夹。指定的内容类型决定在“搜索”对话框及其提供的搜索字段中显示哪些标签页。只有在“搜索”中选择“图形”选项时，才显示如图 9-7 所示的“修改日期”和“高级”标签页。“搜索文字”支持通配符，图 9-7 的搜索文字为“a*.DWG”，“位于字段”的下拉列表框中列举了如文件名、作者等的搜索字段，以说明搜索文字的含义。

设置好搜索条件后，单击“立即搜索”按照指定条件开始搜索，“停止”即停止搜索并在“搜索结果”面板中显示搜索结果，“新搜索”清除“搜索名称”框并将光标放在框中，“搜索结果”面板在大小可变的栏中显示搜索结果。双击项目将其加载至设计中心。

9.4.5　AutoCAD 的 Autodesk 收藏夹

安装了 AutoCAD 2006 后，系统会在 Windows 的“收藏夹”中自动创立 Autodesk 收藏夹(Favorites)。通过设计中心，可以在 Autodesk 收藏夹中创建指向本地、网络驱动器和 Internet 地址的快捷方式。通过收藏夹可以直接打开收藏在收藏夹中的图形文件，而不必用户查找。

1）浏览 Autodesk 收藏

如果用户要浏览收藏夹的结构，单击图 9-3 中的按钮或右边控制板中显示在 Autodesk 文件夹中的文件与文件夹的快捷方式，也可使用 Windows 桌面“开始”的“收藏夹”选项。

2）添加与整理收藏夹

用户在设计中心的树状图和控制板中用右键选定图形、文件夹或其他类型的内容后，在弹出的快捷菜单中选择“添加到收藏夹”，系统就会在 Favorites 的 Autodesk 文件夹中添加指向此项目的快捷方式，而原始文件或文件夹并没有实际移动。也可以用右键选定图形、文件夹或其他类型的内容，在弹出的快捷菜单中选择“组织收藏夹”，然后使用 Windows 资源管理器移动、复制或删除保存在收藏夹中的快捷方式。

9.5　AutoCAD 标准

在实际工作中，每一个企业或设计单位都有自己的一套 CAD 制图标准，这些标准为所有的 CAD 文档规定了统一的图层、文字样式、线型、标注样式，使不同的设计人员绘制的图形具有相同的格式，有利于协同工作中图纸的交流、阅读与更新。因为标准可使其他人容易对图形做出解释，在协同工作环境下，许多人都致力于创建一个图形，所以标准特别有用。

为了使 AutoCAD 的用户方便制定绘图标准，并使所有的图纸都符合标准，AutoCAD 2006 提供了 CAD 标准，使用标准可为命名对象（例如图层和文字样式）定义一组常用特性。为了增强一致性，用户或 CAD 管理员都可以创建、应用和核查 AutoCAD 图形中的标准。AutoCAD 可以为下列命名对象创建标准：图层、文字样式、线型、标注样式。一旦定义了标准，应将它们作为样板文件（文件扩展名.dws）保存起来，然后可以将标准文件与另外一个或更多图形文件联合起来。将标准文件和 AutoCAD 图形联合起来之后，用户可以核查图形，确保其与标准相一致，如果不一致，使用图层转换器，使非标准的样式转换成标准样式。这项功能对于多人同时更新图形文件非常有用。例如，在一个具有多个次承包人的项目中，某个次承包人可能创建了新的但不符合已定义的标准的图层，在这种情况下，需要用户能识别出非标准的图层然后对其进行修复。

9.5.1　定义标准

若要定义标准，可以先创建 DWG 的图形文件，并定义好图层特性、标注样式、线型和文字样式，最后将其保存为带有.DWS 文件扩展名的样板文件。

9.5.2　配置标准

要使用 CAD 标准，必须为当前 AutoCAD 文档配置标准，即将工程标准（DWS 文件）与 AutoCAD 图形相关联。

1）激活方式

“工具”菜单：CAD 标准▶配置　　　命令行：STANDARDS

2）命令说明

激活该命令后，弹出图 9-8 所示的对话框，在该对话框中设置图形标准。

根据组织工程的方式，可以给当前的图形配置多个标准文件，通过+、×按钮为当前图形增加或删除标准文件。对话框左边的“与当前图形关联的标准文件”列表框中，列出了所有的关联文件。由于有多个标准文件，在核查图形文件时，标准文件中各设置间可能会产生冲突，例如，某个标准文件指定图层为黄色，而另一个标准文件指定图层为红色。在这种冲突下，第一个与图形关联的标准文件占据优先权，即在“与当前图形关联的标准文件”列表框中排在前面。如有必要，可以通过、按钮，改变标准文件的顺序，以改变优先级。

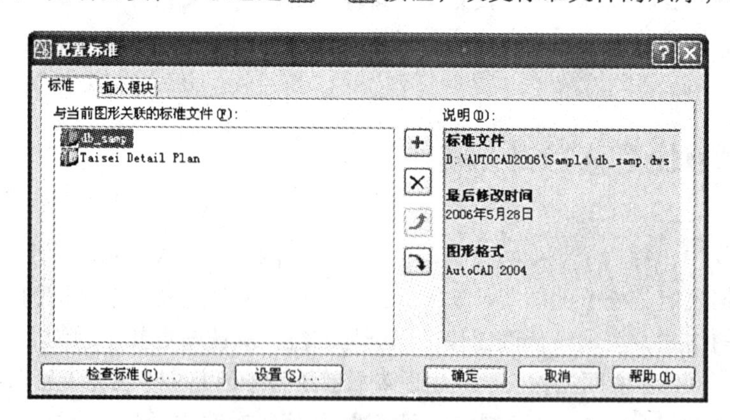

图 9-8 “配置标准”对话框

单击“插入模块”标签，将弹出插件标签页，显示当前系统安装的所有插件对象，其中有 AutoCAD 定义的插件：图层、文字样式、线型、标注样式或第三方开发人员添加的标准插入模块。

9.5.3　检查违反标准的图形

标准与 AutoCAD 图形关联后，用户可以检查与转换标准，以确保它遵循给定标准。

1）激活方式

“工具”菜单：CAD 标准▶检查　　命令行：CHECKSTANDARDS

2）命令说明

使用 CHECKSTANDARDS 命令（或在图 9-8 中单击［检查标准(C)...］）查看当前图形中所有违反标准的对象。激活命令后，系统对照与图形相关联的标准文件，以确定图形是否符合标准，每一个特定类型的命名的对象都受到了检查。例如，对照标准文件中的图层，图形中的每个图层都受到了检查。检查完成后，弹出图 9-9 (a) 所示的“检查标准”对话框，在该对话框中报告了所有非标准对象以及建议的改正方法。标准核查可反映出两种类型的问题：在正被检查的图形中出现带有非标准名称的对象，如某个图层名出现在图形中，而并不出现在任何相关标准文件中；图形中的命名对象可与标准文件中的某一名称相匹配，但它们的特性并不相同，如该图形中某个图层为黄色，而标准图层将该图层指定为红色。

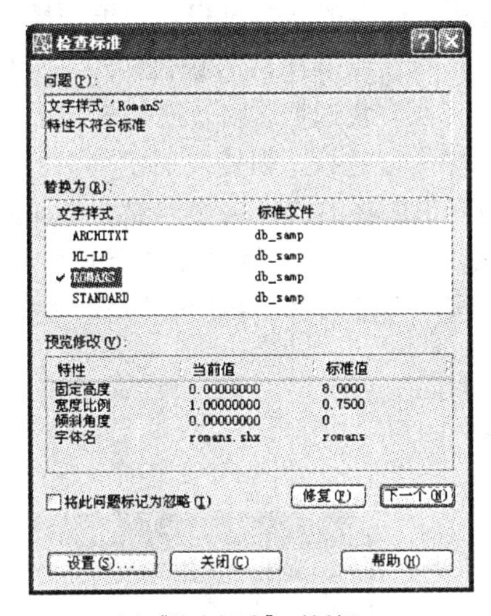

(a)“检查标准”对话框

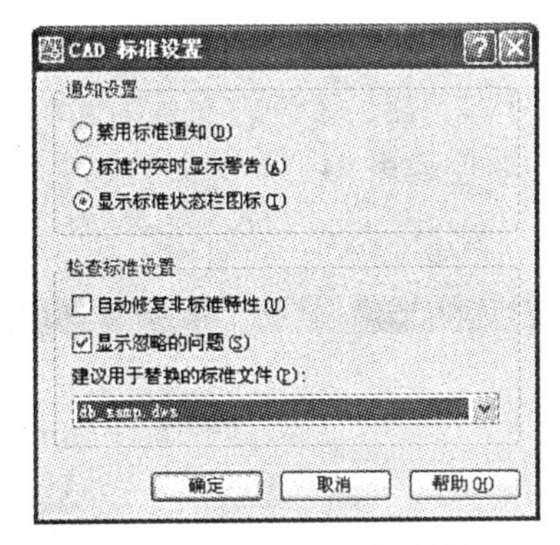

(b)“CAD 标准设置”对话框

图 9–9　检查违反标准的图形

● 标准转换　“问题”列表框报告违反标准的情况，如果要应用“替换为”列表中所选的项目，以修复“问题”列表框所报告的违反标准的情况，请从“替换为”列表中选择一个替换选项，然后单击［修复(F)］（快捷键 F4）。如果在“替换为”列表中存在一个建议的修复方法，则复选框前会显示一个复选标记✓。单击［下一个(N)］按钮（快捷键 F5），在“问题”列表框中将自动显示当前图形中的下一个违反标准的情况不应用修复。如果选择“将此问题标记为忽略”，将标记违反标准的情况，以便用户可以在下次使用 CHECKSTANDARDS 命令时不显示该情况。

如果当前违反标准的情况没有任何建议的改正方法，则说明“替换为”列表中亮显的项目可能不适合用户的图形。在这种情况下，请仔细检查“预览修改”，确认改正方法是否合适。因为手动修复结果是既费力又耗时的过程。

● 标准转换设置　单击“设置”，弹出 9-9（b）所示的“检查标准设置”对话框，选中“自动修复非标准特性”复选框，按选定的标准文件自动修复当前图形中的非标准 AutoCAD 对象，否则不修复非标准 AutoCAD 对象。注意：只有非标准对象的名称与标准对象的名称相同但特性不相同时，才可自动修复，且非标准对象特性自动转换为标准对象的特性。选中“显示忽略的问题”复选框，在对当前图形执行核查时将显示已标记为忽略的标准违例问题，否则不显示已标记为忽略的问题。“建议用于替换的标准文件”指定用于“检查标准”对话框中“替换为”列表的默认标准文件。

9.5.4　图层转换器

1）**激活方式**

“工具”菜单：CAD 标准▶图层转换器　　命令行：LAYTRANS

2）**命令说明**

● 转换设置　激活该命令，弹出如图 9-10（a）所示的对话框，用于图层转换。单击“设置”，弹出如图 9-10（b）所示的对话框，它控制图层的转换过程。如果选择“强制对象颜色为随层”复选框，则转换的每一个对象采用指定给其图层的颜色，否则所有对象将保留各自的原颜色。如果选择“强制对象线型为随层”复选框，则转换的每一个对象采用指定给其图层的线型。如果选择“转换块中的对象”复选框，则转换块中嵌套的对象。如果选择“写入转换日志”复选框，则在已转换的图形所在的文件夹中创建一个详细说明转换结果的日志文件，该日志文件的名称与已转换图形相同，文件扩展名为.log。如果选择“选定时显示图层内容”复选框，则仅在绘图区域中显示那些“图层转换器”对话框中选择的图层。

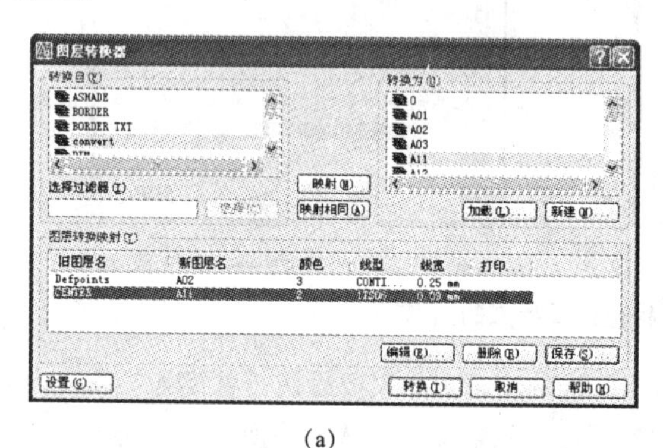

(a)

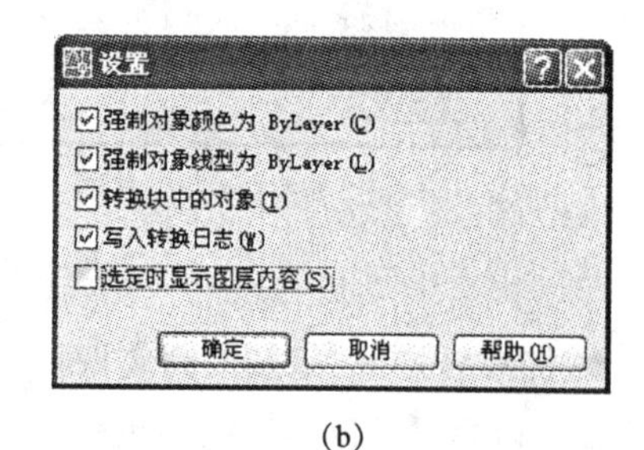

(b)

图 9-10　图层转换

● 将图层转换为已建立的图形标准　使用“图层转换器”可以把“转换自”列表中的图层转换成“转换为”列表中的图层。“转换为”列表中的图层可以通过“加载”输入图形、样图或所指定的标准文件（DWS）的图层，或者通过“新建”建立新图层。

将当前图形中的图层进行转换的过程为：在“转换自”列表中选择或通过过滤器选择需要转换的图层，在“转换到”列表中选择将要转换成的标准图层，单击“映射”，将“转换自”列表中所选择的图层映射到“转换到”指定的图层，映射后，新的图层的名称和属性显示在“图层转化映射”列表中，以便用户查看；最后单击“转换”完成转换，并退出对话框。

如果需转换的图层与标准图层同名，则应单击“映射相同”，完成同名图层的映射。

● 保存映射　可以将图层转换映射以 DWG 文件格式保存，以便日后与其它图形一起使用。其文件名可以是现有的 DWG 文件，也可建立一个新文件。

● 编辑、删除选定图层　在“图层转化映射”列表中选择一个图层，单击“编辑”，在弹出的对话框中可以编辑映射图层，或单击“删除”，即可删除选定的映射图层。

● 清理不需要的图层　减少图层数可使剩余图形的管理更为方便，用户可以使用“图层转换器”清理（全部删除）图形中不参照的图层。图层名称之前是黑色图标的表示图层被参照，白色图标表示图层不被参照。白色图标的图层可通过在“转换自”列表中单击右键并选择“清理图层”将其从图形中删除。

9.6　电子传递

在将图形发送给某人时，常见的一个问题是忽略了图形的相关文件（如字体和外部参照），某些情况下，没有这些关联文件将使接收者无法使用原来的图形。电子传递实际上是一个 AutoCAD 打包程序，它将当前图形文件及相关的支持文件压缩成一个传递集，同时自动生成一个报告文件，其中包括有关传递集包含的文件和必须对这些文件作处理的详细说明，也可以在报告中添加注释或指定传递集的口令保护。用户可以将传递集在 Internet 上发布或作为电子邮件附件发送给其他人，也可以通过软盘复制到其它计算机上。

1）激活方式

“文件”菜单：电子传递　　　命令行：ETRANSMIT

2）命令说明

激活 ETRANSMIT 令后，弹出如图 9-11 所示的“创建传递”对话框，在该对话框中对当前图形进行电子传递的一些基本设置。

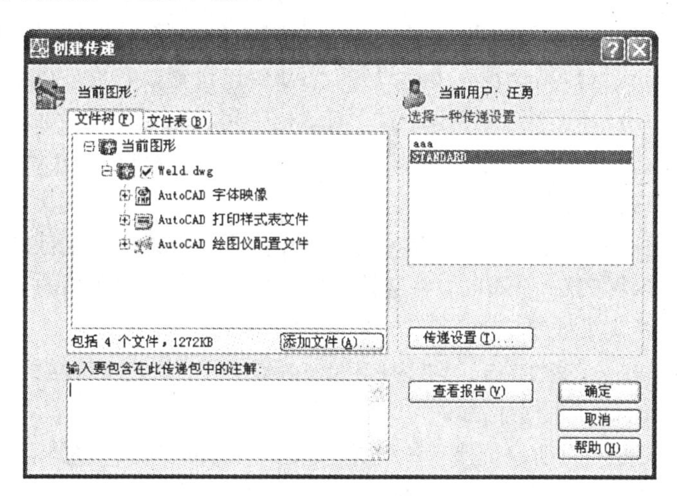

图 9-11　“创建传递”对话框

单击“文件树”，以层次结构树的形式列出要包含在传递包中的文件，如图 9-11 所示；单击“文件表”，以表格的形式显示要包含在传递包中的文件，如图 9-12（a）所示；默认情况下，文件树、文件表列出与当前图形相关的所有文件（如相关的外部参照、打印样式和字体），传递包不包含由 URL 引用的相关文件，用户可以向传递包中添加文件或从中删除现有文件。如果要想在传递包中增加文件，单击“添加文件”，在打开的“标准文件选择对话框”中选择，如果要想在传递包中删除文件，只需去掉文件前的 ☑。

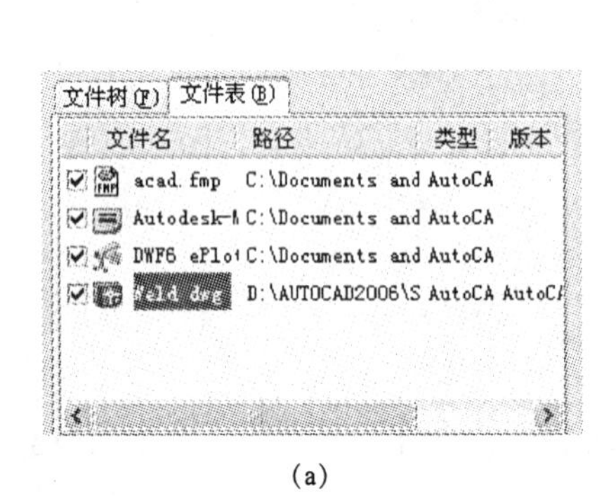

(a)

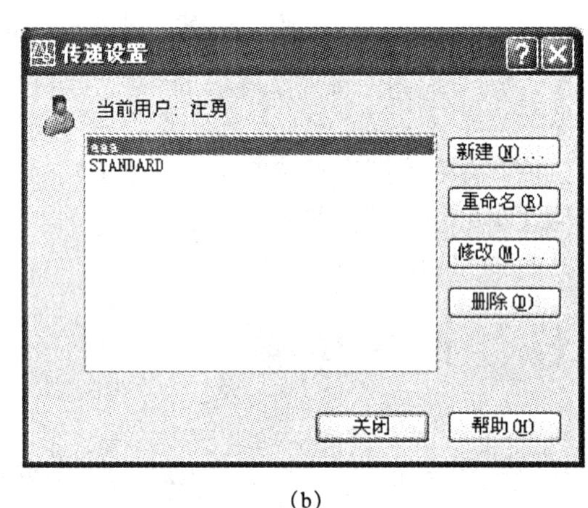

(b)

图 9-12　创建传递

在图 9-11 所示的对话框中，用户可以在“输入要包含在此传递包中的注释”的编辑框中输入与传递集相关的注解，这些注解被包括在传递报告中，系统会自动创建一个名为 ETRANSMIT.TXT 的 ASCII 文本文件。单击“查看报告”按钮，将显示包含在传递包中的报告信息以及由 AutoCAD 自动生成的分发注解，其中说明了传递集正常工作所需采取的步骤。单击“另存为”按钮，弹出“文件另存为”对话框，用户可以保存报告文件的一个副本。“选择一种传递设置”中列出了以前保存的传递设置，默认传递设置的名称为 STANDARD，单击可选择其它传递设置。要创建一个新的传递设置或修改列表中现有的传递设置，单击“传递设置”，在弹出的如图 9-12（b）所示的“传递设置”对话框中进行新建、重命名、修改、删除；单击“新建”，在弹出的图 9-13（a）所示的“新传递设置”对话框中输入新传递设置名，或选择某个现有传递设置，而新传递设置以它为基础创建。单击“继续”，在弹出图 9-13（b）所示的“修改传递设置”对话框中可继续进行设置。

在图 9-13（b）所示的“传递包类型”下拉列表中指定要创建的传递包的类型。系统支持三种类型：“文件夹”，在新的或现有文件夹中创建未压缩文件的传递集；“自解压可执行文件”，将文件的传递集创建为一个压缩的、自解压可执行文件，双击生成的 EXE 文件将对传递集进行解压缩以恢复文件；“ZIP”，将文件的传递集创建为一个压缩的 zip 文件，要恢复文件，需要一个解压缩实用程序，如 PKZIP 或 WinZIP。

在图 9-13（b）中，“文件格式”可为传递包中所有图形指定文件格式，用户可以从下拉列表中选择一种 AutoCAD 图形格式。

“传递文件夹”可选择创建传递包的位置，系统列出创建传递包的最后九个位置，要指定一个新位置，请单击“浏览”按钮选择需要的位置。

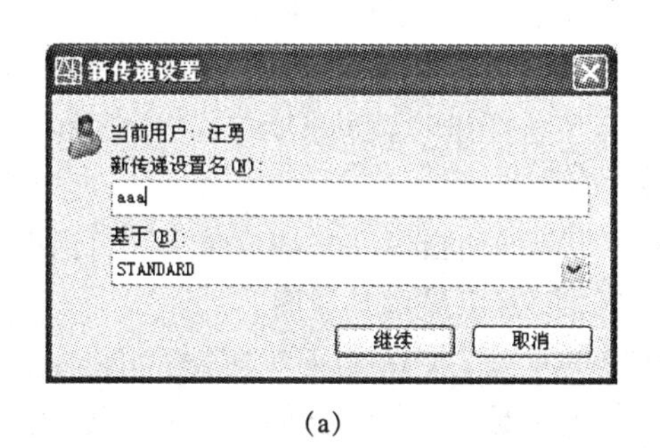

(a)

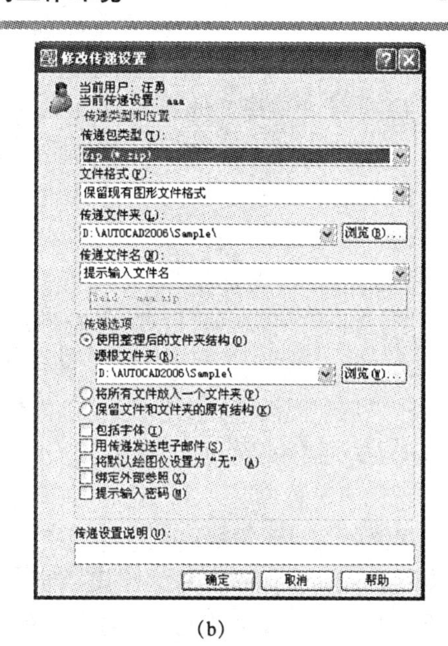

(b)

图 9-13 "修改传递设置"对话框

"传递文件名"可选择命名传递包的方法，显示传递包的默认文件名，如果将传递包的类型设置为"文件夹"，则此选项不可用，它共有三个选项："提示输入文件名"显示一个标准文件选择对话框，从中可以输入传递包的名称；"必要时输入增量文件名"使用逻辑默认文件名，如果文件名已存在，则会在末尾添加一个数字，每保存一个新的传递包，此数字就会增加 1；"必要时进行替换"使用逻辑默认文件名，如果文件名已存在，则自动覆盖现有文件。

"传递选项"可提供选项以便整理传递包中包含的文件和文件夹。

选中"使用整理后的文件夹结构"可复制要传递的文件所在的文件夹的结构，根文件夹在层次结构文件夹树中显示在最顶层（注意：相对路径保持不变）。源根文件夹之外的相对路径最多保留其上一级的文件夹路径并保存在根文件夹中，根文件夹树中的绝对路径转换为相对路径。 源根文件夹之外的绝对路径最多保留其上一级的文件夹路径并保存在根文件夹中。根文件夹树外面的绝对路径转换为"无路径"，并移动到根文件夹中或根文件夹树内的文件夹中。必要时将创建一个 Fonts 文件夹或一个 PlotCfgs 文件夹或一个 SheetSets 文件夹，用来存放图纸集的所有支持文件，但图纸集数据（DST）文件保存在根文件夹中。如果将传递包保存到 Internet 位置，则此选项不可用。

在"源根文件夹"中可定义图形相关文件的相对路径的源根文件夹，如外部参照。传递图纸集时，源根文件夹也包含图纸集数据（DST）文件。"浏览"打开一个标准文件选择对话框，从中可以指定一个源根文件夹。

选中"将所有文件放入一个文件夹" 安装传递包时，所有文件都被安装到一个指定的目标文件夹中。

选中"将文件和文件夹保持原样"保留传递包中所有文件的文件夹结构，从而简化在其他系统上的安装，如果将传递包保存到 Internet 位置，则此选项不可用。

"包括字体"包括与传递包关联的所有字体文件（TTF 和 SHX）。注意：因为 TrueType 字体是专利产品，所以应当确保传递包的接收者也拥有 TrueType 字体。如果不确定接收者是

否拥有 TrueType 字体，请清除此选项。如果接收者没有所需的 TrueType 字体，将使用 FONTALT 系统变量指定的字体来代替。

“用传递发送电子邮件”用于创建传递包时启动默认的系统电子邮件应用程序，可以将传递包作为附件通过电子邮件的形式发送。

单击“将默认绘图仪设置为无”可将传递包中的打印机/绘图仪设置更改为“无”。本地打印机/绘图仪的设置通常与接收者无关。

单击“绑定外部参照”可将所有外部参照绑定到它们所附着的文件。

单击“提示输入密码”打开“传递-设置密码”对话框，从中可以为传递包指定一个密码。

单击“包含图纸集数据和文件”，在传递包中将包含图纸集数据（DST）文件、标注和标签块（DWG）文件以及关联的图形样板（DWT）文件。

在“传递设置说明”中可输入传递设置的说明。此说明显示在“创建传递”对话框的传递文件设置列表下。用户可以选择列表中的任何传递设置以显示其说明。

电子传递的操作步骤是：打开要传递的图形文件；从“文件”菜单中选择“电子传递”；在“输入要包含在此传递包中的注释”的编辑框中指定要包含在报告文件中的任意附加说明(可选)；选择一个“传递设置”，按前述进行设置；选择“确定”，系统创建传递包。

9.7 AutoCAD 网络功能简介

CAD 技术与计算机网络的有机结合，使得现代工程设计的方式发生了很大的变化，通过网络使各个部门、地区、国家，甚至全世界连接起来，打破了时间、空间与地域的限制，以非常方便快捷的方式互相交流信息与共享网上图形资源，使 CAD 开发人员、技术支持人员、工程设计人员和所有的 CAD 资源融为一体。AutoCAD 提供了网络应用功能，增强了 AutoCAD 的协同设计的能力。本节介绍 AutoCAD 的网络功能。

要使用 AutoCAD 的 Internet 功能，用户必须有权访问 Internet 或 Intranet，并安装 Microsoft Internet Explorer 6.1 PACK （或更高版本）或 Netscape Navigator 4.0 (或更高版本)。要将文件保存到 Internet 上，必须先与网络管理员或 Internet 服务提供商（ISP）联系，以获得对存储文件的目录有足够的访问权限。如果通过公司的网络连接到 Internet 上，则必须设置代理服务器配置，关于如何在网络环境中配置代理服务器的信息，请参见 Windows 控制面板中的“Internet”程序或联系网络管理员。

9.7.1 在 Internet 上使用图形

文件输入和输出命令可以识别任何指向 DWG 文件的有效统一资源定位器 (URL) 路径。

用户可以使用 AutoCAD 在 Internet 上打开和保存文件。AutoCAD 文件输入和输出命令(OPEN、EXPORT 等) 可以识别任何指向 AutoCAD 文件的有效 URL 路径。当指定的图形文件被下载到用户的计算机上并在 AutoCAD 绘图区域中打开，用户就可以编辑并保存图形，图形既可以保存在本地，也可以保存在 Internet 或 intranet 上具有足够访问权限的位置。如果已知要打开的文件的 URL，则可以直接在“选择文件”对话框中输入，也可以在“选择文件”

对话框中浏览已定义的 FTP 站点或 Web 文件夹，使用“浏览 Web”对话框定位到存储文件的 Internet 位置，或使用“选择文件”或“图形另存为”对话框中的 Buzzsaw 图标访问由 Autodesk® Buzzsaw®开设的工程协作站点，可以从任何 Internet 站点存储、管理和共享文档。另外，使用“浏览 Web”对话框可以快速定位到要打开或保存文件的特定的 Internet 位置，可以指定一个默认 Internet 网址，每次打开“浏览 Web”对话框时都将加载该位置。如果用户不知道正确的 URL，或者不想在每次访问 Internet 网址时输入冗长的 URL，则可以使用“浏览 Web”对话框方便地访问文件。

9.7.2　超级连接

超级链接（HYPERLINK）是 WWW 网页上最常用的功能，它为 AutoCAD 提供了一种简单有效的方法，可快速地将各种文档（如其他图形、材质明细表或工程计划）与 AutoCAD 图形相关联。在 AutoCAD 中，将某个图形或文字创建为超级链接，则它与其它文件或图形相关联：单击这些超级链接，可以打开关联文件并跳转到关联文件中，例如，可以创建一个超级链接来启动字处理程序并打开特定文件，或者激活 Web 浏览器并加载特定的 HTML 页面；也可以在该文件中指定跳转的位置，如 AutoCAD 中的视图；可以将超级链接附着到 AutoCAD 图形中的任意图形对象上。

在 AutoCAD 图形中，既可以创建绝对超级链接也可以创建相对超级链接。绝对超级链接是存储文件位置的完整路径；相对超级链接是存储文件位置的相对路径，相对路径是相对于由系统变量 HYPERLINKBASE 指定的默认 URL 或目录，相对超级链接存储文件位置的局部路径。

通过命令 HYPERLINK、“插入”菜单的“超级链接”激活“超级链接”命令，用户可以按照命令行的提示，给选定对象建立超级链接，其操作过程类似于其他应用程序环境下超级链接的建立。

当超级链接插入到对象上后，一旦光标移动到该对象上时，将显示超级链接图标，单击右键并选择“超级链接”，即可打开超级链接。注意：系统变量 PICKFIRST 为 1 才能打开与超级链接关联的文件。

9.7.3　网上发布功能

网上发布是创建基于 HTML 的带格式的 WEB 页面，其格式可以从控制完成的 HTML 页面布局的选项中选择，创建 HTML 的 WEB 页面之后，可以使用“向导”将该页面发布到 Internet 或 Intranet 网上。

通过命令 PUBLISHTOWEB、“文件”菜单的“网上发布”以及“标准”工具栏 激活“网上发布”命令，用户可在弹出的“网上发布”对话框中，按系统的向导提示进行新建和编辑基于 HTML 的 WEB 页面，并将它发布到用户指定的网络服务器上。在网上发布激活“允许联机拖放”（i-drop），用户可以把 WEB 页面上的图形对象拖放到 AutoCAD 中。

DWF 文件是基于矢量的格式（除插入光栅图像内容之外）文件，通常是压缩文件。打开和传输压缩的 DWF 文件的速度要比 AutoCAD 图形文件快，它是 AutoCAD 默认的网上发布 Web 图形的格式，它是与其他没有 AutoCAD 的用户共享 AutoCAD 图形文件的理想方式。任何用户都可以使用 Autodesk DWF Viewer 打开、查看和打印 DWF 文件，或在 Microsoft Internet Explorer 6.1 或更高版本上查看 DWF 文件。

习　　题

9-1　样图的作用是什么？如何为一个项目建立样图？

9-2　如果用户要在 Word 中使用 AutoCAD 当前视图中的图形，有几种方式可以实现，应如何操作？

9-3　如何在 AutoCAD 中输入与输出 DXF 格式的文件？

9-4　如果用户在 AutoCAD 2006 中创建了一个图形文件(*.DWG)，如何才能在 AutoCAD R14 中打开？

9-5　如何使用 AutoCAD 设计中心，使多用户图形数据共享？

9-6　CAD 标准的意义是什么？在进行 CAD 标准转化时，为什么要配置 DWS 标准文件？用户如何自定义 DWS 标准文件？

9-7　如何在图层转换器中设置标准图层？

9-8　电子传递的作用是什么？如何建立多个文件的电子传递？

9-9　简述 AutoCAD 的网络功能，结合自己的工作实际应如何应用它？

第 10 章　三维绘图

在实际工作中，工程图样的应用非常广泛。由于工程图样是平面的，一般只有专业技术人员才能正确地识读和使用图样。而三维模型能形象直观地显示出物体的空间结构，因此非专业人员也能读图。随着计算机软硬件技术的发展，三维实体造型和显示越来越方便快捷。在 AutoCAD 2006 中，用户可以利用有关的绘图和编辑命令绘制较为详细和逼真的三维模型。

在本章中，将主要介绍在 AutoCAD 2006 中与三维作图有关的基础知识和基本命令。

10.1　三维绘图基础

在 AutoCAD 的三维建模中，有三种造型模式，即线框模型、表面模型和实体模型，其中以实体模型最为重要。在 AutoCAD 2006 中，用户可以根据需要用这三种模型来表达物体。要建立以上这些模型，用户应当掌握在 AutoCAD 中与三维建模有关的几个概念：三维坐标、厚度与标高和用户坐标系 UCS。下面将分别进行介绍。

10.1.1　三维坐标

在 AutoCAD 中，用户想要做到正确地绘图，首先应当理解点的坐标及其输入方式。在三维绘图中，常常使用的坐标形式有三种：笛卡尔直角坐标、柱面坐标和球面坐标。

1）三维笛卡尔直角坐标

用户在学习工程绘图中已经知道点的坐标有两种形式：点的绝对坐标和相对坐标。三维笛卡尔直角坐标的输入格式是（X，Y，Z）。其中 X、Y 和 Z 分别是点的坐标值。

用绝对坐标表示点的三维笛卡尔直角坐标与二维坐标是一样的，只是前者在三维空间中指定点，其 Z 坐标不一定为 0；后者在平面上指定点，其 Z 坐标为 0。其实在二维作图时，将点的二维坐标变为三维坐标形式输入，而 Z 等于 0，其结果是一样的，如在平面上指定点（200，100）和在三维中指定点（200，100，0）是一样的。

相对坐标是用一个点对于另一个点的相对位移值来输入点的坐标，它与绝对坐标的区别是它的前面有一个符号“@”。例如，点 A（100，200，50），点 B 在点 A 的左边 50、后面 50、上面 100 的位置，则点 B 的相对坐标为（@－50，－50，100），点 B 绝对坐标为（50，150，150）。

2）柱面坐标

用柱面坐标表示一个三维空间点，它与平面上用极坐标表示一个点相似，只是在平面极坐标的基础上增加一个 Z 坐标即可。点的柱面坐标的输入格式是：极长<极角，Z。极长是点在 XY 平面内的投影点到坐标原点的距离，极角是极长与 X 轴正向之间的夹角（逆时针方向为正），Z 是点的 Z 坐标。

例如，用绝对柱面坐标表示点 A（100<60，50），该点的极长是 100，极长与 X 轴正向的夹角为 60°，如果用笛卡尔直角坐标可表示为（50，86.6，50）。用相对柱面坐标表示点 B（@10<45，100），该点与 A 点相距 10 个长度单位，极角是 45°，Z 坐标为 150。

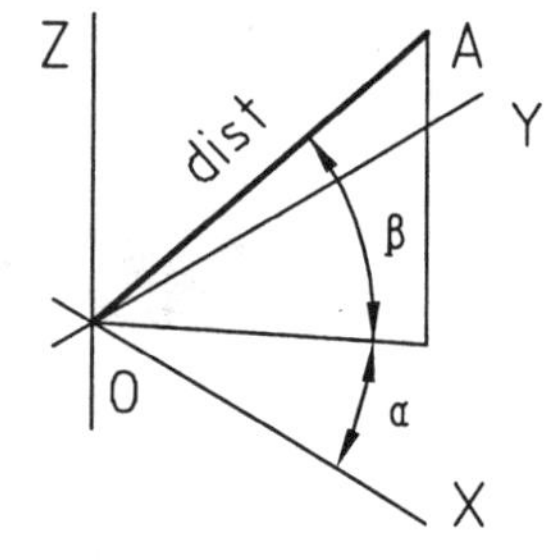

图 10-1　点的球面坐标

3）球面坐标

用球面坐标表示一个三维空间点与柱面坐标表示点相似。球面坐标的输入格式是：dist<α<β。其中 dist 是空间点 A 到原点的距离，α是点 A 在 XY 平面内的投影与原点的连线和 X 轴正向的夹角，β是点 A 与原点的连线与 XY 平面的夹角，如图 10-1 所示。

用相对球面坐标输入点的方式用得较少，用户可以参照相对柱面坐标理解，这里不再详细介绍。

10.1.2　标高和厚度（ELEV）

命令 ELVE 设置物体的厚度和标高。厚度指物体的高度；标高是指将物体放置在三维空间的某一个高度上，即设置物体的基准的 Z 坐标。

1）激活方式

命令行：ELEV

2）命令说明

激活该命令后，AutoCAD 系统首先提示用户设置物体的标高，其次是设置物体的厚度。

当前标高是指一个三维点已有了 X 值和 Y 值时，AutoCAD 所使用的 Z 值。AutoCAD 将当前标高在模型空间和图纸空间分别保存。每次改变坐标系时，AutoCAD 都将标高重置为 0.0。厚度设置了二维对象被向上或向下拉伸后与标高的距离，正值表示沿 Z 轴正方向拉伸，而负值表示沿 Z 轴负方向拉伸。

用命令 ELEV 设置厚度和标高后建立的三维物体不是实体模型，只是线框模型。该命令只能影响新对象的标高和厚度，不能影响现有对象。

10.1.3　用户坐标系（UCS）

用户坐标系（UCS）是用于坐标输入、操作平面和观察的一种可移动的坐标系统。大多数 AutoCAD 的几何编辑命令取决于 UCS 的位置和方向；对象将绘制在当前 UCS 的 XY 平面上。将对象绘制在特定的用户坐标系中，建立物体的空间模型，这个概念在三维绘图中特别重要。AutoCAD 中定义的坐标系很多，如 WCS、UCS、OCS、DCS 和 PSDCS 等，但是用户一般使用 WCS 和 UCS 坐标系。UCS（用户坐标系）是工作坐标系。下面主要介绍如何设置和使用 UCS 坐标系。

1）用户坐标系（UCS）

① 激活方式

“工具”菜单：新建 UCS　　“UCS”工具栏：　　命令行：UCS

② 命令说明

激活命令 UCS 后，AutoCAD 系统提示“输入选项 [新建(N)/移动(M)/正交(G)/上一个(P)/恢复(R)/保存(S)/删除(D)/应用(A)/?/世界(W)] <世界>:”，其中各选项含义如下：

● 新建（N） 建立新 UCS 坐标系。键入 N 并回车，系统继续提示：“指定新 UCS 的原点或 [Z 轴(ZA)/三点(3)/对象(OB)/面(F)/视图(V)/X/Y/Z] <0,0,0>:”，这里有六种方法建立新 UCS 坐标系。下面分别说明这些选项：

UCS 的原点<0,0,0 >——系统提示改变当前 UCS 坐标系的原点，括号内是上次改变的 UCS 坐标系的原点。通过移动当前 UCS 的原点，保持其 X、Y 和 Z 轴方向不变，从而定义新的 UCS。如果要当前 UCS 坐标系的图标显示在自己设置的点上，用户可以先激活 UCSICON 命令中的“原点（OR）”选项。如图 10-2（a）所示的 UCS 坐标系，其坐标原点在点 B，当激活该选项后，将坐标原点改变到点 F，结果如图 10-2（b）所示。

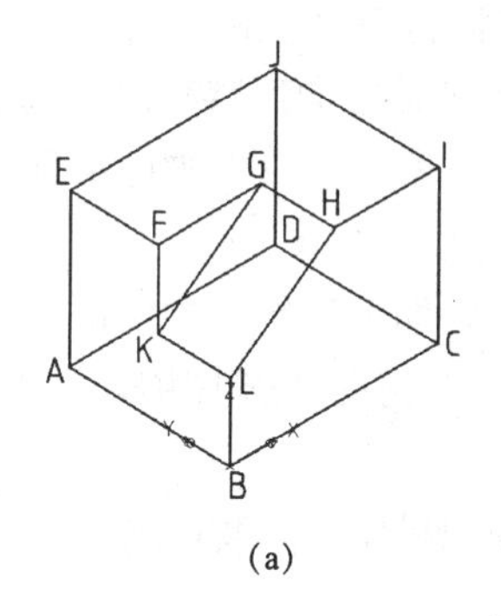

(a)

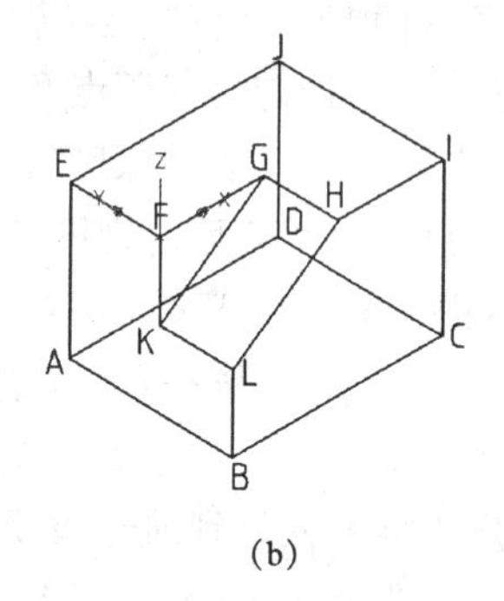

(b)

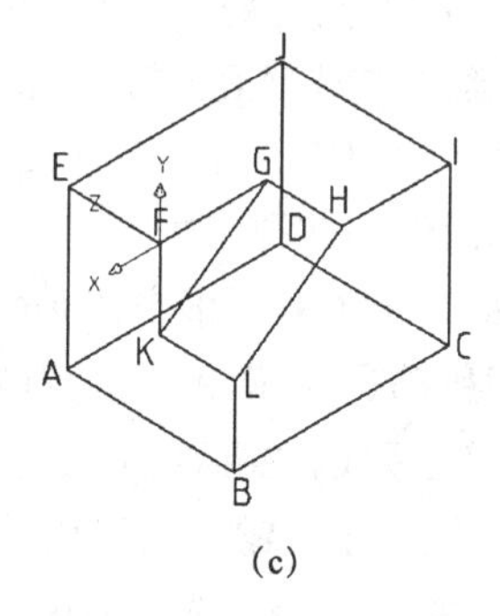

(c)

图 10–2　建立 UCS 坐标系（一）

Z 轴(ZA)——该选项通过指定 UCS 坐标系的原点和 Z 轴正方向一点确定 UCS 坐标系，其中 XY 平面和 Z 轴应满足右手规则。如图 10-2（b）所示的坐标系，保持坐标原点不变，指定点 E 是 Z 轴正方向一点，结果建立如图 10-2（c）所示的坐标系。

三点（3）——通过指定坐标原点、X 轴和 Y 轴正方向各一点来确定 UCS 坐标系。如图 10-3（a）所示，通过指定点 A 为原点，点 B 和点 E 分别是 X 轴和 Y 轴正方向的一点来建立一个新的 UCS 坐标系。

对象（OB）——通过选择一个对象来定义 UCS 坐标系。该选项不能选择三维实体、三维多段线、三维网格、视口、多线、面域、样条曲线、椭圆、射线、参照线、引线、多行文字等定义 UCS 坐标系。使用该选项时应注意 UCS 坐标系的 X 轴的正方向通过点选对象的选择点。如图 10-3（b）所示，通过点选 KL 线段来建立一个新的 UCS 坐标系。

面（F）——将 UCS 与实体对象的选定面对齐。要选择一个面，请在此面的边界内或面的边上单击，被选中的面将亮显，UCS 的 X 轴将与找到的第一个面上的最近的边对齐。激活该选项后，CAD 系统提示选择实体对象的面，然后继续提示用户确定 UCS 坐标系的位置和方向。

视图（V）——保持 UCS 坐标系的原点不变，将新的 UCS 坐标系的 XY 平面变为与计算机屏幕平行。图 10-3（c）所示的 UCS 坐标系就是激活该选项后的结果。

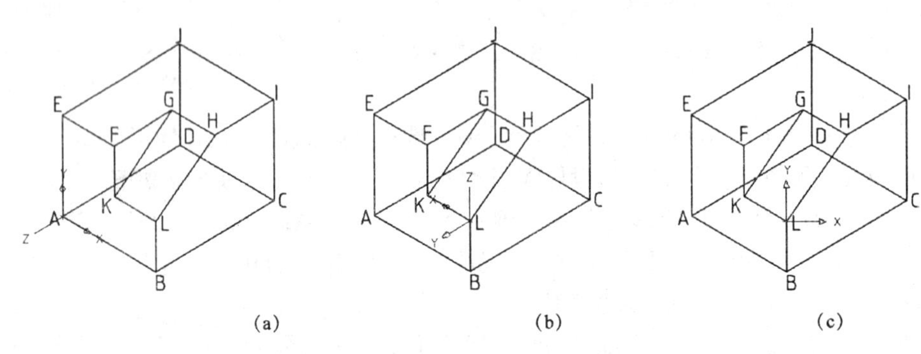

图 10-3　建立 UCS 坐标系（二）

X/Y/Z ——保持 UCS 坐标系的原点不变，将 UCS 的坐标轴分别绕 X 轴、Y 轴和 Z 轴旋转一定的角度建立新的 UCS 坐标系。

● 移动（M）　通过平移当前 UCS 的原点或修改其 Z 轴深度来重新定义 UCS，但保留其 XY 平面的方向不变。修改 Z 轴深度将使 UCS 相对于当前原点沿自身 Z 轴的正方向或负方向移动。激活该选项后，CAD 系统继续提示指定坐标原点及其在 Z 轴方向所移动的距离。如果有多个活动视口，且改变视口来指定新原点或 Z 向深度时，那么所作修改将被应用到命令开始激活时的当前视口中的 UCS 上，且命令结束后此视图被置为当前视图。

● 正交（G）　指定 AutoCAD 提供的六个正交 UCS 之一，即工程制图中所讲的六个基本视图所确定的 UCS。执行该选项，CAD 系统提示输入选项“[俯视(T)/仰视(B)/主视(F)/后视(BA)/左视(L)/右视(R)] <当前视图>”。

● 上一个（P）　将当前的用户坐标系恢复到前一次设置的 UCS 坐标系状态。

● 恢复（R）　选择使用已经命名保存的 UCS 坐标系。

● 保存（S）　保存当前定义的 UCS 坐标系。

● 删除（D）　删除已定义并保存的 UCS 坐标系。

● 应用（A）　其他视口保存有不同的 UCS 时，将当前 UCS 设置应用到指定的视口或所有活动视口。系统变量 UCSVP 确定 UCS 是否随视口一起保存。

● ?　列出用户定义坐标系的名称，并列出每个保存的 UCS 相对于当前 UCS 的原点以及 X、Y 和 Z 轴。如果当前 UCS 未命名，那么它将列为 WORLD 或 UNNAMED，这取决于它是否和 WCS 相同。

● 世界（W）　从用户坐标系返回到世界坐标系。

2）系统预设用户坐标系（DDUCSP/UCP）

命令 DDUCSP/UCP 用于使用 CAD 系统预定义的正交的 UCS 坐标系。

① 激活方式

“工具”菜单：正交 UCS　　“UCS”工具栏：[图标]　　命令行：DDUCSP/UCP

② 命令说明

激活命令 DDUCSP 后，系统弹出如图 10-4 所示的 UCS 对话框。

●“当前 UCS”　显示当前 UCS 的名称。如果该 UCS 未被保存和命名，则显示为“未命名”。CAD 系统列出六种正交坐标系，正交坐标系是相对“相对于”列表中指定 UCS 进行定义的。双击“深度”值，设置正交坐标系与通过基准 UCS（存储在 UCSBASE 系统变量中）原点的平行平面之间的距离。UCS 坐标系的平行平面可以是 XY、YZ 和 XZ 平面。

- 置为当前(C)　表示恢复选定的坐标系。也可在列表中双击坐标系名来恢复坐标系，或在坐标系名上单击鼠标右键，然后从快捷菜单中选择“置为当前”。

- 详细信息(T)　可显示 UCS 详细信息的对话框。也可以在坐标系名上单击右键(如图 10-4 所示，在“主视”上单击右键后，CAD 系统显示的快捷菜单)，然后从快捷菜单中选择“详细信息”来查看选定坐标系的详细信息。

- “相对于”　其下拉列表框用于定义正交 UCS 的基准坐标系。默认情况下，WCS 是基准坐标系。列表显示当前图形中的所有已命名的 UCS。只要选择“相对于”设置，选定正交 UCS 的原点就会恢复到默认位置。

- 快捷菜单中的“重置”　可恢复选定正交坐标系的原点。使用 UCS 命令的“移动”选项可将原点从其默认位置（0，0，0）移开。要重置选定正交坐标系的原点，请在列表中的坐标系名上单击右键，然后从快捷菜单中选择“重置”。原点将恢复到相对于指定基准坐标系的默认位置（0，0，0）。

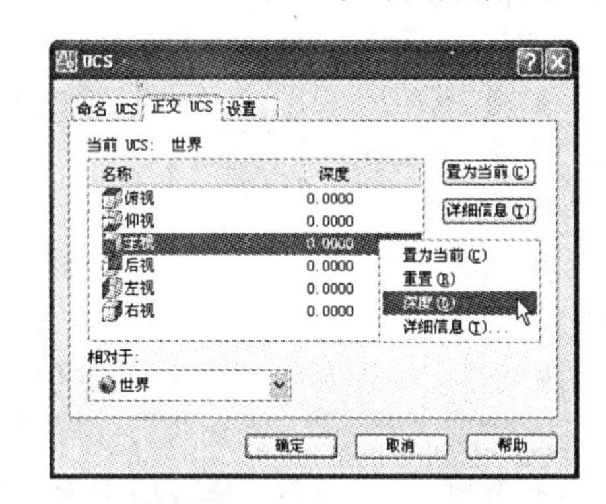

图 10-4　“UCS”对话框

- 快捷菜单中的“深度”　可指定正交 UCS 的 XY 平面与经过坐标系原点的平行平面间的距离。在“正交 UCS 深度”对话框中，输入值或选择“选择新原点”按钮以使用定点设备来指定新的深度或新的原点。

10.1.4　视口（VPORTS）

命令 VPORTS 用于将 AutoCAD 绘图区域分成多个视口，在每个视口中都可以进行各种绘图操作。VPORTS 决定模型空间和图纸空间（布局）环境的视口配置。在模型空间（模型标签页）中，可以创建多个模型视口配置。在图纸空间（布局标签页）中，可创建多个布局视口配置。

1）***激活方式***

“视图”菜单：视口　　“视口”工具栏：　　命令行：VPORTS

2）***命令说明***

第一种激活方式是在命令行中激活，后两种激活方式是在对话框中激活。

① 采用第一种激活方式，当用户配置在模型视口中时，在激活该命令后，AutoCAD 系统提示“输入选项 [保存(S)/恢复(R)/删除(D)/合并(J)/单一(SI)/?/2/3/4] <3>:”，该提示下各个选项的含义如下：

- 保存（S）　用户命名保存当前的视口配置。
- 恢复（R）　调用已经命名保存的视口。
- 删除（D）　删除已经命令保存的视口。
- 合并（J）　合并两个相邻的视口成一个较大的视口。

● 单一（SI）　使某一个活动的视口充满系统的绘图区域，成为单一的视口。

● ?　查询视口的数量和它们的位置。

● 2/3/4　将绘图区域分别分成 2、3 或 4 个视口。

② 采用第一种激活方式，当用户配置在布局视口中时，激活该命令后，CAD 提示“指定视口的角点或[开(ON)/关(OFF)/布满(F)/消隐出图(H)/锁定(L)/对象(O)/多边形(P)/恢复(R)/2/3/4]<布满>:”，该提示下各个选项的含义如下：

● 开（ON）　打开视口，将其激活并使它的对象可见。

● 关（OFF）　关闭视口。当视口关闭时，其中的对象不再显示，并且不能使这个视口成为当前视口。

● 布满（F）　创建充满可用的显示区域视口。视口的实际大小由图纸空间视图的尺寸决定。

● 消隐出图（H）　从图纸空间（布局）打印时，删除视口中的隐藏线。

● 锁定（L）　锁定当前视口（与图层锁定类似）。

● 对象（O）　指定闭合的多段线、椭圆、样条曲线、面域或圆以转换到视口中。指定的多段线必须是闭合的并且至少包含三个顶点。多段线可以是自交的，并且可以包含弧线段和直线段。

● 多边形（P）　通过指定点来创建不规则形状的视口。

● 恢复（R）　恢复以前保存的视口配置。

● 2/3/4　将当前视口拆分为相等的 2 个/3 个/4 个视口，同时设置各个视口的位置配置。

③ 当采用第二种或第三种激活方式时，CAD 系统弹出如图 10-5 所示的“视口”对话框，该对话框同样分用户是在模型视口还是在布局视口应用命令 VPORTS，它们在含义上大同小异，下面以用户在模型视口使用该命令为例说明该对话框：

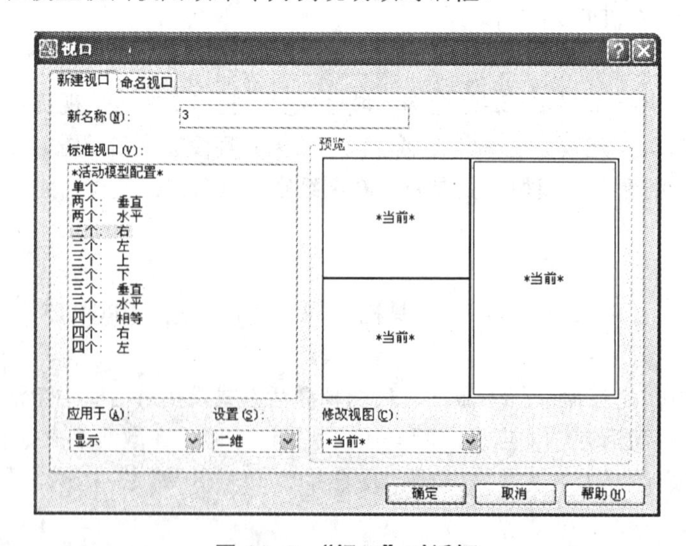

图 10-5　“视口”对话框

●“新名称（N）”　为新建的模型视口配置指定名称。如果不输入名称，则新建的视口配置只能应用而不保存。如果视口配置未保存，将不能在布局中使用。

●“标准视口”　列出并设置标准视口配置，包括 CURRENT（当前配置）。

● “预览” 显示选定视口配置的预览图像，以及在配置中被分配到每个单独视口的默认视图。

● “应用于” 将模型视口配置应用到整个显示窗口或当前视口。 其中“显示”将视口配置应用到整个模型标签页显示窗口。“显示”选项是默认设置。“当前视口”仅将视口配置应用到当前视口。

● “设置” 指定二维或三维设置。如果选择二维，新的视口配置将最初通过所有视口中的当前视图来创建。如果选择三维，一组标准正交三维视图将被应用到配置中的视口。

● “修改视图” 用从列表中选择的视图替换选定视口中的视图。可以选择命名视图，如果已选择三维设置，也可以从标准视图列表中选择。使用“预览”区域查看选择。

10.2 观察三维模型的方法

在三维空间中建立模型后，还必须设置适当的观察点和方向，用户才能够看到栩栩如生的三维模型。在这一节中将介绍与三维模型显示有关的命令。

10.2.1 视点/视点预置（VPOINT/DDVPOINT）

这两个命令都可以用于设置三维空间模型的观察点和方向，命令 VPOINT 是在命令行中进行的，DDVPOINT 命令是在对话框中完成的。

1）视点（VPOINT）

命令 VPOINT 通过空间某一个指定点观察坐标原点，从而观察物体的三维图形，该命令只能在模型空间中使用。

① 激活方式

“视图”菜单：三维视图▶视点　　命令行：VPOINT/-VP

② 命令说明

当激活 VPOINT 命令后，AutoCAD 系统提示“指定视点或 [旋转(R)] <显示坐标球和三轴架>:”，其中各个选项含义如下：

● 视点　使用输入的 X、Y 和 Z 坐标，创建定义观察视图的方向的矢量。定义的视图好像是观察者在该点向原点（0，0，0）方向观察。

● 旋转（R） 激活该选项后，系统提示键入两个角度，一个是观察点在 XY 平面内的投影与坐标系原点的连线和 X 轴正向的夹角，另一个是观察点与坐标系原点的连线和 XY 平面的夹角。

● <显示坐标球和三轴架> 在命令 VPOINT 的主提示下，用户直接回车激活该选项，此时在屏幕上显示三维坐标轴、罗盘指针和鼠标的当前位置，在罗盘内移动鼠标选择一个合适的位置，并按下鼠标左键结束该命令。

2）视点预置（DDVPOINT）

命令 DDVPOINT 同命令 VPOINT 一样，也是指定观察的方向，它通过指定与 X 轴和 XY 平面的夹角来确定观察方向。该命令有两种激活方式：① 菜单视图/三维视图/视点预置；

② 在命令行中键入 DDVPOINT/VP。当激活命令 DDVPOINT 后，系统弹出如图 10-6 所示的对话框。

在该对话框中，用户可以完成 VPOINT 命令完成的功能，并可以相对于 WCS 和 UCS 确定观察方向，其中的按钮“设为平面视图”设置查看角度，以相对于选定坐标系显示平面视图（XY 平面），相当于观察方向在 XY 平面内投影与 X 轴的夹角为 270°、观察方向与 XY 平面的夹角为 90°的位置观察三维物体。

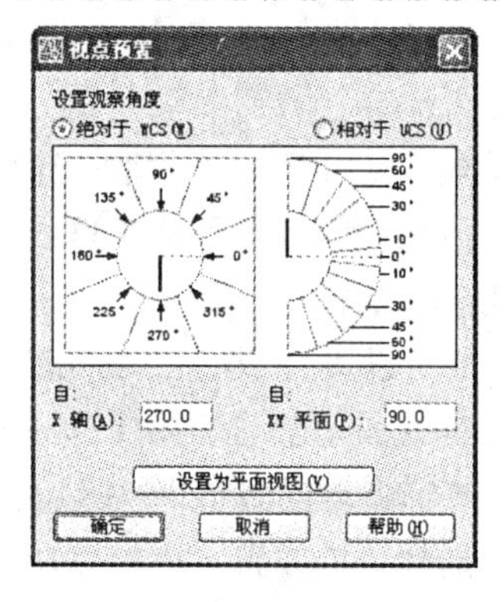

图 10-6 “DDVPOINT”对话框

10.2.2 视图（VIEW）

视图是图形的一部分，它显示在视口中。用户可以按名称保存和恢复视图，便于访问。视图分别保存在模型空间和图纸空间中。在工程制图中，将一个物体放在三投影面体系中，采用正投影法得到主视图、俯视图和左视图；在此基础上，又增加了三个基本视图，即仰视图、右视图和后视图，这就是物体的六个基本视图。在 AutoCAD 中，以上基本视图称为正交视图。

“视图”菜单：命名视图　“视图”工具栏：　命令行：VIEW/V/DDVIEW/-VIEW

1）命名视图（VIEW）

下面介绍如何用命令 VIEW 建立正交和等轴测视图。

在命令行中键入－VIEW，该命令在命令行下执行，其他的激活方式都在对话框中完成。下面仅介绍在对话框中的操作（在命令行中执行的操作与此相似，用户可参照应用）。

执行命令 VIEW 后，CAD 系统弹出如图 10-7 所示的“视图”对话框，下面介绍其中的“命名视图”标签页。

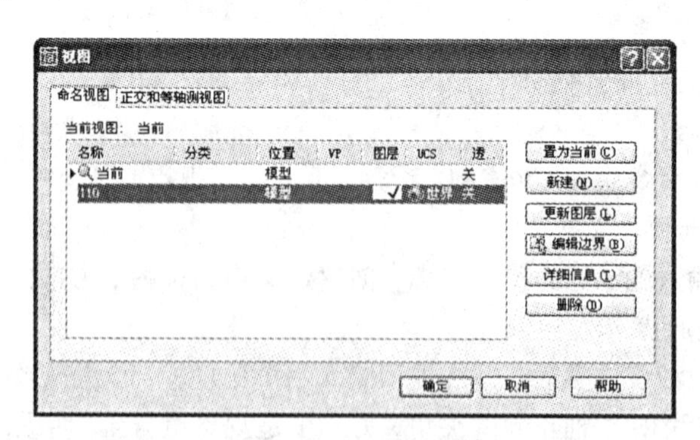

图 10-7 “视图”对话框（一）

在“命名视图”标签页下，用户可创建、设置、重命名和删除命名视图。当创建命名视图后，如果在某个视口中想回到某个视图，用户只需单击选择的视图名，然后单击右上角的“置为当前”按钮并确定。用户也可以右击某个视图名，在弹出的快捷菜单中选择“置为当前”。操作非常简单，具体说明从略。

2）正交和等轴测视图

在如图 10-8 所示的“视图”对话框的“正交和等轴测视图”标签页下，CAD 系统预置

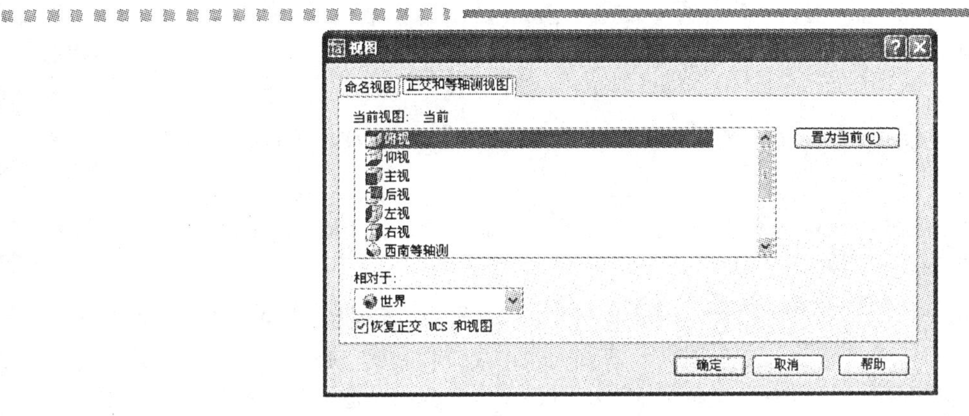

图 10-8　视图对话框（二）

了六种正交视图和四种等轴测视图，用户可很方便地在这十种视图之间进行切换。具体操作方法是：用户只需选择某个视口，然后应用命令 VIEW ，在此标签页下，用户直接选择某种视图名，然后单击右上角的按钮“置为当前”；也可以使用右键，方法同上；或者通过单击“视图”工具栏中的相应按钮，很方便地进行视图的设置和转换。

下面介绍如何建立图形的主视图、俯视图、左视图和西南等轴测图四视口。先打开任意一个三维图形文件，然后激活命令 VPORTS，键入 4 并回车，将绘图区等分为 4。选择左下视口，激活命令 VPOINT，键入观察点坐标（0,0,1)（或单击“视图”工具栏中的按钮），建立俯视图。选择左上视口，再次激活命令 VPOINT，键入观察点坐标（0，−1，0)（或单击“视图”工具栏中的按钮），建立主视图。选择右上视口，再次激活命令 VPOINT，键入观察点坐标（−1，0，0)（或单击“视图”工具栏中的按钮），建立左视图。选择右下视口，再次激活命令 VPOINT，键入观察点坐标（1，−1，1)（或单击“视图”工具栏中的按钮）建立西南等轴测图。其结果如图 10-9 所示的“四视口”。

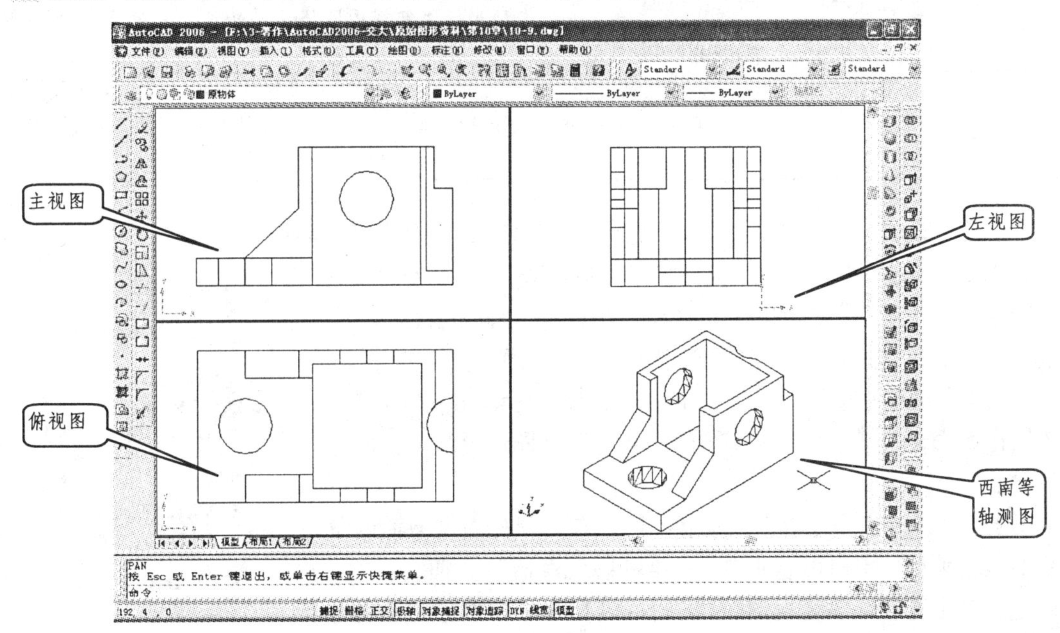

图 10-9　四视口

10.2.3　三维动态观察器（3DORBIT）

命令 3DORBIT 使用户能够通过单击和拖动定点设备来控制三维对象的视图。

1）激活方式

“视图”菜单：三维动态观察器　　工具栏：　　命令行：3DORBIT/3DO

2）命令说明

三维动态观察器视图显示一个转盘，（被四个小圆平分的一个大圆）。当 3DORBIT 处于活动状态时，查看的目标保持不动，而相机的位置（或查看点）围绕目标移动。目标点是转盘的中心，而不是被查看对象的中心。命令 3DORBIT 在当前视口中激活三维视图。如果用户坐标系（UCS）图标为开，那么表示当前 UCS 的着色三维 UCS 图标显示在三维动态观察器视图中。查看方向的旋转由光标的外观和位置决定，如表 10-1 所示。

表 10-1　三维动态观察视图

光标形状	显　示　控　制
两条直线环绕的球状	在转盘中移动光标时，光标的形状变为外面环绕两条直线的小球状。如果在绘图区域中单击并拖动光标，则可围绕对象自由移动，就像光标抓住环绕对象的球体，围绕目标点进行拖动一样。用此方法可以在水平、垂直或对角方向上拖动
圆形箭头	在转盘外部移动光标时，光标的形状变为圆形箭头。在转盘外部单击并围绕转盘拖动光标，将使视图围绕延长线通过转盘的中心并垂直于屏幕的轴旋转，这称为“卷动”。如果将光标拖到转盘内部，它将变为外面环绕两条线的球形，并且视图可以自由移动；如果将光标移回转盘外部，则返回卷动状态
水平椭圆	当光标在转盘左、右两边的小圆上移动时，光标的形状变为水平椭圆。从这些点开始单击并拖动光标将使视图围绕通过转盘中心的垂直轴或 Y 轴旋转
垂直椭圆	当光标在转盘上下两边的小圆上移动时，光标的形状变为垂直椭圆，从这些点开始单击并拖动光标将使视图围绕通过转盘中心的水平轴或 X 轴旋转

在三维动态观察器视图中，可以显示由 LIGHT 命令定义的环境光、点光、平行光和聚光灯光源。要显示这些光源，必须将 SHADEMODE 设置为“平面着色”、“体着色”、“带边框平面着色”或“带边框体着色”。“线框”和“隐藏”的 SHADEMODE 选项不显示光源。要打开光源，在“工具”菜单中选择“选项”。请在“选项”对话框中选择“系统”标签页，在“系统”标签页的“当前三维图形显示”中选择“特性”。

当 3DORBIT 命令处于活动状态时，单击鼠标右键激活该命令的快捷菜单，用户可以使用“三维动态观察器”快捷菜单上的一个或多个选项来改变视图。如图 10-10 所示。下面分别说明各个选项：

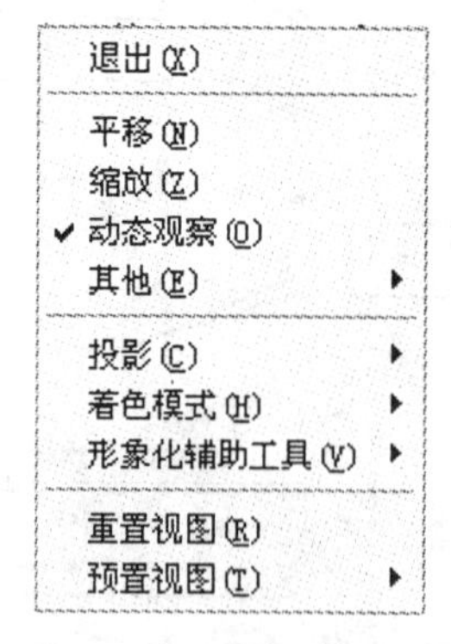

图 10-10　快捷菜单

● 退出　退出 3DORBIT 命令。

● 平移　在视图中水平或垂直移动对象（参见命令 3DPAN）。

● 缩放　模拟相机变焦镜头的效果（参见命令 3DZOOM）。

● 动态观察　在使用其他菜单命令（如“缩放”、“平移”或“连续观察”）之后使视图返回“动态观察”模式。

● 在“其他”选项下又有如下选项：

调整距离 ——模拟相机推近对象或远离对象的效果（参见命令 3DDISTANCE）。

旋转相机 ——光标变为圆弧形箭头，并模拟旋转相机的效果（参见命令 3DSWIVEL）。

连续观察 ——光标变为两条实线环绕的球状，使用户可以将对象设置为连续运动（参见命令 3DCORBIT）。

窗口缩放 ——光标变为窗口图标，使用户可以选择特定的区域进行缩放查看。当光标形状改变时，可单击并拖动光标在要选择的区域周围绘制一个窗口。释放拾取键时，图形被放大并聚焦在选定区域上。

范围缩放 ——居中显示视图，并调整其大小，使之能显示所有对象。

固定 Z 轴动态观察 ——在转盘圆圈中水平拖动或从转盘左边或右边的小圆上拖动时，保持 Z 轴当前的方向。使用三维动态观察器时，此选项可以防止对象翻转。此选项有助于修改建筑物、汽车和地图等图形的视图。该设置与用户配置一起保存。

动态观察使用自动目标 ——请将目标点保持在正查看的对象上，而不是视口的中心点。默认情况下，此功能为打开状态。

调整剪裁平面 ——打开“调整剪裁平面”窗口（参见命令 3DCLIP）。

启用前向剪裁 ——打开或关闭前向剪裁平面。此选项前面的复选标记表明启用前向剪裁平面，用户可以看到移动直线调整前向剪裁平面的效果（参见命令 3DCLIP）。

启用后向剪裁 ——打开或关闭后向剪裁平面。此选项前面的复选标记表明启用后向剪裁平面，用户可以看到移动直线调整后向剪裁平面的效果（参见 3DCLIP）。

● 在“投影”选项下又有如下选项：

平行 ——显示对象，使图形中的两条平行线永远不会相交于一点，图形中的形状始终保持相同，靠近时不会变形。

透视 ——按透视模式显示对象，使所有平行线相交于一点。对象中距离越远的部分显示得越小，距离越近显示得越大；当对象距离过近时，形状会发生某些变形。此视图与人眼睛观察到的图像极为接近。

● “形象化辅助工具” 选项提供使对象形象化的辅助工具，其各个选项的含义如下：

坐标球 ——在由表示 X、Y 和 Z 轴的三条直线组成的转盘中绘制一个三维球面。

栅格 ——显示类似图纸的二维直线阵列，此栅格沿 X 和 Y 轴方向。

UCS 图标 ——显示一个已着色的三维 UCS 图标，每个轴分别标记为 X、Y 或 Z。X 轴为红色，Y 轴为绿色，Z 轴为蓝色。

● 重置视图　将视图重置为第一次启动 3DORBIT 时的当前视图。

● 预置视图　显示预定义视图（如俯视图、仰视图和西南等轴测图）的列表。从列表中选择视图来改变模型的当前视图。

10.2.4 着色（SHADEMODE）

命令 SHADEMODE 用于消除三维图形的不可见轮廓线，图形重生成显示。

1）激活方式

“视图”菜单：着色　工具栏：　命令行：SHADEMODE

2）命令说明

激活命令 SHADEMODE 后，CAD 系统显示该命令的当前模式，并提示“输入选项 [二维线框(2D)/三维线框(3D)/消隐(H)/平面着色(F)/体着色(G)/带边框平面着色(L)/ 带边框体着色(O)] <当前值>:”。其中的各个选项分别对应“着色”工具条中的一个图标，表 10-2 说明了各项的含义。

表 10–2　激活 SHADEMODE 命令后各选项的含义

选　项	图标	含　义
二维线框（2D）		显示对象时使用直线和曲线表示边界，光栅和 OLE 对象、线型及线宽是可见的
三维线框（3D）		显示对象时使用直线和曲线表示边界，显示一个已着色的三维 UCS 图标，光栅和 OLE 对象、线型及线宽不可见
消隐（H）		显示使用三维线框表示的对象并隐藏表示后向面的直线
平面着色（F）		着色多边形平面间的对象，此对象比体着色的对象平淡和粗糙。当对象进行平面着色时，将显示应用到对象的材质
体着色（G）		着色多边形平面间的对象，并使对象的边平滑化。着色的对象外观较平滑和真实。当对象进行体着色时，将显示应用到对象的材质
带边框平面着色（L）		将“平面着色”和“线框”选项结合使用。被平面着色的对象将始终带边框显示
带边框体着色（O）		将“体着色”和“线框”选项结合使用。体着色的对象将始终带线框显示

图 10-11 是利用命令 SHADEMODE 的各个选项分别对物体进行着色显示，读者通过这个三维实体着色的例子能更好地理解着色命令各个选项的含义。

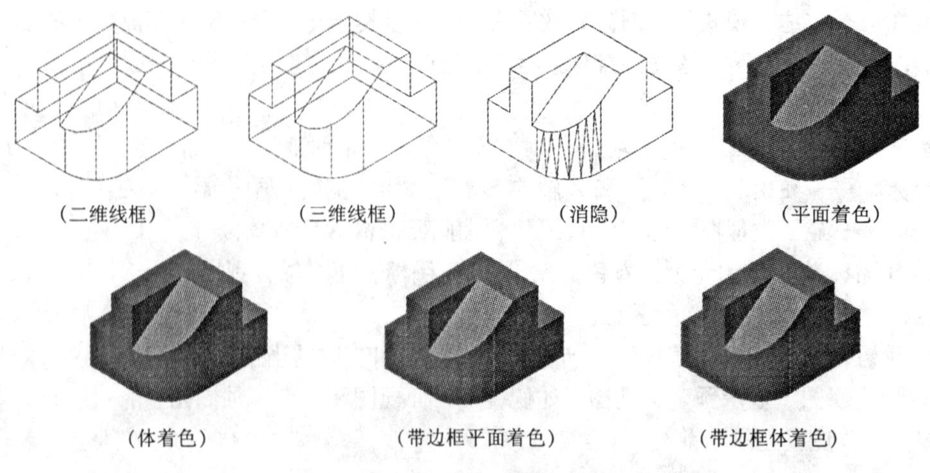

图 10–11　三维实体的着色

10.3　线框模型

线框模型是用物体的轮廓线或边来表示三维物体。线框模型表示的物体仅仅由点和线组成，它不包含面和体的信息，所以不能对线框模型进行消隐处理和实体编辑，但是它表示对象简单明了，占用的磁盘空间较小。

1）线框模型的绘制方法

线框模型是用点和线来表示三维空间物体，可以直接输入三维点的坐标来构造物体；也可以建立 UCS 坐标系，在 UCS 坐标系中建立平面图形，然后将它移动或复制到适当的三维位置，形成三维线框模型。

2）绘制线框模型的注意事项

① 规划和组织模型，以便可关闭图层，减少模型的视觉复杂程度。颜色有助于用户区分各个视图中的对象。

② 使用多个视图，特别是等轴测视图，使得模型形象化和对象选择更加容易。

③ 请认真使用对象捕捉和栅格捕捉以确保模型的精度。

④ 要熟练使用 UCS。

⑤ 请使用坐标过滤器拖放垂足，再基于其他对象上点的位置轻松地定位三维空间中的点。坐标过滤器对于创建新的坐标位置非常有用。它使用第一个位置的 X 值、第二个位置的 Y 值和第三个位置的 Z 值。坐标过滤器在三维中的操作方式与二维中相同。要在命令行中指定过滤器，请输入一个句号和一个或多个 X、Y 和 Z 字母。AutoCAD 接受的坐标过滤器形式有：X、Y、Z、XY、XZ 和 YZ 六种。指定初始坐标值后，AutoCAD 将提示输入其余的坐标值。如果在输入点的提示下输入.X，则提示输入 Y 和 Z 值；如果在输入点的提示下输入.XZ，则提示输入 Y 值。具体的操作使用请参照有关的帮助说明。

10.4　面模型

三维空间模型可以分解为由点和线组成，同时也可以将它分解为由面组成，这些面可以是平面，也可以是曲面。因此在 AutoCAD 中，用平面和曲面来形成三维空间模型，就是这一节中要介绍的面模型。用面模型建模，物体可以进行消隐、着色、表面求和等相关计算。

10.4.1　系统预定义的 3D 表面

在 AutoCAD 中，命令 3D 用于创建系统预定义的几种基本的面模型。

1）激活方式

“绘图”菜单：曲面▶三维曲面　　命令行：3D

2）命令说明

① 在命令行中激活命令

在命令行中键入 3D 并回车激活该命令，AutoCAD 系统提示“输入选项[长方体表面(B)/圆锥面(C)/下半球面(DI)/上半球面(DO)/网格(M)/棱锥面(P)/球面(S)/圆环面(T)/楔体表面(W)]:”，用户可以选择各个选项。用户也可以在命令行中键入以下命令绘制系统预定义的 3D 表面，这些命令分别是：AI-BOX（长方体表面）、AI-CONE（圆锥面）、AI-DISH（下半球面）、AI-DOME（上半球面）、AI-MESH（网格）、AI-PYRAMID（棱锥面）、AI-SPHERE（球面）、AI-TOURS（圆环面）、AI-WEDGE（楔体表面）等。

② 在对话框中激活命令

选择菜单“绘图▶曲面▶三维曲面”，系统弹出如图 10-12 所示的对话框，用户只要选择其中任意一个图标，单击“确定”按钮，即可激活相应的命令。

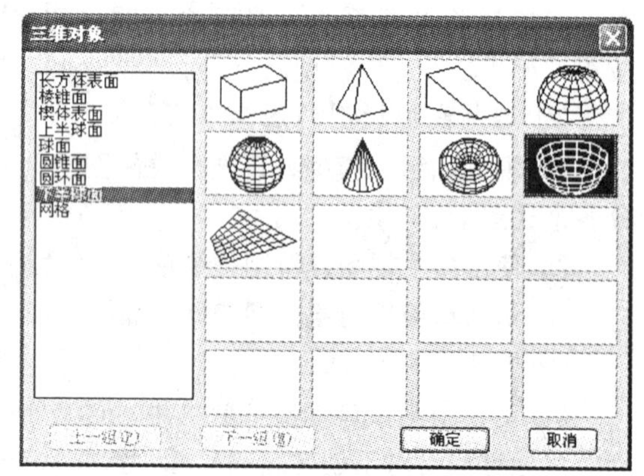

图 10-12 系统预定义的 3D 表面

以上命令都比较简单，用户一般都会使用，这里只介绍其中的棱锥面命令(AI-PYRAMID)。激活命令 AI-PYRAMID 后，系统提示指定棱锥底面的第一角点、第二和第三角点，然后提示指定棱锥面底面的第四角点或 [四面体(T)]，用户键入 T，激活“四面体（T）”选项，即绘制三棱台或三棱锥；用户也可以直接键入第四基点坐标，则系统提示指定棱锥面的顶点或 [棱(R)/顶面(T)]，当键入 R，系统就绘制楔体表面；当键入 T，系统就绘制四棱台；当直接键入一个点的坐标时，就绘制四棱锥。

3）命令举例

利用系统预定义的 3D 面模型命令绘制如图 10-13 所示的“长方体表面”和“下半球面”。

激活命令 VPOINT，键入观察点的坐标（−1，−1，1），然后激活 3D 命令，键入 P，激活“棱锥面”选项；依次指定基点坐标为 A（10，10，0）、B（60，10，0）、C（60，60，0），和 D（10，60，0）绘制底面四边形，然后键入 T，激活“顶面”选项，最后依次键入坐标 E（25，25，40）、F（45，25，40）、G（45，45，40）、H（25，45，40），回车结束命令，最后进行着色处理，其结果如图 10-13（a）所示。

选择下拉菜单“绘图▶曲面▶三维曲面”，CAD 系统弹出如图 10-12 所示的对话框，用鼠标双击圆环面图标，则系统提示指定圆环的中心坐标，键入坐标（200，10，0），然后输入圆环的直径 30，再输入环面母线圆的直径 8，最后分别输入截面方向和圆周方向的网格数 20；最后进行着色处理，其结果如图 10-13（b）所示。

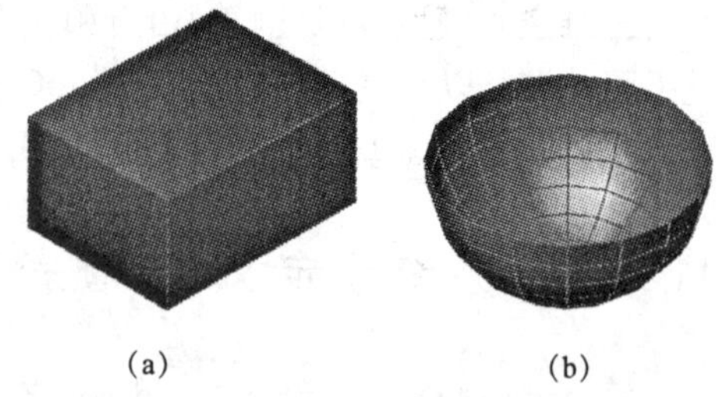

图 10-13 绘制系统预定义的 3D 表面

10.4.2 三维面（3DFACE）

命令 3DFACE 在三维空间中绘制由三边或四边构成的平面。在空间中可以用该命令构造不同的平面形成物体的面模型。

1）激活方式

“绘图”菜单：曲面▶三维面　　“曲面”工具栏：　　命令行：3DFACE/3F

2）命令说明

激活命令 3DFACE，系统提示指定平面的第一点、第二点、第三点和第四点，并不断的重复提示指定第三点和第四点。

应用前面介绍的方法和命令绘制如图 10-14（a）所示的线框模型，下面激活命令 3DFACE 绘制面模型，分别用 A、B、C、D、E、F 和 S 四个顶点构造三棱锥面模型。

按下 F3，打开 CAD 系统命令行下面的“对象捕捉”开关，以便于进行端点或交点的自动捕捉。激活命令 3DFACE，依次拾取各个顶点 A、B、S、A；再次激活命令 3DFACE，依次拾取各个顶点 D、S、C、D；以此类推完成其它各面，其结果如图 10-14（b）所示。最后单击平面着色按钮 进行着色处理，其结果如图 10-14（c）所示。

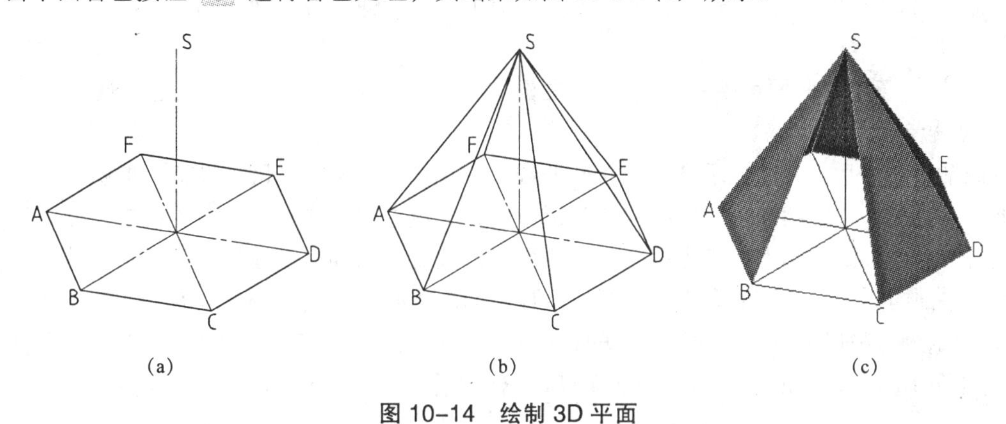

图 10–14　绘制 3D 平面

10.4.3　直纹曲面（RULESURF）

命令 RULESURF 在两条曲线之间构造一个表示直纹曲面的多边形网格。被选择作为规则曲面的边的对象可以是点、直线、样条曲线、圆或圆弧和多段线等。

1）激活方式

“绘图”菜单：曲面▶直纹曲面　　“曲面”工具栏：　　命令行：RULESURF

2）命令说明

激活该命令后，CAD 系统先提示当前直纹曲面的网格密度，该网格密度由系统变量 SURFTAB1 控制。为了使曲面更明显，通常将该系统变量设置大一些，接着系统提示选择用于控制直纹曲面的边。

例如，以点 A（206，112，155）和 B（156，97，150）画一条空间直线，再以点 C（134，108，180）和 D（192，127，135）绘制第二条空间直线，如图 10-15（a）所示；然后在命令行中键入 SURFTAB1 系统变量，设置其值为 30，最后激活命令 RULESURF，分别靠近 B 点和 C 点选择 AB 和 CD 两条直线段作为直纹曲面的边，结果如图 10-15（b）所示。注意：控制视点的位置是观察点坐标（1，−1，1），也可单击“视图”工具栏中的 按钮来建立西南等轴测图。

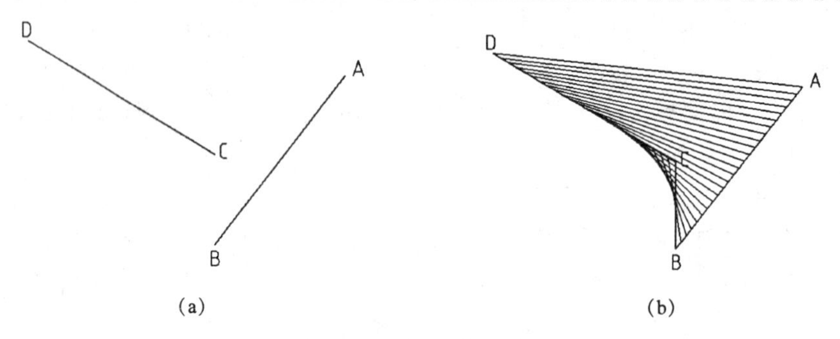

图 10-15　绘制规则曲面

10.4.4　平移曲面（TABSURF）

命令 TABSURF 可以将一条轨迹线沿某一矢量方向拉伸形成拉伸曲面。

1）激活方式

“绘图”菜单：曲面▶平移曲面　　“曲面”工具栏：　　命令行：TABSURF

2）命令说明

激活该命令后，系统提示选择一条轨迹线，该线可以是直线、圆和圆弧、椭圆、二维和三维多段线等；并继续提示选择拉伸的矢量方向，矢量方向由直线或多段线确定，如果是多段线，则由多段线的起点和终点确定矢量方向。请注意：拉伸轨迹线和拉伸矢量方向不能在同一个平面内，否则，该命令拒绝激活。拉伸曲面的网格密度由系统变量 SURFTAB1 确定。

例如，绘制如图 10-16（a）所示的拉伸曲面，先在屏幕上绘制轨迹线圆 C 和矢量直线 AB，如图 10-16（b）所示，最后激活 TABSURF 命令绘制拉伸曲面。

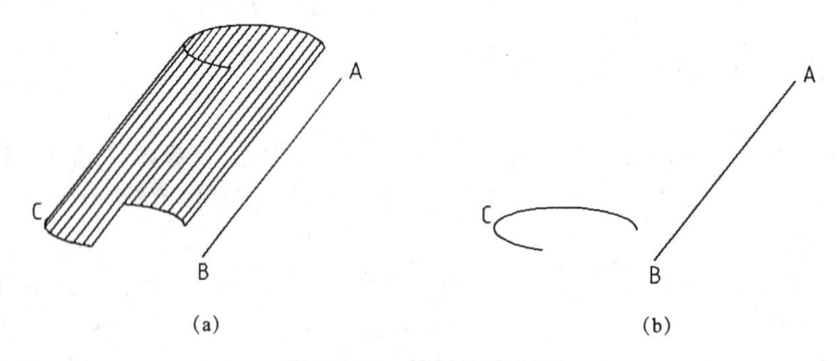

图 10-16　绘制拉伸曲面

10.4.5　边界曲面（EDGESURF）

命令 EDGESURF 可以绘制三维多边形网格曲面，该曲面类似于一小块孔斯曲面，它由四条首尾相连的空间曲线所定义，这些曲线可以直线、圆弧、样条曲线、开放的二维和三维多段线等。三维多边形网格曲面的网格由两个方向决定，即 M 或 N 方向，所以分别用系统变量 SURFTAB1 和 SURFTAB2 设置。该命令有下面三种激活方式

“绘图”菜单：曲面▶边界曲面　　“曲面”工具栏：　　命令行：EDGESURF

激活命令 EDGESURF 后，系统分别提示选择四条边界，并结束该命令。

例如，利用 EDGESURF 命令绘制如图 10-17（a）所示的网格曲面。首先设置系统变量 SURFTAB1 为 16 和 SURFTAB2 为 20，然后激活 LINE 和 SPLINE 命令，分别绘制如图 10-17（b）所示的 A、B、C、D 四条边界，最后激活 EDGESURF 命令绘制曲面。

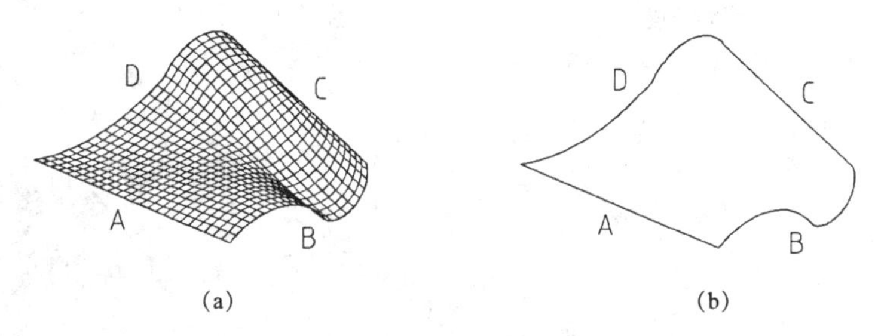

(a)　(b)

图 10–17　绘制三维多边形网格曲面

10.4.6　旋转曲面（REVSURF）

命令 REVSURF 将一母线绕一条轴线旋转一定的角度形成旋转曲面，该母线可以是直线、圆、拟合的样条曲线、二维和三维多段线等。旋转曲面的网格密度的设置用系统变量 SURFTAB1 和 SURFTAB2 设置，这与前面的命令相同。命令 REVSURF 有下面三种激活方式

"绘图"菜单：曲面▶旋转曲面　"曲面"工具栏：　命令行：REVSURF

激活该命令后，系统提示选择轨迹线和旋转轴线，接着提示旋转的起始角度和包角的大小。

先激活 PLINE 命令绘制旋转轴线 AB 和酒杯的轨迹线 C，如图 10-18（a）所示；然后激活 REVSURF 命令，这里起始角度为 0，包角为 360，其结果如图 10-18（b）所示；最后单击体着色 按钮，进行着色处理，其结果如图 10-18（c）所示。

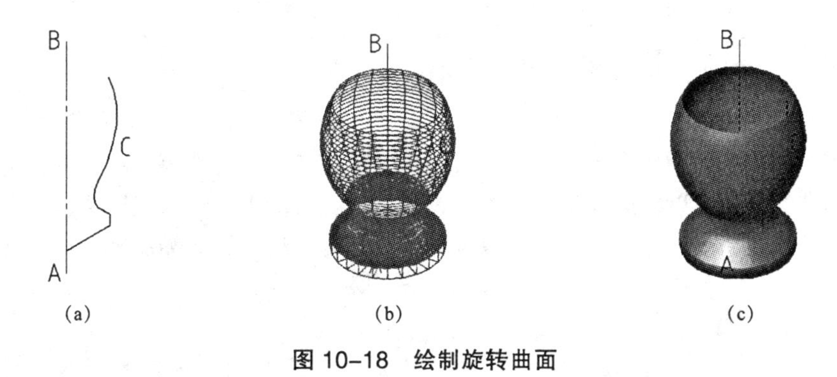

(a)　(b)　(c)

图 10–18　绘制旋转曲面

10.4.7　三维多面网格（PFACE）

命令 PFACE 可建立三维多面网格，多义平面网格是由一些平面组成的，这些平面都是通过定义三维空间点，并将各个点分配到各个平面而形成的。在命令行中直接键入该命令即可激活，激活 PFACE 命令后，系统提示指定顶点，用户可以键入各个顶点的坐标，并注意

各个顶点的顺序；接着系统提示将各个顶点分配到各个表面。

例如，先绘制如图 10-19（a）所示的五角星图形；然后激活命令 PFACE 后，依次选择点 A、B 和 O 作为多面网格的顶点，系统记录了它们的序号为 1、2 和 3；当选择点 O 后，回车结束顶点定义；系统继续提示为各个面分配顶点，这里有 10 个面，分别指定各个面的顶点序号并回车即可，其结果如图 10-19（b）所示；最后单击平面着色按钮进行着色处理，其结果如图 10-19（c）所示。

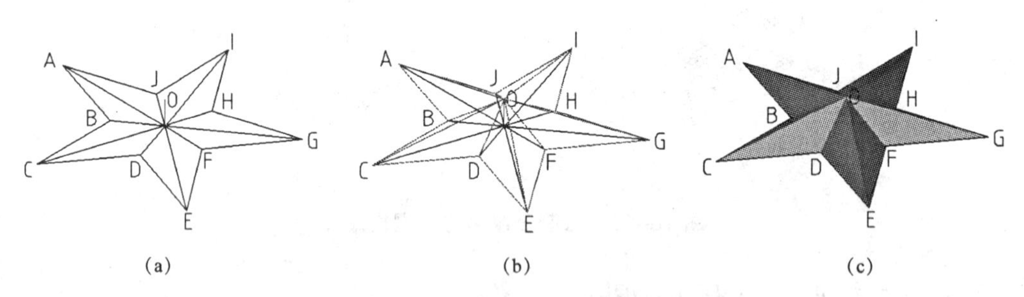

图 10-19　绘制 3D 多义平面网格

10.4.8　三维网格（3DMESH）

3DMESH 命令用于建立任意多边形曲面，这种曲面由一个矩阵定义，矩阵的每一个交叉点（M，N）即是多边形曲面的顶点。该命令有下面三种激活方式

“绘图”菜单：曲面▶三维网格　　“曲面”工具栏：　　命令行：3DMESH

激活 3DMESH 命令后，系统提示指定曲面的定义矩阵 M×N 的大小，即矩阵的行和列的大小；接着系统提示键入各个顶点的坐标。3DMESH 主要是为程序员而设计，其他用户应该使用 3D 命令。

10.5　实体模型

实体模型存储了与物体有关的几何信息、拓扑信息和物理特性等，用户可以进行相关的物质特性的计算，并可以完成并、交和差等布尔运算，自动生成物体三视图，直接提取物体视图轮廓和绘制剖面图等。在这一节中主要介绍绘制实体模型的有关命令。

10.5.1　长方体（BOX）

命令 BOX 用于绘制长方体，该命令与前面介绍的 AI-BOX 命令绘制的长方体是不一样的，BOX 绘制的是三维实体模型，而 AI-BOX 绘制的是面模型，这是它们的本质区别。

1）*激活方式*

“绘图”菜单：实体▶长方体　　“实体”工具栏：　　命令行：BOX

2）*命令说明*

激活 BOX 命令后，AutoCAD 系统提示“指定长方体的角点或 [中心点 (CE)] <0，0，

0>:”，用户直接键入一点的三维坐标，系统接着提示“指定角点或 [立方体(C)/长度(L)]:”，其中各选项的含义如下：

● 角点　用户可以再次输入长方体的另一个对角点的坐标，最后系统提示输入长方体的高。

● 立方体（C）　绘制正方体，即长方体的长、宽和高相等。系统继续提示键入正方体的边长，边长为正则沿三维坐标系的正方向绘制正方体；边长为负则沿三维坐标系的负方向绘制正方体。

● 长度（L）　绘制长方体。系统继续提示键入长方体的长、宽和高的值，它们的值可以是负值，其含义同上。

● 中心点（CE）　通过指定长方体的中心点来绘制，激活该选项后，CAD 系统的提示同上，其含义相同，从略。

10.5.2　圆锥（CONE）

命令 CONE 绘制圆锥体，该圆锥体的底面可以是圆，也可以是椭圆。

1）*激活方式*

“绘图”菜单：实体▶圆锥　　“实体”工具栏：　　命令行：CONE

2）*命令说明*

激活该命令后，系统提示当前系统变量 ISOLINES 的值，并继续提示“指定圆锥体底面的中心点或 [椭圆(E)] <0，0，0>:”。其含义如下：

● 中心点　指定圆锥体的底面圆心。激活该选项后，系统提示指定圆的直径或半径及圆锥体的高或顶点的位置，然后结束该命令。

● 椭圆（E）　指定圆锥体的底面是椭圆形。激活该选项后，系统继续提示“指定圆锥体底面椭圆的轴端点或 [中心点(C)]:”。

● 轴端点　使用轴可创建圆锥体的椭圆底面。指定两个点定义一个轴的半径，指定第三个点定义另一轴的半径。系统继续提示指定圆锥体的高度或顶点的位置。

● 中心点（C）　指定椭圆的中心、长半轴和短半轴绘制椭圆。系统此时继续提示指定圆锥体的高或顶点的位置，并结束该命令。

注意区分命令 CONE 和 AI-CONE，前者是绘制实体模型，后者绘制面模型。控制圆锥显示的线框密度是系统变量 ISOLINES。

10.5.3　圆柱体（CYLINDER）

命令 CYLINDER 用于绘制圆柱体。该命令与命令 CONE 相似，圆柱体的底面可以是圆，也可以是椭圆。CYLINDER 命令有下面三种激活方式

“绘图”菜单：实体▶圆柱体　　“实体”工具栏：　　命令行：CYLINDER

激活命令 CYLINDER 后，系统显示线框密度值，并提示“指定圆柱体底面的中心点或 [椭圆(E)] <0，0，0>:”。这些选项的含义与命令 CONE 相同，从略。

10.5.4　球体（SPHERE）

命令 SPHERE 用于绘制球体，它建立的是实体模型，而命令 AI-SPHERE 建立的是面模型。SPHERE 命令有下面三种激活方式

“绘图”菜单：实体▶球体　　“实体”工具栏：　　命令行：SPHERE

激活 SPHERE 命令后，系统提示指定球心，并继续提示用户键入球的直径或半径。

控制球体表面的光滑程度是系统变量 FACETRES，该变量的值在 0.01～10 之间，值越大，球体表面越光滑。

10.5.5　圆环体（TORUS）

命令 TORUS 绘制圆环体，圆环体由两个半径值定义，一个是圆管的半径，另一个是从圆环体中心到圆管中心的距离。该命令与命令 AI-TORUS 的区别在于前者绘制实体模型，后者绘制面模型。命令 TORUS 有下面三种激活方式

“绘图”菜单：绘图▶实体▶圆环体　　“实体”工具栏：　　命令行：TORUS/TOR

该命令的激活与命令 AI-TORUS 相似，只是网格的密度由系统变量 ISOLINES 确定，该值设得越大，网格密度越大。

10.5.6　楔体（WEDGE）

命令 WEDGE 绘制楔形体，该命令与命令 AI-WEDGE 的区别在于前者绘制实体模型，后者绘制面模型。

1）*激活方式*

“绘图”菜单：实体▶楔体　　“实体”工具栏：　　命令行：WEDGE/WE

2）*命令说明*

激活命令 WEDGE 后，系统提示“指定楔体的第一个角点或 [中心点(CE)] <0，0，0>:”，如果输入一个角点的坐标，系统继续提示“指定角点或 [立方体(C)/长度(L)]:”。其中含义如下：

- 点　指定楔体的另一个角点。若两个角点的 Z 值相同，则必须指定楔体的高度；否则 AutoCAD 用这两个角点 Z 值的差表示楔体高度。对于高度值，用户输入正值将沿当前用户坐标系（UCS）的 Z 轴正方向绘制高度，输入负值则沿 Z 轴的负方向绘制高度。
- 立方体（C）　创建等边楔体。楔形体的长是指当前 UCS 坐标系中 X 方向的长度，宽是 Y 方向的长度，高是 Z 方向的长度。
- 长度（L）　指定长度绘制楔形体，即分别指定楔形体的长、宽和高。
- 中心点（CE）　指定中心绘制楔形体。激活该选项后，系统提示指定楔体中心，然后继续提示（同上面指定角点一样）。这里不再赘述。

10.5.7　拉伸（EXTRUDE）

命令 EXTRUDE 拉伸已存在的二维平面图形形成三维实体模型，被拉伸的二维对象相当

于三维实体模型的截面形状；可以沿一定的轨迹线拉伸对象，也可以指定高度和倾斜度拉伸对象。这是三维实体造型中的一个非常重要的命令，在实体造型中用途很广。

1）激活方式

“绘图”菜单：实体▶拉伸　　“实体”工具栏：　　命令行：EXTRUDE/EXT

2）命令说明

激活命令 EXTRUDE 后，系统提示选择操作对象，并继续提示“指定拉伸高度或 [路径(P)]:”。各选项含义如下：

● 拉伸高度　即键入物体的厚度值。激活该选项后，系统继续提示指定拉伸的倾斜角度 <0>。这个角度值可正可负，当为正角度时，将对象拉伸成椎形；反之，将对象拉伸成倒椎形。

● 路径（P）　选择基于指定对象的拉伸路径。AutoCAD 沿着选定路径拉伸选定对象的轮廓创建实体。

3）注意

① 命令 EXTRUDE 可操作的对象必须形成封闭的图形，它可以是多段线、多边形、圆、椭圆、封闭的样条曲线、圆环和面域等。命令 EXTRUDE 不能拉伸包含在块中的对象。

② 该命令拉伸多段线形成的图形时，其顶点数在 3～500 之间，且不能拉伸自身交叉或重叠的多段线形成的图形。如果多段线有宽度信息，激活该命令时，宽度信息被忽略。

③ 拉伸路径可以是直线、圆、圆弧、椭圆、椭圆弧、多段线或样条曲线。路径既不能与轮廓共面，也不能是具有高曲率的区域。

④ 如果用直线或圆弧来创建轮廓，在使用 EXTRUDE 之前需要用 PEDIT 命令的“合并”选项把它们转换成单一的多段线对象或使它们成为一个面域。

10.5.8　旋转（REVOLVE）

命令 REVOLVE 将已存在的平面图形绕某一轴线旋转形成三维实体，所以这类实体模型一般都是回转体。

1）激活方式

“绘图”菜单：实体▶旋转　　“实体”工具栏：　　命令行：REVOLVE/REV

2）命令说明

该命令可以操作的对象与命令 EXTRUDE 相同（参见 EXTRUDE 的命令说明）。激活命令 REVOLVE 后，系统提示“指定旋转轴的起点或定义轴依照 [对象(O)/X 轴(X)/Y 轴(Y)]:”。其中各个选项含义如下：

● 旋转轴的起点　指定旋转轴的第一点和第二点。轴的正方向从第一点指向第二点。

● 对象(O)　指定一个直线或 PLINE 线作为旋转轴。

● X 轴(X)/Y 轴(Y)　指定 X 或 Y 轴为旋转轴。

激活上面的任意选项后，系统会继续提示指定对象的旋转角度，默认值是 360°，用户可以键入任意角度值，该值为正时，操作对象绕轴线逆时针旋转形成三维实体；否则，操作对象顺时针旋转形成实体模型。

例如，首先绘制如图 10-20（a）所示的图形，然后激活命令 REVOLVE，选择线段 AB

为旋转轴线，形成实体模型，其结果如图 10-20（b）所示；最后单击体着色按钮，进行着色处理，其结果如图 10-20（c）所示。

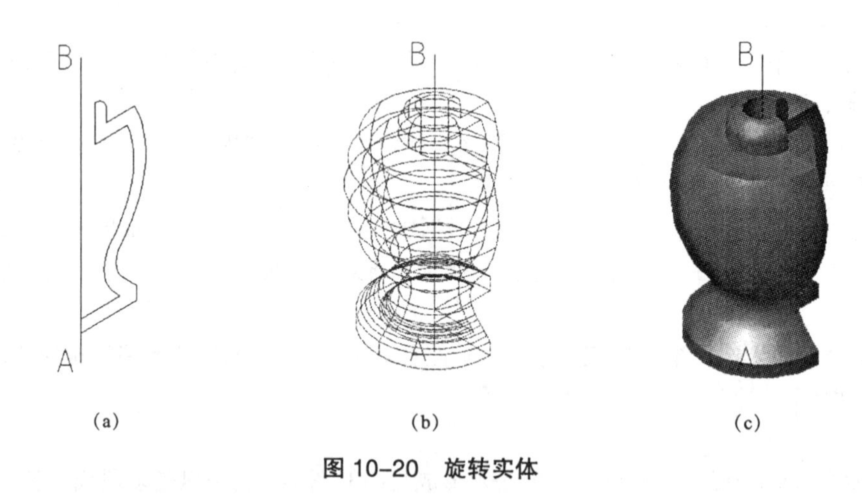

(a) (b) (c)

图 10-20 旋转实体

10.5.9 剖切（SLICE）

命令 SLICE 通过指定切割平面将三维实体切分成用户所需的形状，该命令在实体编辑过程中经常用到。

1）激活方式

“绘图”菜单：实体▶剖切　　“实体”工具栏：　　命令行：SLICE/SL

2）命令说明

激活命令 SLICE 后，系统提示选择操作对象，并继续提示“指定切面上的第一个点，依照 [对象(O)/Z 轴(Z)/视图(V)/XY 平面(XY)/YZ 平面(YZ)/ZX 平面(ZX)/三点(3)] <三点>:”。其中各个选项含义如下：

● 对象（O） 通过指定圆、椭圆、圆或椭圆弧、2D 样条曲线或多段线等确定平面来切分对象。分割实体对象后，CAD 系统提示指定要保留的部分，可以同时都保留。

● Z 轴（Z） 通过指定切割平面上一点，并指定 Z 轴上一点，从而确定切割平面的位置来切分对象。请注意，该切割平面与指定的 Z 轴垂直。

● 视图（V） 指定与当前的视图平面平行的面和该面内一点，从而确定该面的位置来切分三维实体对象。

● 平面(XY)/YZ 平面(YZ)/ZX 平面（ZX） 指定与 XY/YZ/ZX 平行的平面和该面内一点，从而确定该面的位置来切分三维实体对象。

● 三点（3） 指定 3 点确定一个平面来切分三维实体对象。

下面通过举例来说明命令 SLICE 的使用。例如，绘制如图 10-21（a）所示的三维实体，然后激活命令 SLICE，并选择图中所示的 A、B、C 三点来切分该实体对象，同时保留切开的两部分实体，最后激活 MOVE 命令将切分的两部分实体移开，结果如图 10-21（b）、(c) 所示。

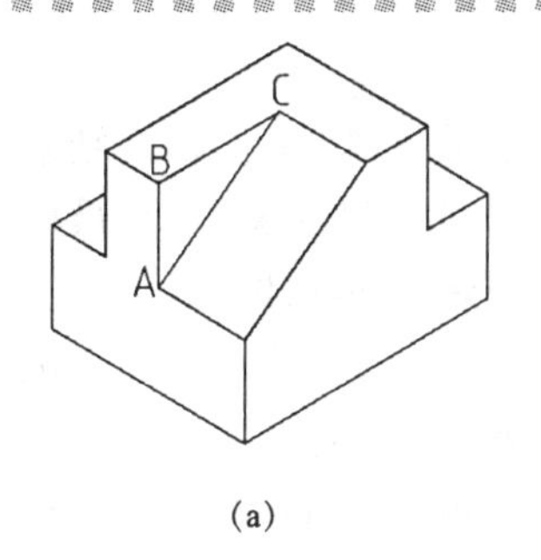

(a)

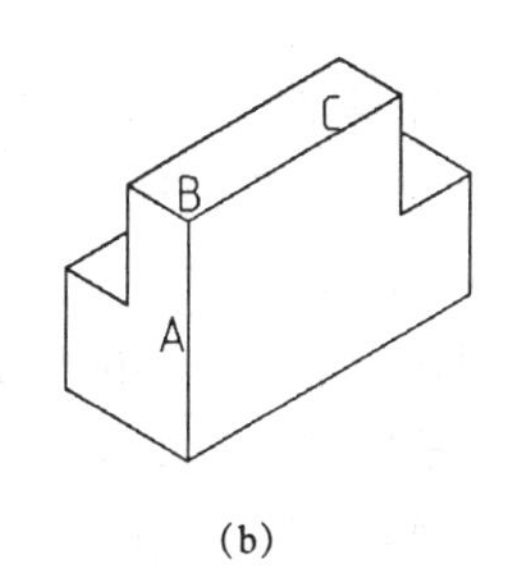

(b)

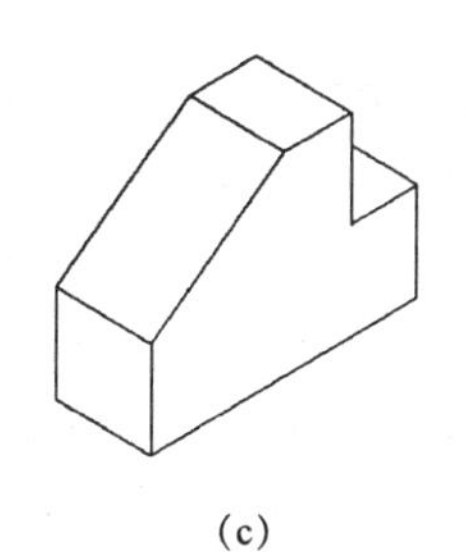
(c)

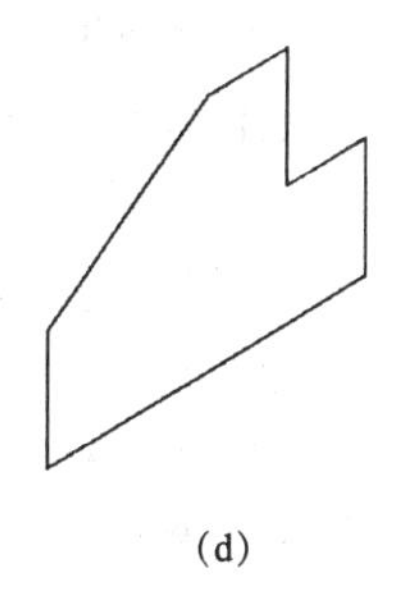
(d)

图 10-21　SLICE 命令分割三维实体和 SECTION 绘制剖面

10.5.10　截面（SECTION）

SECTION 命令用剖切平面和实体截交创建面域。AutoCAD 在当前层创建面域并把它们插入到剖切截面的位置。选择多个实体将为每个实体创建独立的面域。

1）*激活方式*

“绘图”菜单：实体▶截面　　“实体”工具栏：　　命令行：SECTION/SEC

2）*命令说明*

激活命令 SECTION 后，AutoCAD 提示选择对象，然后系统继续提示“指定截面上的第一个点，按[对象/Z 轴/视图/XY/YZ/ZX] <三点>:”。各个选项的含义如下：

- 对象　将剖切面与圆、椭圆、圆或椭圆弧、二维样条曲线或二维多段线对齐。
- Z 轴　指定剖切面上的一点，以及指定确定平面 Z 轴或法线的另一点来定义剖切面。
- 视图　将剖切面与当前视口的视图平面对齐或平行。指定一点可定义剖切平面的位置。
- XY/YZ/ZX　将剖切面与当前 UCS 的 XY、YZ、ZX 平面对齐或平行。指定一点可定义剖切平面的位置。
- <三点>　定义三点确定剖切面。当指定一个点后，系统继续提示选择另外两个点。

如图 10-20（a）所示的三维实体，激活命令 SECTION，指定 A、B、C 三点确定剖切面位置，绘制剖面；然后激活命令 MOVE 移出所绘制的剖面，并激活命令 BHATCH 填充剖面线。结果如图 10-20（d）所示。

注意：该命令绘制的剖面，反映的是三维实体的真实断面，可能不符合机械制图的剖面图的规定，因为在机械制图中，有些剖面是采用剖视来表达的。

10.5.11　干涉（INTERFERE）

命令 INTERFERE 可以检查两个或多个三维实体的公共部分，并可以创建实体对象的干涉实体。该命令与命令 INTERSECT 是不相同的，前者是创建多个实体对象的干涉实体，并不删除原来的对象，而后者却删除原来的实体对象。

1）*激活方式*

“绘图”菜单：实体▶干涉　　“实体”工具栏：　　命令行：INTERFERE/INF

2）命令说明

激活命令 INTERFERE 后，系统提示选择干涉的第一实体集，当用户选择后，回车结束对象选择；系统继续提示选择干涉的第二实体集，当用户选择后，回车结束实体选择；最后系统提示是否创建干涉实体，如键入 Y，则创建干涉实体，否则不创建干涉实体。

如果定义了单个选择集，AutoCAD 将对比检查集合中的全部实体。如果定义了两个选择集，AutoCAD 将对比检查第一个选择集中的实体与第二个选择集中的实体。如果在两个选择集中都包括了同一个三维实体，则 AutoCAD 将此三维实体视为第一个选择集中的一部分，而在第二个选择集中忽略它。如果两个选择集中有多对干涉，AutoCAD 亮显所有干涉的三维实体，并显示干涉三维实体的数目和干涉的实体对。实体干涉命令 INTERFERE 常常和布尔运算命令（UNION、SUBTRACT、INTERSECT）联合使用，用来创建复杂的三维实体。有关布尔运算命令的使用请参见本章后面的内容。

10.6 三维模型的编辑

前面介绍了三维模型的绘制，这些命令都只能创建基本的三维模型，而物体的形状是千奇百态的，它往往是一些基本体的组合，因此用户在掌握了三维模型基本绘制命令的同时，必须继续学习三维模型编辑的有关知识，才能创建具有实用价值的三维模型。在这一节中，主要介绍三维模型编辑的有关命令。

10.6.1 概　述

从物体的组合形成方式来说，三维模型由切割和叠加两种方式构成。用来切割和叠加的基本体可以是长方体、圆柱体和球体等，它们之间通过布尔运算组合成三维实体。AutoCAD 提供了并、交和差等布尔运算命令，用户还可以借助其他的三维编辑命令，绘制出更加复杂的实体模型。如图 10-22 所示的三维实体模型，它是长方体经切割和叠加（实体的交、并和差）操作后形成的。

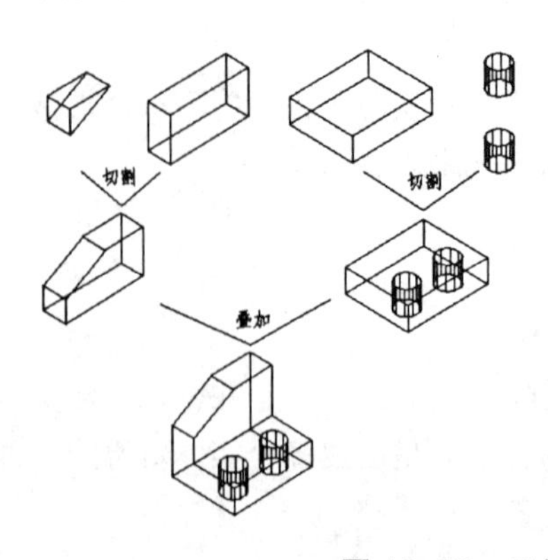

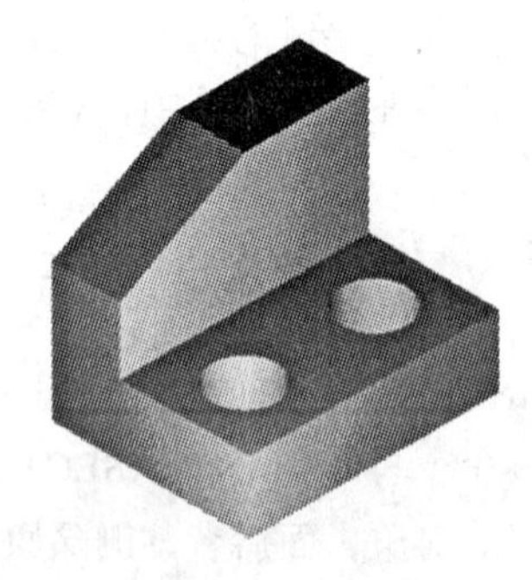

图 10-22　三维模型的形成方式

三维实体建模是一个比较复杂的过程，它不仅涉及平面和三维空间绘图的基本知识，而且它还要求用户掌握一定的分析方法，如制图中常用的面形分析法和形体分析法等，运用这些方法分析物体的各个边、表面之间的连接关系，以及各个基本体之间的相对位置等，只有这样用户才能准确、快速地绘制出三维模型。

10.6.2 圆角/倒角（FILLET/CHAMFER）

在绘制平面图形中，圆角和倒角是经常遇到的，在三维绘图中也不例外。命令 FILLET 可以实现圆角，命令 CHAMFER 可以实现倒角。下面分别介绍它们在三维空间中的用法。

1）圆角（FILLET）

命令 FILLET 可以实现对平面图形的圆角，同时它可以对三维实体圆角。

① 激活方式

“修改”菜单：圆角　　“修改”工具栏：　　命令行：FILLET/F

② 命令说明

激活该命令后，系统提示“选择第一个对象或 [多段线(P)/半径(R)/修剪(T)]:”，该提示请参见二维绘图中该命令的相关内容，这里不再重述。当用户选择圆角的边后，系统提示“输入圆角半径”，并继续提示“选择边或 [链(C)/半径(R)]:”。其中含义如下：

- 边　可以连续地选择所需的单个边直到按 ENTER 键为止。
- 链(C)　系统以边链的方式激活，即当用户选择三维实体的一条边后，系统将从该边开始，在同一个表面上与该边相连的边都被选中，并同时完成圆角操作。激活该选项后，系统继续提示“选择边链或 <边(E)/半径(R)>:”。
- 边(E)　切换到选择单边的方式。
- 半径(R)　设置圆角的半径。

2）倒角（CHAMFER）

命令 CHAMFER 与圆角命令相似，它是以直线代替圆弧完成操作。

① 激活方式

“修改”菜单：▶倒角　　“修改”工具栏：　　命令行：CHAMFER/CHA

② 命令说明

激活该命令后，系统显示当前倒角的距离，并提示“选择第一条直线或 [多段线(P)/距离(D)/角度(A)/修剪(T)/方法(M)]:”（请参见本书平面图形绘制中该命令的说明）。当选择三维模型的一条边线后，系统会提示选择倒角的基面，并继续提示用户输入倒角面的距离，最后系统提示“选择边或 [环(L)]:”。其中：

- 边　选择倒角的边。
- 环(L)　指定将倒角的基面上的所有相互连接的边环倒角。激活该选项后，系统提示选择倒角基面上一条边。

10.6.3 三维阵列（3DARRAY）

命令 3DARRAY 用于将三维实体对象形成环行或矩形阵列，这种有规律的复制对象与平面绘图中的 ARRAY 命令是大同小异的。

1）激活方式

“修改”菜单：三维操作▶三维阵列　　命令行：3DARRAY/3A

2）命令说明

激活命令 3DARRAY 后，系统提示选择对象，并继续提示“输入阵列类型 [矩形(R)/环形(P)] <矩形>:”，这就是矩形阵列或环行阵列的选择，与 ARRAY 命令是一样的。下面主要介绍与 ARRAY 命令操作的不同之处。

当键入 R，激活矩形阵列选项后，系统除提示指定矩阵的行数、列数、行距和列距外，还要用户指定对象在空间的阵列的层数。当键入 P，激活环行阵列选项后，系统要提示阵列复制的数目和阵列的角度，此外，系统还要提示指定阵列旋转的轴线，即通过指定两点来确定。

有关该命令的使用，请读者参见命令 ARRAY，这里不再重述。

10.6.4　三维镜像（MIRROR3D）

命令 MIRROR3D 创建相对于某一平面的镜像对象，这与平面绘图中的 MIRROR 命令是相似的。

1）激活方式

“修改”菜单：三维操作▶三维镜像　　命令行：MIRROR3D

2）命令说明

激活命令 MIRROR3D 后，系统提示选择对象，并继续提示“指定镜像平面的第一个点（三点）或[对象(O)/最近的(L)/Z 轴(Z)/视图(V)/XY 平面(XY)/YZ 平面(YZ)/ZX 平面(ZX)/三点(3)] <三点>:”，该提示与 SLICE 命令的提示基本相同，请用户参见 SLICE 命令的相关说明，这里从略。其中选项“最近的(L)”是将前一次使用该命令时的镜像平面作为当前镜像平面。

激活该命令，把如图 10-21（b）所示的三维模型做镜像操作，镜像平面是 A、B 点和 C 点所在棱线的后面一个端点所确定的平面，其结果如图 10-23（a）所示。

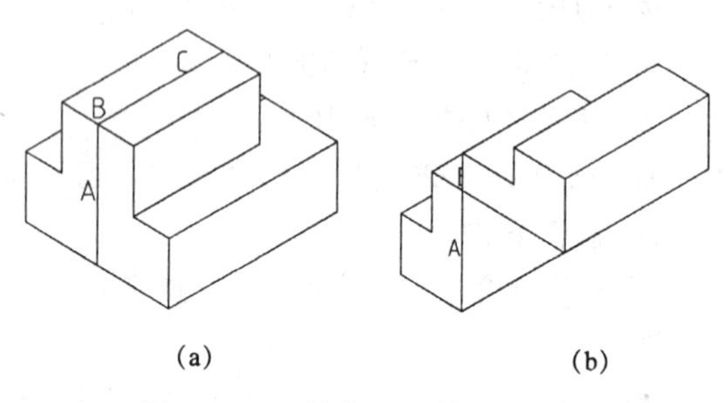

图 10-23　镜像和旋转三维实体

10.6.5　三维旋转（ROTATE3D）

命令 ROTATE3D 可以将三维实体在空间绕某一轴线旋转一定的角度。该命令与 ROTATE 命令是相似的，前者用于三维空间，后者用于平面。

1）激活方式

“修改”菜单：三维操作▶三维旋转　　命令行：ROTATE

2）命令说明

激活命令 ROTATE3D 后，系统提示选择操作对象，并继续提示“指定轴上的第一个点或定义轴依据 [对象(O)/最近的(L)/视图(V)/X 轴(X)/Y 轴(Y)/Z 轴(Z)/两点(2)]:”。其中各个选项的含义如下：

- 对象(O)　指定直线、圆、圆弧和二维多段线等作为旋转轴。其中对于圆和圆弧是指由圆和圆弧确定一平面，旋转的轴就是通过圆心并垂直该平面的直线。
- 最近的(L)　使用上一次激活该命令时的轴作为当前操作的旋转轴。
- 视图(V)　旋转轴平行于当前用户观察视图的方向，即与计算机屏幕垂直的方向平行，并且通过指定点。激活该选项后系统提示在观察视图方向的轴线上指定一点。
- X 轴(X)/Y 轴(Y)/Z 轴(Z)　旋转轴平行于 X、Y 和 Z 轴，并且通过用于的指定点。
- 两点(2)　通过两点确定旋转轴。

激活命令 ROTATE3D，将图 10-21（a）所示的三维实体绕与 X 轴平行并通过点 A 的轴旋转－90°，结果如图 10-23（b）所示。

10.6.6　布尔运算（UNION、INTERSECT、SUBTRACT）

布尔运算是指并、交和差运算。下面简单介绍这三个基本命令。

1）并（UNION）

命令 UNIONsk 可将两个或多个实体或面域对象合并，同时可合并无共同面积或体积的面域或实体。该命令有下面三种激活方式

“修改”菜单：实体编辑►并集　“实体编辑”工具栏：　命令行：UNION/UNI

激活命令 UNION 后，系统提示选择操作对象，用户可以选择两个或两个以上的对象进行，最后回车结束该命令。

2）交（INTERSECT）

命令 INTERSECT 用于从两个或多个实体或面域的交集创建组合实体或面域，并删除交集以外的部分。该命令有下面三种激活方式

“修改”菜单：实体编辑►交集　“实体编辑”工具栏：　命令行：INTERSEDCT/IN

激活命令 INTERSECT 后，系统提示选择操作对象，用户可以选择两个或两个以上的对象进行，最后回车结束该命令。

3）差（SUBTRACT）

命令 SUBTRACT 用于求两个实体或面域之间的差。该命令有下面三种激活方式

“修改”菜单：实体编辑►差集　“实体编辑”工具栏：　命令行：SUBTRACT/SU

激活命令 SUBTRACT 后，系统提示用户选择被减实体或面域对象，当选择好被减对象后，回车结束对象选择；系统继续提示用户选择用以减去的对象，当选择好对象后，回车结束该命令。

4）命令举例

运用布尔运算命令将图 10-24（a）所示的两个实体分别进行并、交和差操作，结果分别如图 10-24（b）、（c）和（d）所示。操作步骤如下：

① 激活命令 CYLINDER，绘制空间相交的一个平面体和一个圆柱体，如图 10-24（a）所示。

② 激活命令 UNION，窗选 10-24（a）所示的一个平面体和一个圆柱体，回车结束该命令，结果如图 10-24（b）所示。

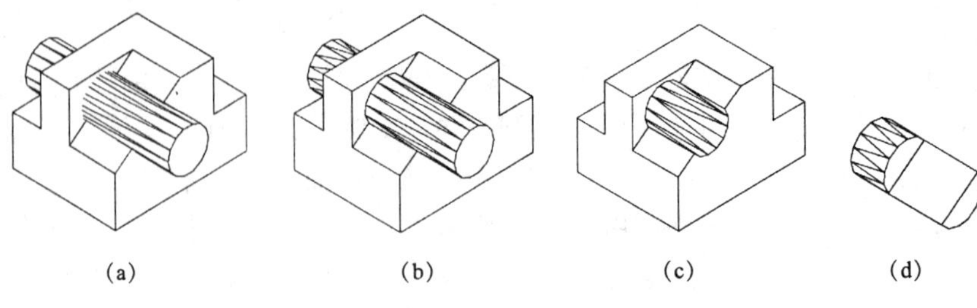

(a)　(b)　(c)　(d)

图 10-24　布尔运算

③ 激活命令 SUBTRACT，点选图 10-24（a）中的平面体，当系统继续提示选择对象时，回车结束。系统继续提示选择用来减的对象，点选图 10-24（a）中的圆柱体，回车结束该命令，结果如图 10-24（c）所示。

④ 激活命令 INTERSECT，窗选图 10-24（a）所示的一个平面体和一个圆柱体，回车结束该命令，结果如图 10-24（d）所示。

10.6.7　对齐（ALIGN）

命令 ALIGN 可移动、旋转和比例缩放对象，使其与其他对象对齐。激活该命令后，用户可向要对齐的对象添加源点，向要与源对象对齐的对象添加目标点。要对齐某个对象，用户最多可以给对象添加三对源点和目标点。该命令有下面两种激活方式：

"修改"菜单：三维操作▶对齐　　命令行：ALIGN/AL

激活命令 ALIGN 后，系统提示选择操作对象，并提示用户指定源点和目标点；最后系统提示"是否基于对齐点缩放对象？"，并完成该命令。

如图 10-25（a）、（b）所示，要完成三维实体形成方式中的叠加操作，用户可以激活命令 ALIGN，选择两对点实现对齐，结果如图 10-25（c）所示。操作步骤如下：

① 激活三维实体绘图命令，绘制图 10-25（a）、（b）所示的三维实体。

② 激活命令 ALIGN，选择图 10-25（a）所示的对象，并回车。

③ 分别拾取源点 A、目标点 C 及源点 B、目标点 D。回车结束对齐点选择。

④ 系统询问"是否基于对齐点缩放对象？"，键入 Y，并回车结束该命令。

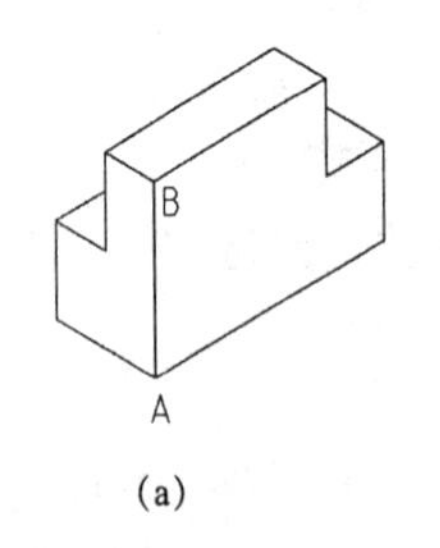

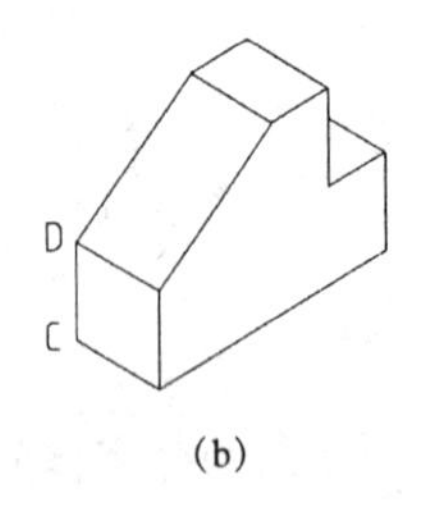

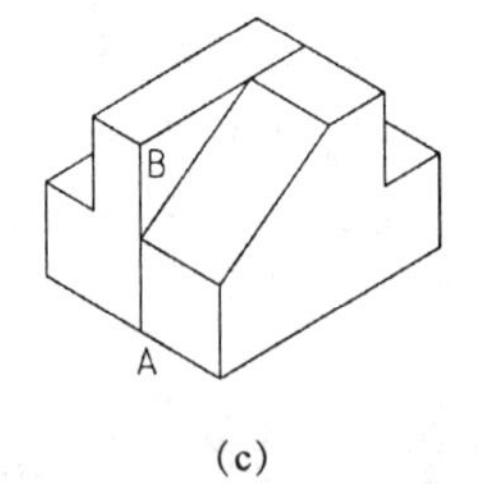

(a)　(b)　(c)

图 10-25　对齐三维实体

10.6.8　实体编辑（SOLIDEDIT）

命令 SOLIDEDIT 可以编辑实体对象，对它的面和边进行拉伸、移动、旋转、偏移、倾斜、复制、着色、分割、抽壳、清除、检查或删除操作。

1）*激活方式*

“修改”菜单：实体编辑　　工具栏：

命令行：SOLIDEDIT

2）*命令说明*

激活命令的第二种方法在命令行中执行，每个选项相当于第二种方式中的各个命令，同时在 CAD 系统还有“实体编辑”工具条，用户还可以单击图标执行该命令的各个选项。

激活命令 SOLIDEDIT 后，系统提示“输入实体编辑选项[面(F)/边(E)/体(B)/放弃(U)/退出(X)] <退出>:”。用户可以分别选择面、边或体进行编辑。当用户键入 F，选择“面”后，系统继续提示“输入面编辑选项 [拉伸(E)/移动(M)/旋转(R)/偏移(O)/倾斜(T)/删除(D)/复制(C)/着色(L)/放弃(U)/退出(X)] <退出>:”。下面分别说明各项的含义：

● 拉伸面（E）　对应“实体编辑”工具条中的图标 ，它将选定的三维实体对象的面拉伸到指定的高度或沿一路径拉伸。一次可以选择多个面。执行该选项，系统提示选择面，用户可以放弃选择最近加到选择集中的面，用户也可以添加要操作的面，直到用户选择好面并回车确认为止。系统继续设置拉伸的方向和高度。如果输入正值，则沿面的法向拉伸；如果输入负值，则沿面的反法向拉伸。然后，系统提示输入拉伸的倾斜角度，正角度将往里倾斜选定的面，负角度将往外倾斜面，默认角度为 0°，此时面被垂直拉伸。选择集内所有选定的面将倾斜相同的角度。拉伸路径可以是直线、圆、圆弧、椭圆、椭圆弧、多段线或样条曲线。拉伸路径不能与面处于同一平面，也不能具有高曲率的部分。

例如，调出前面所绘制的图形，如图 10-26（a）所示。单击“实体编辑”工具条中的图标 ，执行命令 SOLIDEDIT 的“拉伸”选项，选择该形体的 A 面，拉伸高度为 6，角度为 0。结果如图 10-26（b）所示。

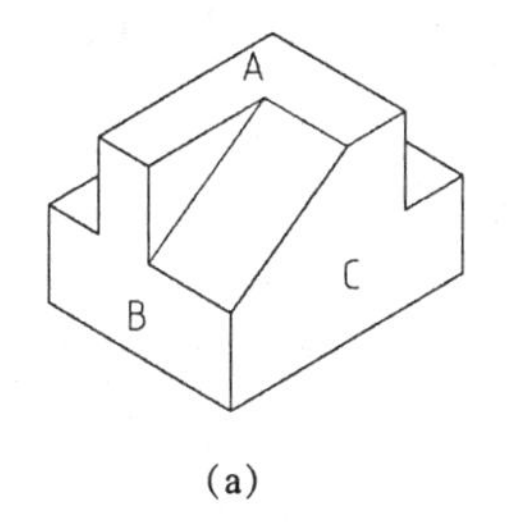

(a)

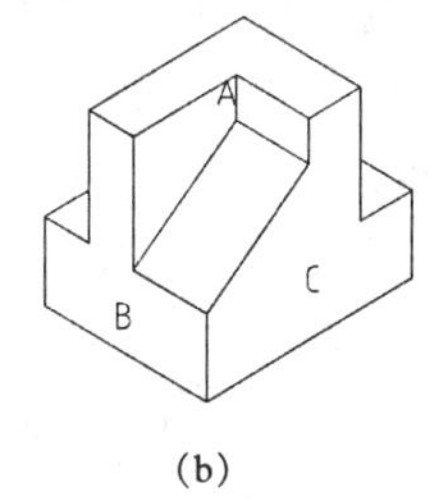

(b)

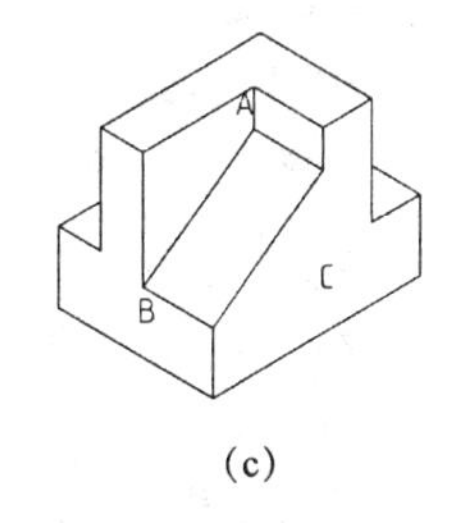

(c)

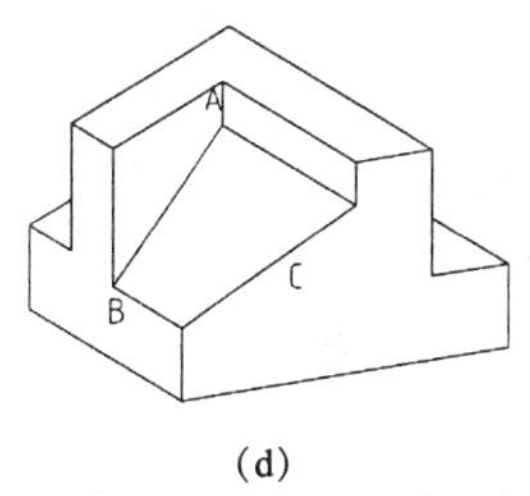

(d)

图 10–26　拉伸、移动和旋转面

● 移动面（M）　对应“实体编辑”工具条中的图标 ，该命令沿指定的高度或距离移动选定的三维实体对象的面。一次可以选择多个面。执行该选项，CAD 提示选择面，选择面的方法在命令 SOLIDEDIT 中都是一样的。选择操作面后，系统提示用户移动的基点和第二点这两点定义了位移矢量，此矢量指示选定面的移动距离和移动方向。如图 10-26（b）的实体，执行该选项，选择 B 作面，移动的基点为前下角点，移动的第二点为（@－12，0，0），结果如图 10-26（c）所示。

● 旋转面（R）　对应“实体编辑”工具条中的图标 ，用于绕指定的轴旋转一个或多个面或实体的某些部分。执行该选项后，系统提示选择操作面，然后提示“指定轴点或 [经过对象的轴(A)/视图(V)/X 轴(X)/Y 轴(Y)/Z 轴(Z)] <两点>:”。各个选项说明如下：

轴点——两个点定义旋转轴。用户指定两点后，系统提示"指定旋转角度或 [参照(R)]:"。用户可以直接键入角度值或指定键入 R 来指定两个点，起点角度和端点角度之间的差值即为计算的旋转角度。

经过对象的轴（A）——将旋转轴与现有对象对齐。可以作为旋转轴的对象有直线、圆、圆弧、椭圆、二维多段线、三维多段线、样条曲线等。指定旋转轴后，系统提示"指定旋转角度或 [参照(R)]:"。

视图（V）——将旋转轴与当前（通过选定点的）视口的观察方向对齐。

X 轴(X)/Y 轴(Y)/Z 轴(Z)——将旋转轴与通过选定点的轴（X、Y 或 Z 轴）对齐。

选择"旋转"选项，指定图 10-26（c）的实体 C 面，以 C 面底边为旋转轴线，同时输入旋转角度为 30°，结果如图 10-26（d）所示。

● 偏移面（O） 对应"实体编辑"工具条中的图标，它将按指定的距离或通过指定的点，将面均匀地偏移。正值增大实体尺寸或体积，负值减小实体尺寸或体积。该选项类似于"移动"选项。

● 倾斜面（T） 对应"实体编辑"工具条中的图标，按一个角度将面进行倾斜。倾斜角度的旋转方向由选择基点和第二点（沿选定矢量）的顺序决定。倾斜角度可以在－90°～90°之间选择。正角度将往里倾斜选定的面，负角度将往外倾斜面。默认角度为 0°，此时面被垂直拉伸，选择集内所有选定的面将倾斜相同的角度。

● 删除面（D） 对应"实体编辑"工具条中的图标，用来删除面，包括圆角和倒角。删除面时要注意，如果删除平行面之间的面，系统会提示"建模操作错误，不可填充的间距。"。

● 复制面（C） 对应"实体编辑"工具条中的图标，用于将面复制为面域或体。如果指定两个点，AutoCAD 使用第一个点作为基点并相对于基点放置一个对象。如果只指定一个点（通常作为坐标输入），然后按 ENTER 键，AutoCAD 将使用此坐标作为新位置。

● 着色面（L） 对应"实体编辑"工具条中的图标，用于设置面的颜色。执行此选项后，系统提示选择面，然后弹出"选择颜色"对话框设置面的颜色。

● 放弃（U） 放弃操作，一直返回到命令 SOLIDEDIT 的开始状态。

● 退出（X） 退出面编辑选项并显示"输入实体编辑选项"提示。

在命令 SOLIDEDIT 的主提示下，用户如果选择"边"选项，可以设置边的颜色或复制独立的边，所有三维实体边被复制为直线、圆弧、圆、椭圆或样条曲线。

在命令 SOLIDEDIT 的主提示下，用户如果选择"体"选项，可以编辑整个实体对象，方法是在实体上压印其他几何图形，将实体分割为独立实体对象，以及抽壳、清除或检查选定的实体。执行该选项后，系统提示"输入体编辑选项 [压印(I)/分割实体(P)/抽壳(S)/清理(L)/检查(C)/放弃(U)/退出(X)] <退出>:"。下面分别说明：

● 压印（I） 对应"实体编辑"工具条中的图标，用于在选定的对象上压印一个对象。为了使压印操作成功，被压印的对象必须与选定对象的一个或多个面相交。压印操作仅限于圆弧、圆、直线、二维和三维多段线、椭圆、样条曲线、面域、体及三维实体。执行该选项，系统分别提示选择三维实体、选择要压印的对象和询问是否删除源对象。

● 分割（P） 对应"实体编辑"工具条中的图标，用不相连的体将一个三维实体对象分割为几个独立的三维实体对象。

● 抽壳（S） 对应"实体编辑"工具条中的图标，该命令是用指定的厚度创建一个空的薄层，可以为所有面指定一个固定的薄层厚度，通过选择面可以将这些面排除在壳外。一个三维实体只能有一个壳。AutoCAD 通过将现有的面偏移出它们原来的位置来创建新面。键入抽壳距离为正，从实体外面抽壳；键入距离为负，从实体内部抽壳。

例如，执行该选项，选择图 10-26（d）所示的三维实体模型，当系统提示“删除面或 [放弃(U)/添加(A)/全部(ALL)]:”时，拾取 C 面和 C 面相邻的斜面，并回车；系统提示输入“抽壳偏移距离:”时，用户键入 2，并回车结束。其结果如图 10-27（a）所示，图 10-27（b）为平面着色效果。

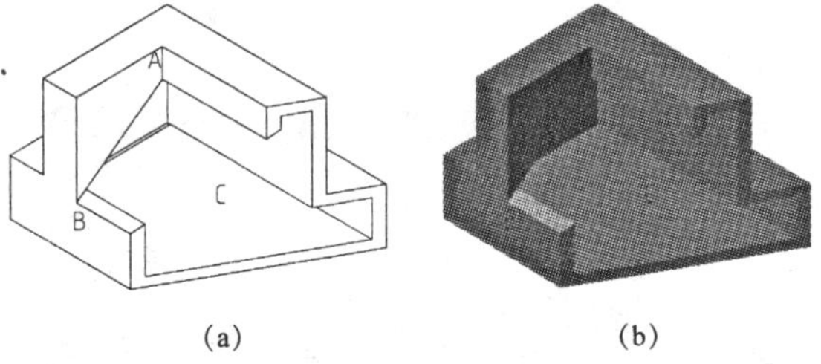

图 10–27　抽壳三维实体

● 清理（L）　对应“实体编辑”工具条中的图标，用来删除共享边以及那些在边或顶点具有相同表面或曲线定义的顶点。删除所有多余的边和顶点、压印的以及不使用的几何图形。

● 检查（C）　对应“实体编辑”工具条中的图标，用来验证三维实体对象是否为有效的 ACIS 实体，此操作独立于 SOLIDCHECK 设置。

● 放弃（U）　放弃编辑操作。

● 退出（X）　退出面编辑选项并显示“输入实体编辑选项”提示。

10.7　渲　染

通常情况下，在三维空间中绘制的三维模型都是用线框表示的，因此，模型的每一条棱边都是可见的。为了使用户建立的模型在屏幕上栩栩如生的显示，渲染对象是最好的手段。在这一节中，将介绍渲染的有关命令。

命令 RENDER 创建三维线框或实体模型的相片级真实感渲染图或实体模型渲染图。渲染图形要先设置渲染的光源和场景。场景由命名视图和一个或多个光源组成。如果指定了场景，RENDER 将使用场景中的视图和光源信息；如果未指定场景或选择集，RENDER 将使用图形中的当前视图和所有光源。用户可以设置多个光源，这些光源可以在不同的场景中选择使用，所以在介绍渲染命令之前，首先介绍如何设置光源和场景。

10.7.1　光源（LIGHT）

命令 LIGHT 设置和编辑光源，光源只能在模型空间中使用。

1）激活方式

“视图”菜单：渲染▶光源　　“渲染”工具栏：　　命令行：LIGHT

2）命令说明

激活命令 LIGHT 后，系统弹出如图 10-28（a）所示的对话框，通过该对话框，用户可以建立和修改光源。下面介绍该对话框的使用。

在“光源”下面的列表区用于显示当前视图中所设置的光源，每一个光源都有一个不同的名字。AutoCAD 系统中有三种光源，即点光源、平行光和聚光灯。[修改(M)...] 按钮用于编辑从光源列表中选中的光源名，用鼠标单击该按钮，弹出如图 10-28（b）所示的对话框，该对话框与单击 [新建(N)...] 按钮弹出的对话框是一样的，下面以“点光源”为例简要介绍该对话框的用法。对于另外两种光源，其“新建”和“修改”对话框略有差异，但是用法基本一样，用户可以参照“点光源”设置。

“强度”编辑框用于设置光源的亮度或强度。用户可以拖动下面的滚动条设置。光源的强度取决于它的衰减度和图样的大小范围。

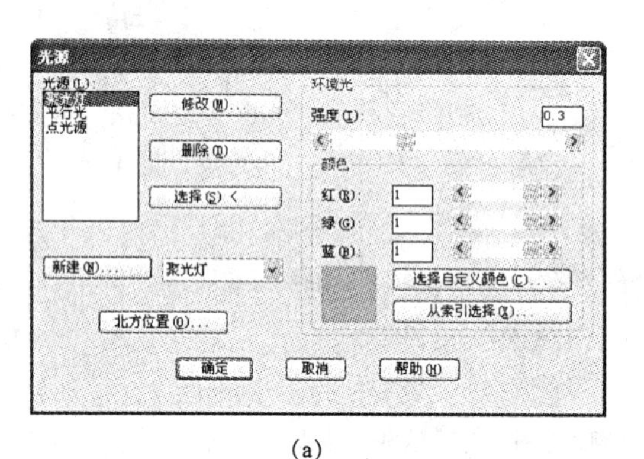

（a）

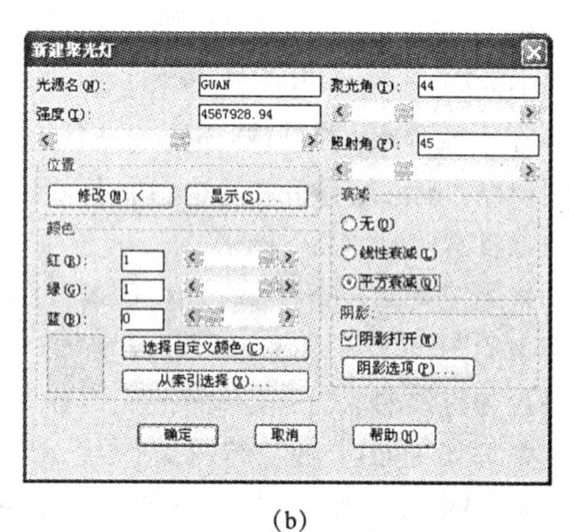

（b）

图 10-28　“光源”对话框

在“位置”组框中有两个按钮，一个是 [修改(M) <] 按钮，单击该按钮，系统将退出对话框返回绘图屏幕，并提示用户指定或修改当前设置的光源的新位置；另一个是 [显示(S)...] 按钮，单击该按钮，系统将显示一个提示对话框，在这个对话框中提示用户当前设置的光源的位置和目标的位置。

在“颜色”组框中，用户可以通过调整 RGB 来控制光源的颜色。系统提供了红、绿和蓝三种基本色。用户也可以通过选择下面的两个按钮来设置，它们分别弹出 Windows 操作系统的颜色对话框和 AutoCAD 系统自身的颜色对话框完成设置。

在“衰减”组框中，用户可以设置光线如何随着距离增加而减弱，距离点光源越远的对象显得越暗。这个组框中有三个单选按钮：无、线性衰减、平方衰减。其中“无”是指光线无衰减，此时对象不论距离点光源是远还是近，明暗程度都一样；“线性衰减”是指光源距离对象越远，光线越弱，衰减与距离点光源的线性距离成反比；“平方衰减”是指光源距离对象越远，由于光线衰减与距离点光源的距离的平方成反比，这种情况衰减速度很快。

在“阴影”组框中，用户可以打开阴影开关使光线投射到物体上产生阴影。阴影的类型依赖于当前渲染类型和阴影选项对话框中的设置。在这里不具体介绍如何设置阴影选项，用户有兴趣请参见相关资料。

[删除(D)] 按钮是用于删除当前选中的光源。“选择”按钮用于选择光源，但它不是用鼠标在光源列表中选择，而是系统暂时退出该对话框，返回绘图屏幕，用户在屏幕上直接拾取光源，然后对话框重新显示，选中的光源将在光源列表中高亮度显示。在 [新建(N)...] 按钮旁边的是光源类型的列表框，该表中有三种类型：点光源、平行光和聚光灯。用鼠标单击 [北方位置(O)...] 按钮，系统将弹出设置北方方位的对话框，该对话框的说明从略。在缺省

情况下，北方在 WCS 坐标系的 Y 轴正向，用户可以在角度编辑框中键入值表示 Y 轴方向，即新的北方。此外，用户还可以指定 UCS 坐标系的北方方位。

在“环境光”组框中，用户可以设置环境光线的强弱度，直接在编辑框中键入表示光强弱的新值，该值在 0～1 之间。用户也可以通过拖动下面的滑动块来设置。

最后是颜色组框，该组框与新建或修改点光源对话框中介绍的颜色组框是一样的，请参见前面的相关说明，这里不再重述。

10.7.2　场景（SCENE）

命令 SCENE 用于在模型空间中定义和编辑场景。场景是表现图形全局或局部的特殊视图，场景中可以有光源，也可以没有光源。一个图样中可以有多个场景。

1）*激活方式*

“视图”菜单：渲染▶场景　　“渲染”工具栏：　　命令行：SCENE

2）*命令说明*

激活命令 SCENE 后，系统弹出如图 10-29（a）所示的对话框。在该对话框中，用户按下 [新建(N)...] 按钮后，系统弹出如图 10-29（b）所示的对话框，在该对话框中完成场景定义。如果选择某一个已定义好的场景，再按下 [修改(M)...]，系统也弹出如图 10-30（b）所示的对话框。下面介绍如何使用该对话框。

如图 10-29（b）所示，在“场景名”编辑框中，用户可以键入场景名定义场景。如果是编辑场景则可以更换场景名。“视图”显示列出图形中的模型空间视图。当前视图呈高亮显示。选择另一视图将使之成为该场景的新视图。一个场景中只能有一个视图。“光源”是为某一个场景选择光源，可以选择一个或多个光源。

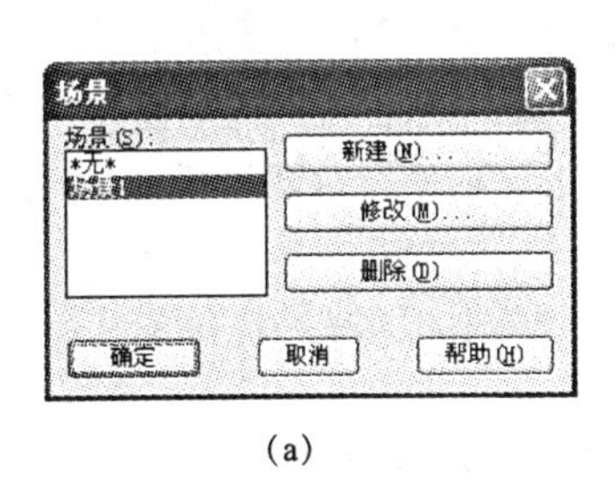

(a)

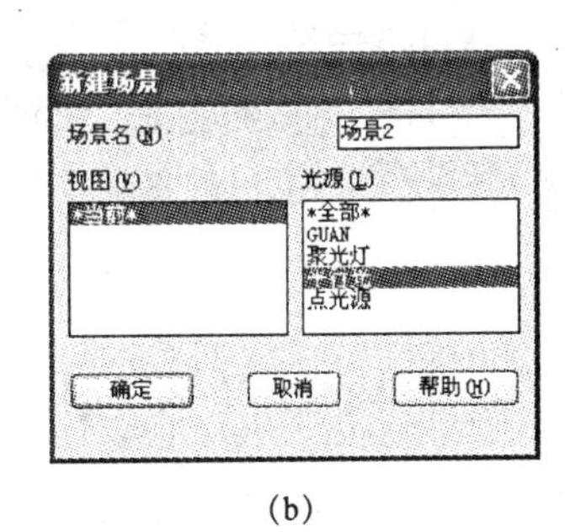

(b)

图 10-29　定义和编辑“场景”对话框

在图 10-29（a）中，[删除(D)] 按钮用于删除用户选择的场景。

10.7.3　材质（MATERIALS）

命令 RMAT 可使用户给所建立的模型表面覆盖材质，从而改变其对光线的反射特性。通过改变这些特性可以使对象看上去光滑或粗糙。这些表面特性存储在图形的表面特性图块中。图形中包括了所创建的每个装饰图的表面特性图块、属性及 AutoCAD 颜色索引（Acl）。用户通过操纵环境灯光、漫射度、光泽度和粗糙度可以修改材质。

1）激活方式

“视图”菜单：渲染▶材质　　“渲染”工具栏：　　命令行：RMAT

2）命令说明

激活 RMAT 命令后，系统弹出如图 10-30 所示的“材质”对话框，其各项含义如下：

● 材质列表框　该列表框显示了所提供的材质。如果没有附着任何其他材质的对象，其默认值是“全局”。

● 材质库(L)... 按钮　单击 材质库(L)... 按钮将显示如图 10-31 所示的“材质库”对话框，从中可选择所需要的材质。

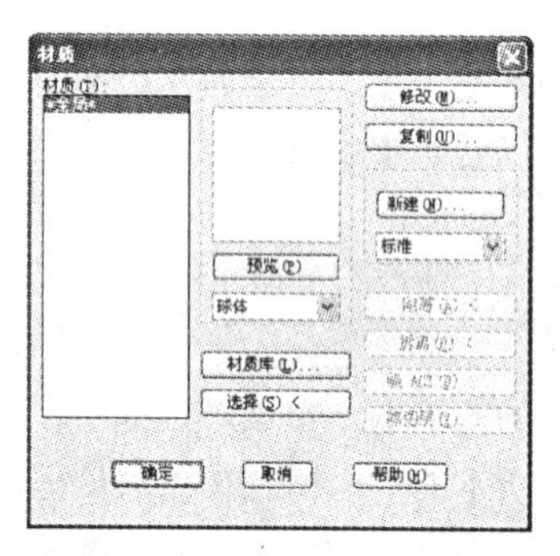

图 10-30　“材质”对话框

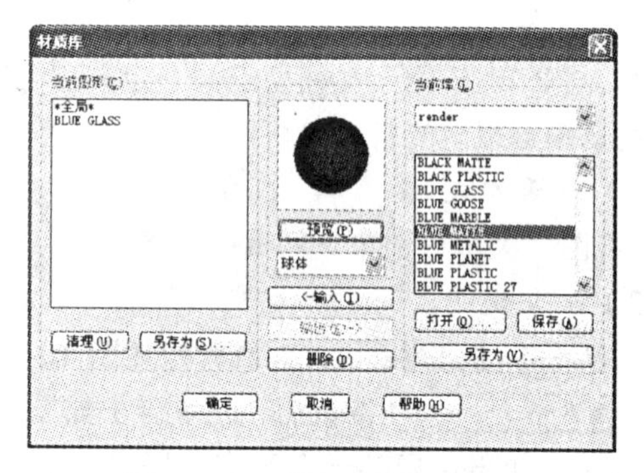

图 10-31　“材质库”对话框

“材质库”对话框允许将材质库中预定义的材质输入到当前图形中。

“当前图形”列表框列出了图形中当前的材质。当前材质库框中列出了在库文件中提供的材质，根据需要可以在该列表框中选择某种材质并预览其样本。样本是应用到一个球面上的材质，一次只能预览一种材质。要从当前材质库框中将材质输入到当前图形中，首先需从列表框中选出该材质，然后单击 <-输入(I) 按钮，AutoCAD 便将已选中的材质加到了当前图形列表框中。单击 确定 按钮关闭“材质库”对话框，AutoCAD 重新返回“材质”对话框中。

● 选择(S) < 按钮　该按钮可暂时关闭“材质”对话框，显示图形区域，这样用户可以选择一个对象并显示附着的材质。选择对象之后，“材质”对话框重新出现，附着方法在对话框底部显示。

● 修改(M)... 按钮　该按钮通过如图 10-32 所示的“修改标准材质”对话框来修改材质。

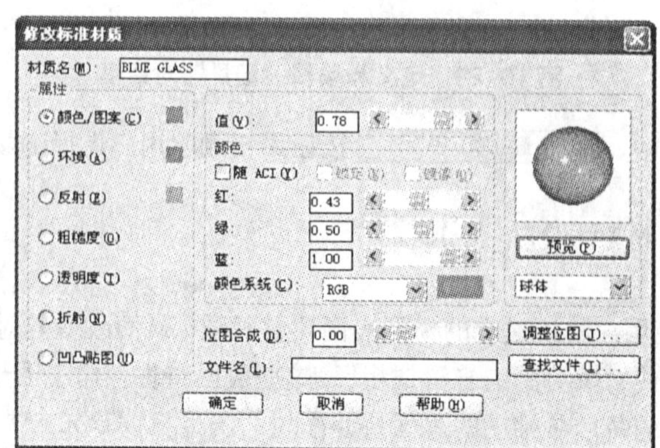

图 10-32　“修改标准材质”对话框

● 复制(U)... 按钮　该按钮将复制一种已选中的材质，单击该按钮将显示“新建标准材质”对话框，此对话框的界面与图 10-32 所示的“修改标准材质”对话框类似，进行必要的修改后，用一个新的材质名称保存这种材质。

● 新建(N)... 按钮　该按钮可通过显示“新建标准材质”对话框来建立一种新材质。

● 附着(A) < 按钮　选择该按钮将显示图形区。这样用户可选择对象并将当前材质附着上去。

● 拆离(D) < 按钮　选择该按钮将显示图形区。这样用户可选择对象并将当前材质与之分离。

● 随 ACI(B)... 按钮　选择该按钮将显示“颜色索引附着”对话框，从中可选择某种颜色附着到材质上去。

● 随图层(Y)... 按钮　选择该按钮将显示“根据图层附着”对话框，从中可选择附着材质图层。

完成修改之后，单击 确定 按钮关闭材质对话框。

10.7.4　渲染图样（RENDER）

命令 RENDER 使用场景、当前选择集或当前视图中的信息创建三维线框或实体模型的相片级真实感渲染图或实体模型渲染图。

1）*激活方式*

“视图”菜单：渲染▶渲染　　“渲染”工具栏：　　命令行：RENDER

2）*命令说明*

定义好光源和场景后，用户可以用命令 RENDER 渲染图样。激活该命令后，系统弹出如图 10-33 所示的对话框。

在对话框的“渲染类型”下拉列表框中，用户可以选择渲染的类型：一般渲染、照片级真实感渲染和照片级光线跟踪渲染三种。

在“要渲染的场景”中显示渲染场景供用户选择，只有选择用户已经定义的场景，场景中包含光源信息。

在“渲染过程”组框中，用户可控制 RENDER 的默认工作方式。这里有三个多选框：①“查询选择集”是激活渲染时提示用户选择渲染对象；②“修剪窗口”是指激活渲染操作时，系统提示用户指定一个区域进行渲染，只有该区域内的模型对象才被渲染，该选项只有在“目标”下拉列表框中选中“视口”方式才有效；③“跳过渲染对话框”是渲染当前视图时不为后续渲染显示“渲染”对话框，而是直接激活渲染命令。

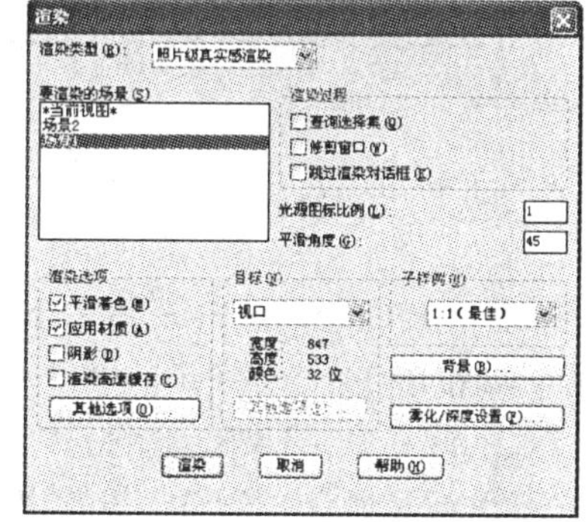

图 10-33 “渲染”对话框

“光源图标比例”编辑框中键入任意实数值，可以控制光源块的大小。“平滑角度”设置角度，AutoCAD 将按这个角度确定是否为一条边，默认值为 45°，大于 45° 的角将被视为一条边，小于 45° 的角将进行平滑处理。要区分两条角度小于 45° 的边，请减小平滑角度。

在“渲染选项”组框中有四个多选项：①“平滑着色”对一个多面体表面外观上的粗糙边做平滑处理；②“应用材质”应用用户定义的表面材质并将其附着到图形中的一个对象或AutoCAD颜色索引（ACI）中，如果没有选择“应用材质”选项，图形中的所有对象都假定为 GLOBAL 材质定义的颜色、环境、漫反射、反射、粗糙度、透明度、折射和凹凸贴图属性值，用户可以激活命令 RMAT 为实体模型选择材质，AutoCAD 系统定义了很多种材质，用户只需要从材质库中选择使用即可；③“阴影”选项只用于照片级真实感渲染和照片级光线跟踪渲染，渲染的结果是产生阴影；④“渲染高速缓存”是指定将渲染信息写入硬盘上的缓存文件，在第一次进行渲染期间，可渲染对象的显示列表将被缓存到一个临时文件中，该缓存文件将被用于随后的渲染操作，这将显著提高渲染速度。

单击“其他选项”按钮，系统将弹出渲染选项设置的其他内容的对话框，其中渲染的类型不一样，该对话框的内容也不一样。在这些对话框中，一般都是系统为处理表面、阴影、反走样和贴图等内容所设置的选项。在这里将不再详细介绍，请用户参考有关资料。

在“目标”组框中，选择不同的选项可控制渲染图像的输出显示。这里有三个选项：①“视口”是指在当前视口中显示渲染图像；②“渲染窗口”是在渲染窗口中显示渲染图像；③“文件”将渲染的结果存为文件。用户单击“其他选项”按钮，弹出其他的设置，这个按钮只有选择“文件”选项才有效，将提示用户进行文件输出的有关配置。

在“子样例”组框中，用户在下拉式列表框中选择比值，它可控制渲染的时间和质量。1：1 的比值，渲染的质量最好，时间较长；8：1 的比值，渲染的质量稍差，所用的时间短。

按下“背景”按钮，弹出“背景设置”对话框，可为场景设置背景。用户可定义图形背景的类型、颜色、效果和位置（具体的设置从略）。按下“雾化/深度设置”按钮，系统弹出“雾化/深度设置”对话框，在该对话框中，用户首先要选择“启用雾化”多选按钮，然后才能进行雾化处理的相关设置（具体的设置从略）。背景设置和雾化处理请用户参考相关资料。

10.7.5 命令举例

激活 LIGHT、SCENE 和 RENDER 等命令，将图 10-34（a）中的三维实体模型渲染处理，结果如图 10-34（b）所示。操作步骤如下。

① 激活命令 UCS，选择选项“新建/三点”，建立 10-34（a）所示的用户坐标系。

② 激活命令 LIGHT，设置点光源位置（－200，－200，200），命名为点光源。

③ 激活命令 SCENE，建立场景，在场景中选择一点光源，并命名场景为场景 1。

④ 激活命令 RMAT，在材质库中选择一需要材质并将其附给形体。

⑤ 激活命令 RENDER，选择“渲染类型”为“照片级光线跟踪渲染”，“渲染过程”为“查询选择集”，设置“目标”为“视口”，最后激活渲染命令。

⑥ 激活渲染操作后，再次激活渲染命令，打开“渲染”对话框，单击“背景”按钮，在弹出的“背景”对话框中选中“图像”单选按钮，并在“图像”组框下选择“查找文件”按钮，打开查找文件的对话框，找到一幅图像文件并打开它，最后退出“设置背景”对话框，再激活渲染操作，结果如图 10-35 所示（操作从略）。

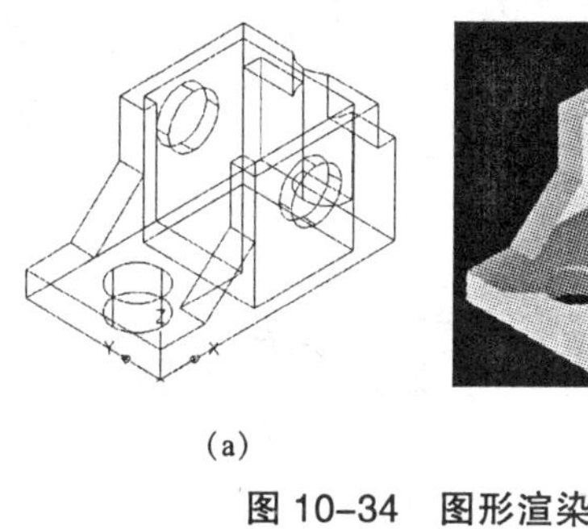

(a)　(b)

图 10-34　图形渲染处理

图 10-35　设置背景后再激活渲染操作的结果

习　　题

10-1　绘制如图 10-34 所示的面模型。先激活命令 3D 绘制模型下面的长方体，再激活相关命令绘制上面叠加部分形体的截面形状，用命令 TABSURF 建立面模型，最后激活命令 EDGESURF 将叠加部分的前后两个面封闭，结果如题 10-1 图(a)所示。若激活命令 RENDER，设置适当的光源和场景，渲染的结果如题 10-1 图（b）所示。

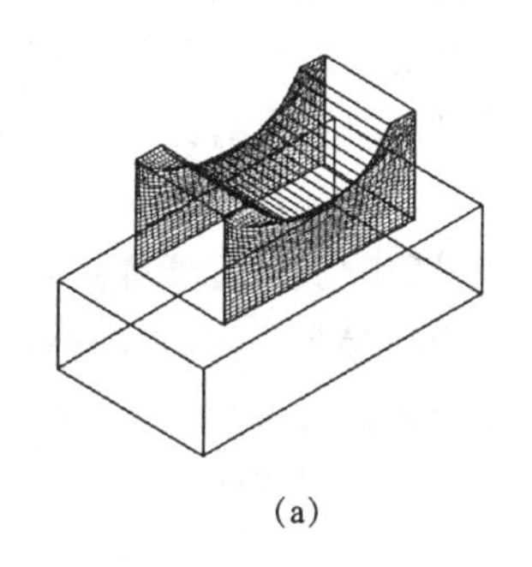

(a)

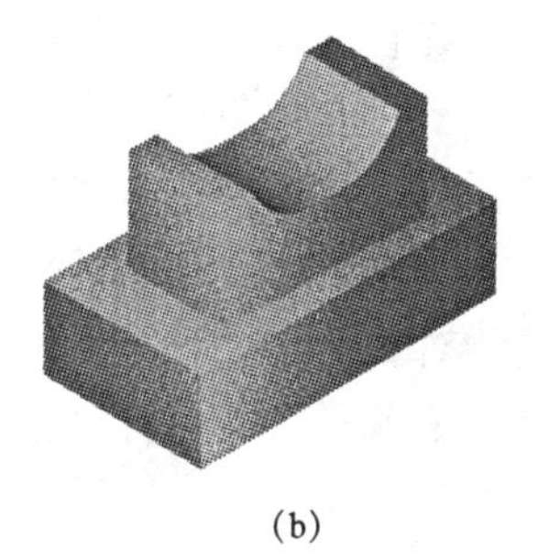

(b)

题 10-1 图

10-2　绘制题 10-2 图（b）所示的实体模型。该模型是叠加方式形成的，用户可以用实体造型命令绘制如题 10-2 图（a）所示的各个基本体，然后用命令 ALIGN 将各个实体对齐，并可以用命令 UNION（并）进行布尔运算，结果如题 10-2 图（b）所示。最后用命令 RENDER 进行渲染处理，结果如题 10-2 图（c）所示。

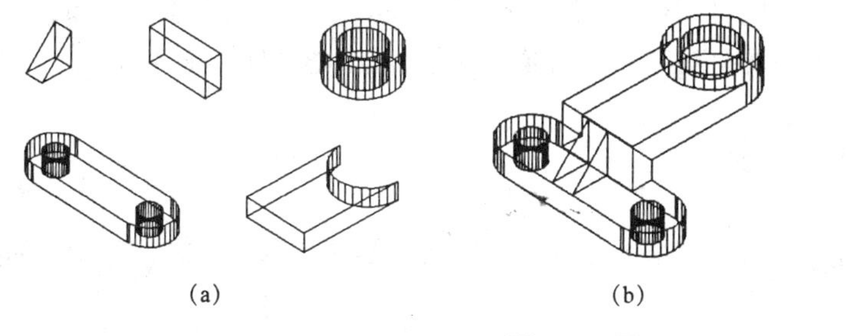

(a)　(b)　(c)

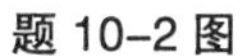

题 10-2 图

第 11 章　AutoCAD 图形输出

AutoCAD 图形输出是计算机绘图一个重要的步骤，它是将在计算机上所绘制的图形通过打印机或绘图仪来绘制到图纸上，从而用于工程实际。AutoCAD 2006 具有方便的、强大的图形输出和打印功能，并且能够支持多种类型的打印机和绘图仪。

11.1　打印样式

打印样式是通过控制对象的打印特性（包括颜色、抖动、灰度、笔号、虚拟笔、淡显、线型、线宽、线条端点样式、线条连接样式、填充样式等）来控制对象或布局的打印方式，打印样式与线型和颜色一样都是对象特性，可以将打印样式指定给对象或图层。

使用打印样式给用户提供了很大的灵活性，因为用户可以设置打印样式来替代其他对象特性，也可以按用户需要关闭这些替代设置。

打印样式类型有两种：颜色相关打印样式表（根据对象的颜色设置样式）和命名打印样式表（可以指定给对象，与对象的颜色无关）。一个图形只能使用一种打印样式表，用户可以在两种打印样式表之间转换，也可以在设置了图形的打印样式表类型之后，修改所设置的类型。打印样式表中收集了多组打印样式，它是通过一个“打印样式管理器”来进行管理，在该管理器中显示了 AutoCAD 中可用的所有打印样式表。

1）*颜色相关打印样式表*

对象的颜色决定了打印的颜色，这些打印样式表文件的扩展名为“*.ctb”。不能把颜色相关打印样式直接指定给对象，相反，要控制对象的打印颜色，必须修改对象的颜色（例如，图形中所有被指定为红色的对象以相同打印方式打印）。

2）*命名打印样式表*

使用直接指定给对象和图层的打印样式，这些打印样式表文件的扩展名为“*.stb”。使用这些打印样式表可以使图形中的每个对象以不同颜色打印，与对象本身的颜色无关。

11.1.1　添加打印样式表

在实际工程中，设计者可以根据自己的需要来添加所需要的打印样式表，其具体的操作步骤如下：

① 激活“文件/打印样式管理器”命令，系统将弹出一个“Plot Styles”对话框，如图 11-1 所示。

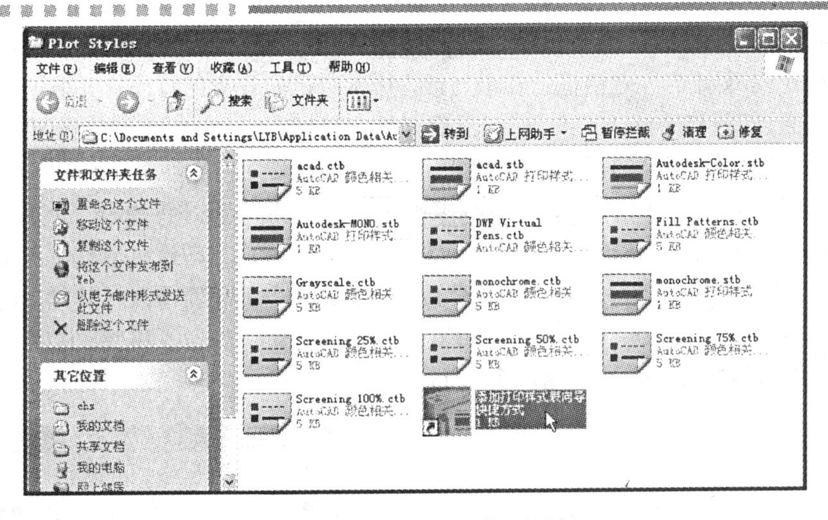

图 11-1 “Plot Styles”对话框

② 用鼠标左键双击 图 标，系统将弹出一个“添加打印样式表”对话框，如图 11-2（a）所示。

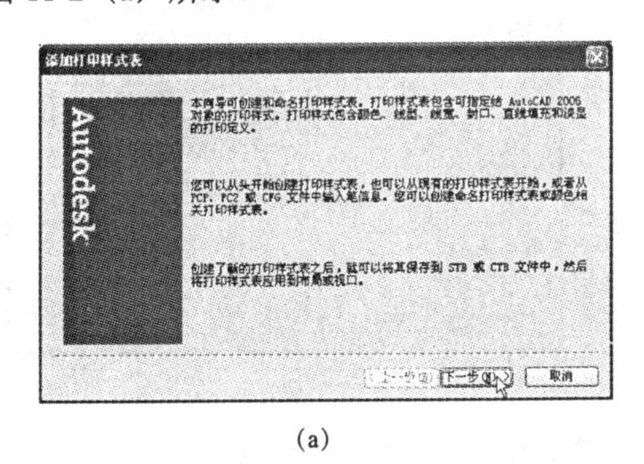

(a)

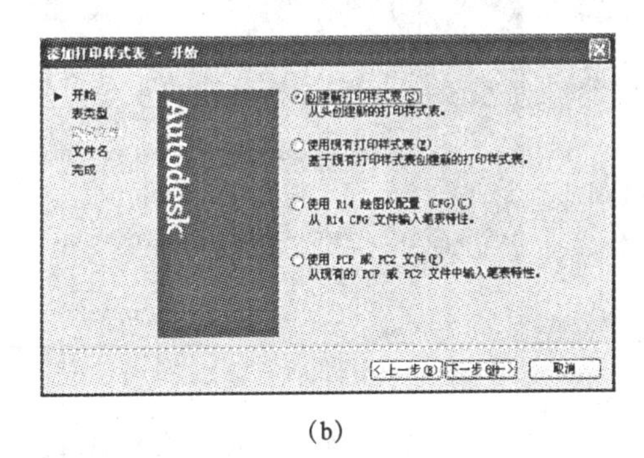

(b)

图 11-2 “添加打印样式表”对话框

③ 单击其 下一步(N) > 按钮，弹出如图 11-2（b）所示的“添加打印样式表-开始”对话框。

④ 选中“创建新的打印样式表”，然后再单击 下一步(N) > 按钮，系统将弹出一个“添加打印样式表-选择打印样式表”对话框，如图 11-3（a）所示。

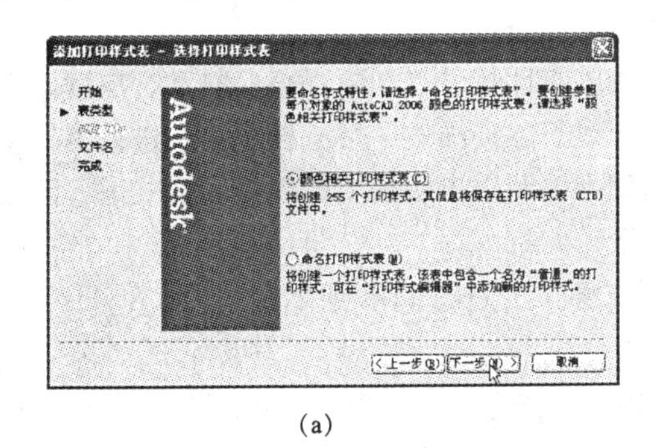

(a)

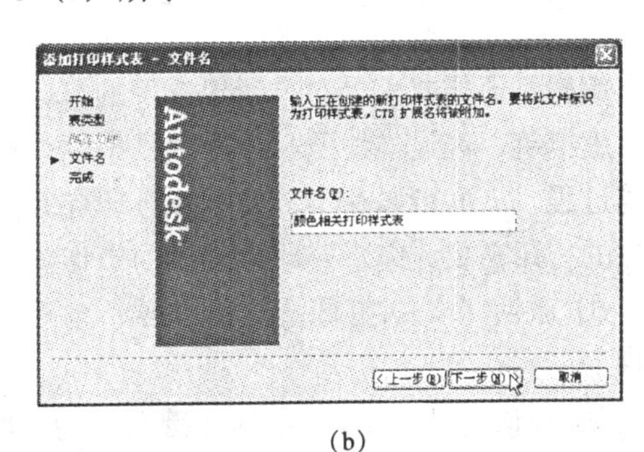

(b)

图 11-3 “添加打印样式表-选择打印样式表”对话框

⑤ 在图 1-3（a）中确定是建立“颜色相关打印样式表”还是“名称打印样式表”，现选

中“颜色相关打印样式表”，然后再单击 下一步(N) > 按钮，系统将弹出如图 11-3（b）所示的“添加打印样式表-文件名”对话框，在该对话框中为自己所设置的打印样式取一个便于分辨的文件名，如“颜色相关打印样式表”，然后再单击 下一步(N) > 按钮，系统将弹出如图 11-4（a）所示的“添加打印样式表-完成”对话框。

⑥ 单击图 11-4（a）中的 打印样式表编辑器(S)... 按钮，系统将弹出一个“打印样式表编辑器-颜色相关打印样式表.ctb”对话框，如图 11-4（b）所示。在该对话框中可以通过其中的“基本”、“表视图”和“格式视图”三个标签页进行相应的编辑修改（其具体内容请参阅下一节“编辑打印样式表”），然后单击其下的 保存并关闭 按钮，将修改保存到“颜色相关打印样式表.ctb”文件中，系统返回到图 11-4（a）中。

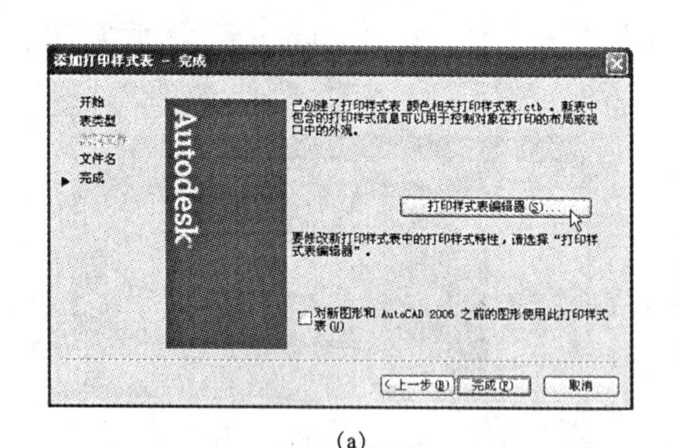

(a)

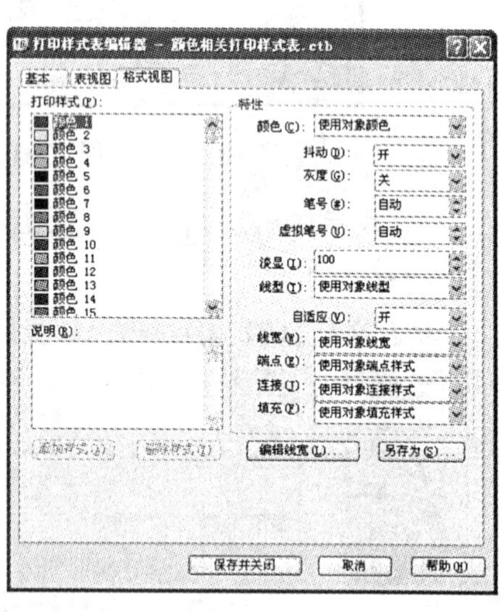

(b)

图 11-4 “打印样式表编辑器-颜色相关打印样式表.ctb”对话框

⑦ 单击图 11-4(a) 中的 完成(F) 按钮，系统完成添加打印样式表的设置，同时在“Plot Styles”对话框中产生一个“颜色相关打印样式表.ctb”的文件，表明所添加的打印样式成功。

11.1.2 编辑打印样式表

编辑打印样式表是对已经建立好的打印样式中的打印特性（包括颜色、抖动、灰度、笔号、虚拟笔、淡显、线型、线宽、线条端点样式、线条连接样式、填充样式等）进行编辑修改的过程，从而可以在不重新添加打印样式的基础上得到用户所需要的新打印样式表，满足用户的打印需要。编辑打印样式表的操作步骤如下：

① 激活“文件/打印样式管理器”命令，系统将弹出如图 11-1 所示的“Plot Styles”对话框。

② 在该对话框中，用鼠标左键双击前面所建立的 图标，系统将弹出一个“打印样式表编辑器-颜色相关打印样式表.ctb”对话框，如图 11-5（a）所示，在其中的“基本”标签页中可以对自己的设置进行一些文字说明，如比例因子的确定等。

③ 单击其中的“表视图”标签页，其内容如图 11-5（b）所示，在该标签页中通过表格

的形式将颜色控制下的打印特性详细地列在其颜色的下面，当然也可以在所需要修改项目的位置单击鼠标左键来进行修改。

(a)

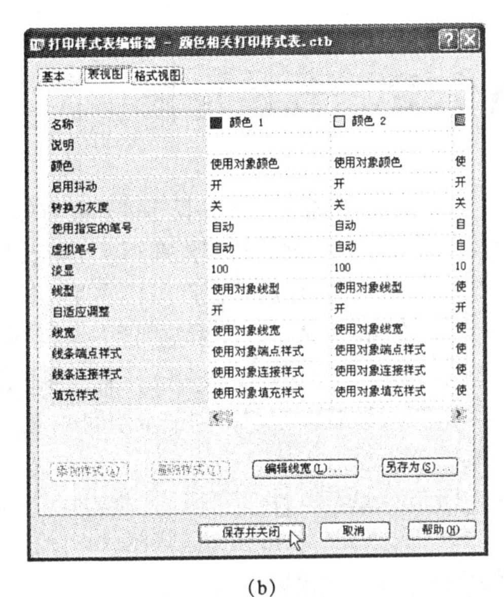

(b)

图 11-5 “打印样式表编辑器-颜色相关打印样式表.ctb”中的“基本”标签页

④ 单击图 11-5（a）中的“格式视图”标签页，其内容如图 11-6（a）所示。在该标签页中可以先选中“打印样式”下面的列表框中的某一种颜色（总共有 1~255 种颜色），然后再在该标签页右侧的“特性”区域中修改由该颜色控制的打印特性，如图 11-6（b）所示。如果前面所打开的是以“命名打印样式表”方式建立的文件，则其“表视图”和“格式视图”标签页中的相应项将会有所不同，其列出的将是所建对象和图层的名称。

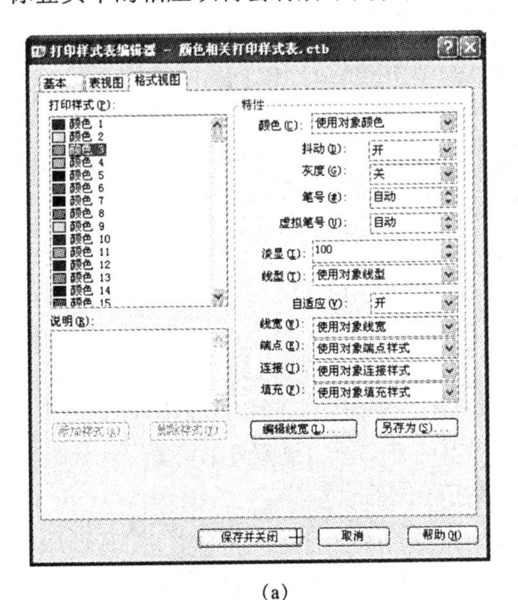

(a)

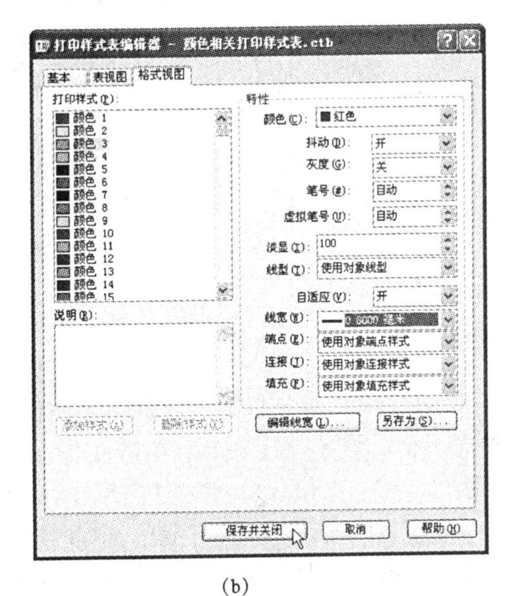

(b)

图 11-6 “打印样式表编辑器-颜色相关打印样式表.ctb”中的“格式视图”标签页

⑤ 将所需要修改的内容修改编辑完之后，再单击其下的 [保存并关闭] 按钮，将所修改的内容进行保存。

11.2 打印出图

一旦将打印输出设备安装连接并配置好之后，一般情况下不会对其轻易变动。在需要打印输出图形或文稿时，只要先在相应的软件中做好要打印的相应设置，再开启打印机，最后再单击开始打印的相应按钮即可。因此，打印之前的相应设置将直接影响打印出图的质量。打印可以在 AutoCAD 的模型空间或图纸空间进行(二者的区别与联系在前面章节已有讲解)，二者的打印操作方法和步骤是一样的，下面介绍在 Auto CAD 2006 的图纸空间中进行相应的打印出图。(注意，应切换到图纸空间的布局 1，也可以自己新建一个布局)

● 激活方式

“文件”菜单：打印　　　“标准”工具条：[打印图标]　　　命令行：PLOT

命令激活后，系统将弹出一个“打印-布局 1”对话框，如图 11-7 所示，用于打印设备的设置和相应打印出图的设置。

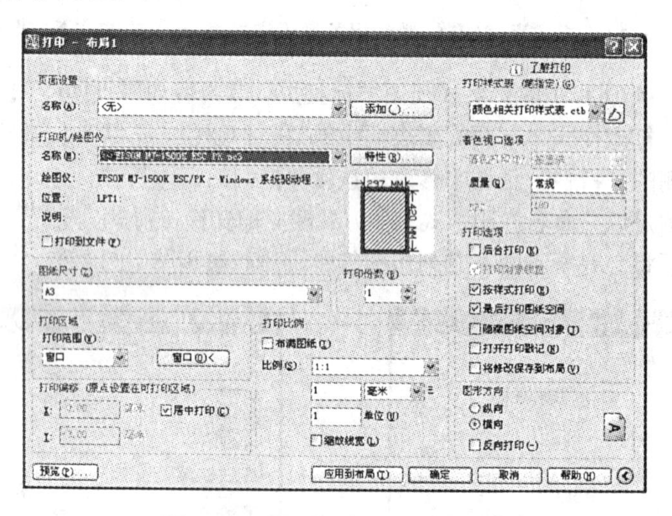

图 11-7 “打印-布局 1”对话框

11.2.1 出图设备的设置

在“打印”对话框的“打印机/绘图仪”区域中可以设置所需要的打印机/绘图仪，其右侧有一个 [特性(R)...] 按钮，单击该按钮，系统将弹出一个“绘图仪配置编辑器”对话框，如图 11-8 所示，在该对话框中就可以对出图设备进行相应的设置。

在“打印-布局 1”对话框的“打印样式表（笔指定)”区域中，可以选择一个前面已经定义好的打印样式文件“颜色相关打印样式表.ctb”，或者单击其旁边的 [编辑] 按钮，系统将弹出一个如图 11-6（b）所示的“打印样式表编辑器”对话框，，在该对话框中就可以对出图的线宽进行相应的控制设置。

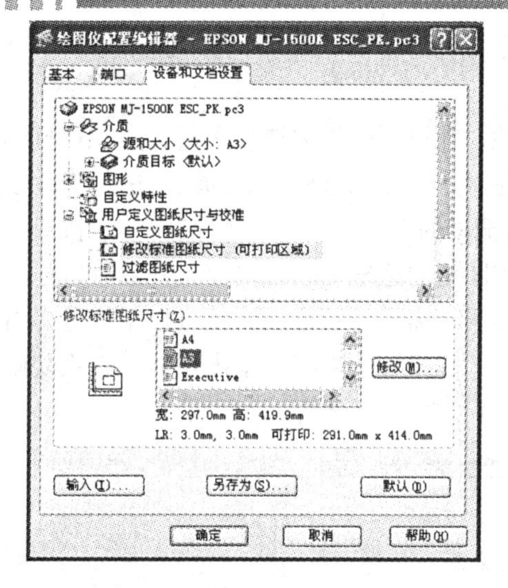

图 11-8 “绘图仪配置编辑器”对话框

11.2.2 打印出图的设置

打印出图的设置主要是对打印的图纸尺寸、打印份数、打印比例、打印区域、打印选项和图形方向等进行相应的设置。

在图 11-7 所示的对话框中，当单击打印区域中的 窗口(O)< 按钮，系统将回到绘图屏幕中，然后可以利用鼠标来指定一个可打印区域，如图 11-9 所示。选定好之后，系统再返回到图 11-7 所示的对话框中，在该对话框中又可以进行图纸尺寸、打印份数、打印比例、打印选项和图形方向的设置。

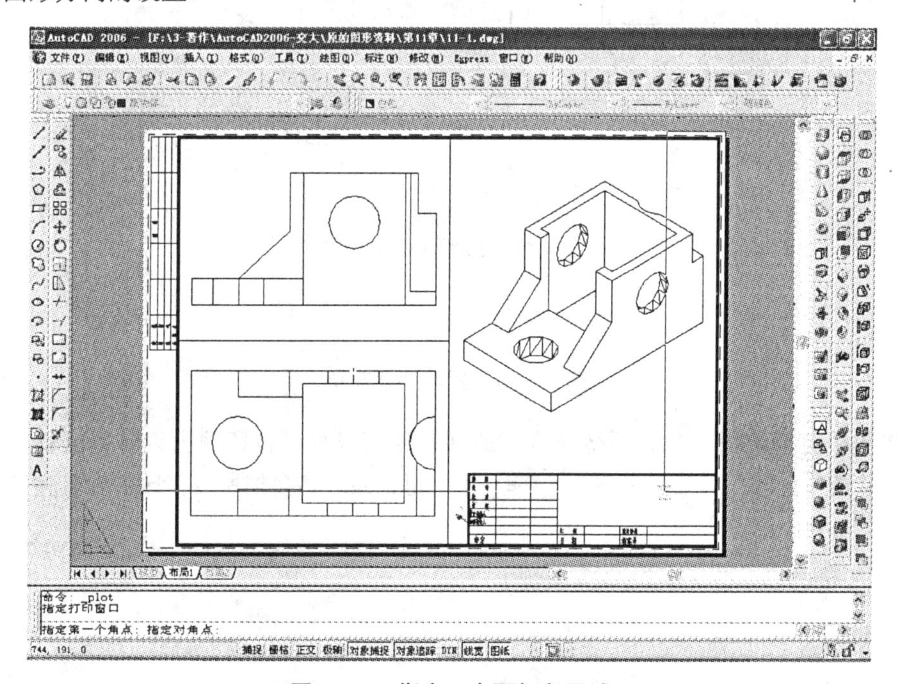

图 11-9 指定一个可打印区域

11.2.3 打印输出图形

为了打印出图的准确性，在设置好相关选项之后，应进行打印预览，以在显示器中观察打印出图的效果。如果不理想，便可以对相关的选项在进行修改设置。打印预览的操作方法是：在图 11-7 所示的对话框中的左下角有一个 预览(P)... 按钮，单击该按钮，系统就可以完全显示所要打印的图形和图纸的边框等全部内容，并且可以拖动鼠标来进行动态缩放预览视图，如图 11-10 所示，如果不需要再预显示，便可以单击鼠标右键弹出如图 11-11 所示的屏幕快捷菜单，在其中点击“退出”选项即可退出预显示，系统则返回到图 11-10 所示的预览视图中。

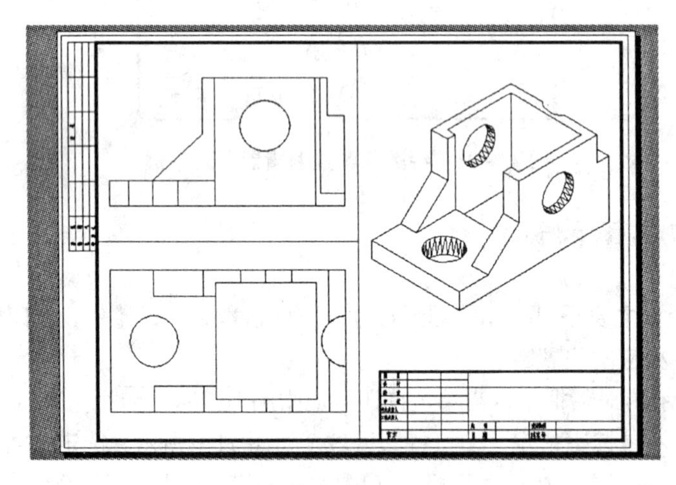

图 11-10 预览视图

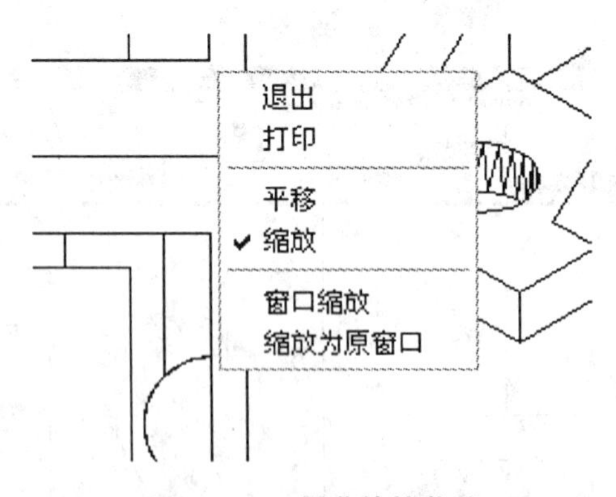

图 11-11 屏幕块捷菜单

如果对于打印出图的预显示效果满意的话，便可以打开打印输出设备并放置好打印图纸，然后单击“打印”对话框下的 确定 按钮，系统将会把所要打印的内容完整地打印到图纸上。

参 考 文 献

[1] 王斌．中文版 AutoCAD 2006 实用教程．北京：清华大学出版社，2005.
[2] 胡仁喜．AutoCAD 2006 中文版标准教程．北京：科学出版社，2005.
[3] 李香敏．AutoCAD 2000 辅助设计基础教程．成都：电子科技大学出版社，1999.
[4] 唐嘉平．AutoCAD 2002 实用教材．北京：电子工业出版社，2002.
[5] 刘永鹏．手拉手教您 AutoCAD 制图．北京：高等教育出版社，1998.
[6] 刘朝儒．机械制图. 4 版．北京：高等教育出版社，2005.
[7] 朱育万．土木工程制图．北京：高等教育出版社，2005.